I0868417

HANDBUCH DER ORIENTALISTIK

Herausgegeben von B. Spuler
unter Mitarbeit von
C. van Dijk, H. Franke, J. Gonda, H. Hammitzsch, W. Helck,
B. Hrouda, D. Sinor, J. Stargardt und F. Vos

HANDBUCH DER ORIENTALISTIK

FÜNFTE ABTEILUNG

JAPAN

HERAUSGEGEBEN VON H. HAMMITZSCH

DRITTER BAND

GESCHICHTE

DRITTER ABSCHNITT

WIRTSCHAFTS- UND TECHNIKGESCHICHTE JAPANS

WIRTSCHAFTS- UND TECHNIKGESCHICHTE JAPANS

VON

KLAUS MÜLLER

E.J. BRILL
LEIDEN • NEW YORK • KØBENHAVN • KÖLN
1988

Library of Congress Cataloging-in-Publication Data

Müller, Klaus, 1936 Apr. 24-
Wirtschafts- und Technikgeschichte Japans / von Klaus Müller.
p. cm.—(Handbuch der Orientalistik. Fünfte Abteilung, Japan; 3. Bd., Geschichte, 3. Abschnitt, Wirtschafts- und Technikgeschichte Japans)
ISBN 90-04-08650-1
1. Japan—Economic conditions. 2. Technological innovations—Economic aspects—Japan—History. I. Title. II. Series: Handbuch der Orientalistik. Fünfte Abteilung, Japan; 3. Bd., 3. Abschnitt.
HC462.M85 1988
338'.06—dc19 88-10942
CIP

ISSN 0921-5239
ISBN 90 04 08650 1

PRINTED IN THE NETHERLANDS BY E. J. BRILL

INHALTSVERZEICHNIS

TABELLENVERZEICHNIS

GRAPHIK

VORWORT

Wer sich heute ohne japanische Sprachkenntnisse über die Wirtschaftsentwicklung Japans vor der Meiji-Zeit informieren will, stößt auf Schwierigkeiten, die angesichts des allgemeinen Interesses an Japan überraschen. Ungeachtet zahlreicher seit 1945 erschienener Untersuchungen zu wirtschaftshistorischen Einzelproblemen fehlt eine entsprechende Gesamtdarstellung; seit der englischen Übersetzung einer von Tsuchiya Takao verfaßten Wirtschaftsgeschichte im Jahre 1937 ist keine neue mehr erschienen. Obwohl die neueren Forschungsergebnisse geeignet wären, unsere Vorstellungen nachhaltig zu beeinflussen und insbesondere das herkömmliche Bild der Tokugawa-Zeit zu verändern, blieben sie daher bislang weithin unbekannt.

Diese Umstände spiegeln sich in den bis heute vorherrschenden Vorstellungen von der historischen Entwicklung Japans vor seiner Öffnung wider, die insbesondere in ihren wirtschaftlichen Aspekten häufig vom Wissensstand der Vorkriegszeit geprägt sind. So ist eine neue, umfassende Darstellung der japanischen Wirtschaftsgeschichte ein dringendes Desiderat. Der vorliegende Abriß, eingefügt in den größeren Zusammenhang eines Handbuches, mag ein erster Schritt in diese Richtung sein.

Damit ist auch die Zielsetzung vorgegeben, nämlich den gegenwärtigen Forschungsstand zu vermitteln und den Leser mit Hilfe der angeführten Literatur in die Lage zu versetzen, sich weitergehende Informationen zu verschaffen. Zugleich aber soll die wirtschaftliche Entwicklung Japans im historischen Gesamtzusammenhang deutlich werden, um auch die außerwirtschaftlichen Faktoren zu erfassen, die für den Gang der Entwicklung von Bedeutung waren. So liegt es nahe, in der Darstellung dem historischen Ablauf zu folgen. Innerhalb der einzelnen Epochen entspricht die Gliederung der Aufteilung in die Hauptbereiche der Wirtschaft, doch soll sie auch den Rahmenbedingungen Rechnung tragen, von denen die wirtschaftlichen Aktivitäten der Menschen direkt beeinflußt wurden.

Durch die räumliche Begrenzung war es nicht möglich, jeden Bereich des Wirtschaftens in jeder Epoche zu berücksichtigen. Auf einige Zweige, die wie Fischfang, Salzgewinnung oder Forstwirtschaft in ihrer Entwicklung den allgemeinen Tendenzen weitgehend folgten, wurde ganz verzichtet. Andere wurden nur dort abgehandelt, wo sie im Gesamtzusammenhang eine besondere Bedeutung erhielten, wie zum Beispiel der Bergbau, oder, wie die Bevölkerungsgeschichte, erstmals besser faßbar werden.

Die Einteilung des Stoffes, bei der etwa die Hälfte des verfügbaren Platzes der Entwicklung in der frühen Neuzeit vorbehalten blieb, kommt nicht nur dem stärkeren Interesse der westlichen Leser an dieser Epoche entgegen, sie spiegelt ebenso den Gang der Forschung wider, die sich zunächst in besonderem Maße dieser lange sehr negativ eingeschätzten Periode der japanischen Geschichte zuwandte, bevor sie auch die früheren Zeiträume in die Untersuchung einbezog. Die an den Ergebnissen der Forschung orientierte Konzeption verleiht dieser Schwerpunktsetzung ihre Berechtigung, zumal diese auch das gesamthistorische Bild der frühen Neuzeit Japans nachhaltig beeinflussen.

Der Umfang des beigefügten Literaturverzeichnisses unterstreicht die Entwicklung der Forschung in den letzten Jahrzehnten. Daß hier die Arbeiten in westlichen Sprachen vorherrschen, entspricht dem Konzept des für eine überwiegend nicht-japanologische Leserschaft gedachten Handbuches; nicht direkt benutzte oder zitierte japanische Werke wurden, dem Wunsch des Herausgebers entsprechend, nur in Ausnahmefällen angeführt. Gleichzeitig wird hier jedoch auch das in der zweiten Hälfte unseres Jahrhunderts stark gewachsene Interesse der Wissenschaft in den Vereinigten Staaten an Japan deutlich; ihre Erfolge sind nicht zuletzt der engen Zusammenarbeit verschiedener Disziplinen zu verdanken.

Die Grundlagen für diese Darstellung wurden während meiner Tätigkeit an der Abteilung für Ostasienwissenschaften der Ruhr-Universität Bochum erarbeitet, die mir fast 21 Jahre lang akademische Heimat war. Ich habe außerdem den Kollegen Herrn Dr. Ekkehard May, Universität Frankfurt, und Herrn Dr. Klaus Kracht, Universität Tübingen, für viele fruchtbare Gespräche während unserer gemeinsamen Bochumer Zeit zu danken. Besonderen Dank schulde ich meinem Bochumer Kollegen Herrn Dr. Hans A. Dettmer. Geduldiger Gesprächspartner während der Abfassung, hat er zudem große Teile des Manuskriptes kritisch gelesen und mir mit zahlreichen Hinweisen geholfen.

Das Manuskript wurde im Sommer 1985 abgeschlossen.

Bochum, im September 1986

ABKÜRZUNGEN

FEQ	Far Eastern Quarterly
HJAS	Harvard Journal of Asiatic Studies
JAS	Journal of Asian Studies
MN	Monumenta Nipponica
OE	Oriens Extremus
TASJ	Transactions of the Asiatic Society of Japan

ZU DEN NAMEN

Die Personennamen folgen in ihrer Reihung der in Japan und China üblichen: der Familienname steht dem persönlichen Namen (bei Gelehrten, Dichtern, Schriftstellern und Künstlern dem Pseudonym) voraus.

EINLEITUNG

Die geographischen Voraussetzungen

Die Insellage Japans hat in vielerlei Gestalt die Entwicklung des Landes und den Gang seiner Wirtschaft beeinflußt. In einem flachen Bogen vor der Küste des asiatischen Festlandes hingestreckt, lag es für lange Zeit am Rande des ostasiatischen Kulturkreises — begünstigt durch die Entfernung vom Festland, die es die politischen Erschütterungen dort nur noch in abgeschwächter Form verspüren ließ, dem direkten Machteinfluß bis hin zur Eroberung viel weniger ausgesetzt als Korea, und doch nicht so weit vom Festland entfernt, daß es nicht die förderlichen Einflüsse der hochentwickelten chinesischen Kultur hätte aufnehmen können. Die Abgewandtheit der japanischen Inseln gegenüber dem Kontinent mag symbolhaft verstanden werden, als Abbild des zwiespältigen Verhältnisses Japans zum chinesisch dominierten Kontinent: die zugänglichen, kulturell wie wirtschaftlich führenden Regionen zum weiten, leeren Pazifik hin offen und die abgeschlosseneren, aber auch weniger entwickelten Gebiete des »rückwärtigen Japan», *uranippon*, dem Festland gegenüberliegend, mit dem vorteilhaftesten Zugang über die wie Trittsteine im Meer gelegenen Inseln Tsushima und Iki im Südwesten, in Kyūshū.

Das so bestimmte Verhältnis zu China als dem machtvollen Gegenüber hat das japanische Volk tiefgreifend geprägt. Nicht nur in der Sprache, wo ein großer Teil der Begrifflichkeit aus dem Chinesischen stammt, seine gesellschaftlichen und politischen Institutionen wurden von chinesischen Vorbildern bestimmt, seine Gelehrsamkeit und Ideenwelt von den chinesischen Denkern belebt, seine Wirschaft und Technik in ihren Anfängen und in ihrer weiteren Entwicklung von den in Wellen eintreffenden festländischen Impulsen angestoßen und gefördert. Ohne die *kikajin*, die Einwanderer vom Festland, seien sie freiwillig gekommen oder unter Zwang, war das japanische Wirtschaftsleben, die Entwicklung der Technik im Altertum nicht denkbar. Sie gaben die Anstöße, die sich dann, zunächst langsam, aber nachhaltig ausbreiten konnten. So hat die Lage zu China am Beginn der japanischen Geschichte jene Aufgeschlossenheit dem Fremden gegenüber begründet, die zu einem Grundzug der Entwicklung Japans wurde und seine Rolle auch in der modernen Welt bestimmt, obwohl Japan nie Durchgangsland war, von Fremden in friedlichen oder kriegerischen Absichten durchquert.

Aber diese Aufgeschlossenheit war nur die eine Fähigkeit, der die Begabung sich zu behaupten zur Seite stand, auch sie herausgebildet und bestärkt durch die Insularität und die Nachbarschaft zu China. Politisch immer wieder ausgedrückt in der Betonung der Ebenbürtigkeit mit China, man denke auch an die Bedeutung, die Japan der Forderung nach Gleichberechtigung in der modernen Welt beimißt, hat sie sich in den Bereichen der Wirtschaft, der Wissenschaft und Technik als die Kraft dokumentiert, sich nicht von Übernommenem beherrschen zu lassen, sondern es zu vereinnahmen, es den eigenen Gegenbenheiten anzupassen.

Auch das Klima mit seinen Einflüssen auf das Wirtschaftsleben wird durch die Randlage zum Kontinent mitbestimmt, durch die Japan in den Bereich des Monsuns einbezogen ist. Daneben sind Meeresströmungen und die Längenausdehnung allein der Hauptinseln über mehr als 15 Breitengrade, von 30° nördlicher Breite bis 45°30′ nördlicher Breite, bestimmende Faktoren für das Klima, das zudem durch die gebirgige Struktur des Landes abwechslungsreich gestaltet wird. Drei Klimazonen lassen sich unterscheiden: Nordjapan mit gemäßigtem Klima, kalten Wintern und einer Vegetationsdauer von 180 bis 240 Tagen im Jahr, das mittlere Japan mit südlichem Klima an den Küsten, kälterem im gebirgigen Inneren und 240 bis 260 Vegetationstagen, Südwestjapan mit warmem Regenklima und über 260, in günstigen Lagen bis zu 300 Vegetationstagen. Meeresströmungen, insbesondere der warme Kuroshio-Strom aus dem Süden und kältere Strömungen aus dem Norden, sowie die unterschiedliche Verteilung der Hauptniederschläge im Sommer beziehungsweise im Winter differenzieren die klimatischen Bedingungen und begünstigen die pazifische Küste. Hier reicht die Zone des Orangenanbaus und der Zweifachernte bis an den 38. Breitengrad, während sie an der Japansee bereits bei 36° nördlicher Breite endet. Insgesamt aber bestehen damit klimatische Bedingungen, die den Anbau einer Vielfalt von Feldfrüchten ermöglichen und den Reis als Hauptfrucht in allen Regionen, heute bis nach Hokkaidō, gedeihen und in vielen Gebieten besonders von Mitteljapan nach Süden, zwei Ernten im Jahr reifen lassen.

Allerdings wird diese Begünstigung durch das Klima von der großen Zahl der Taifune eingeschränkt, von denen vor allem im August und September ein Teil von Süden längs des Kuroshio-Stromes besonders die pazifische Küste heimsucht und mit den Regenströmen Ernten vernichtet, Bergrutsche auslöst, Reisfelder und Bewässerungsanlagen zerstört. Berichte darüber sind auch für die Zeit des 7. bis 15. Jahrhunderts in den Quellen zu finden. Diese Bedrohung durch Taifune und dazu die Gefahr schwerer Erdbeben werden häufig auch als ein Faktor dafür genannt, daß japanische Menschen mit Beharrlichkeit und Geduld ihre Ziele verfolgen und auch durch Rückschläge nicht von ihrem Weg abzubringen sind.

Die Gestalt des Landes wird durch Gebirge und Vulkane bestimmt, die 82% seiner Fläche bedecken. Nur 25% des Bodens sind weniger als 15 Grad geneigt und damit für wirtschaftliche Nutzung und Besiedlung geeignet. Enge Täler bestimmen das Landschaftsbild, große Ebenen sind die Ausnahme. Auch diese Struktur stellt eine Herausforderung an die Menschen dar. Die geringe Breite der Inseln mit ihren hohen Gebirgen ist die Ursache dafür, daß die Flüsse meist einen nur kurzen, dafür aber reißenden Lauf haben, der für die Nutzung zur Bewässerung oder gar zum Transport nur schwer zu bändigen war. Auch den Verkehrsverbindungen stellte sich die von den Gebirgen bestimmte Gestalt des Landes entgegen. Zwar wurde ein System von Fernstraßen schon im Altertum entwickelt, doch blieb der Landtransport bis in das 19. Jahrhundert hinein auf Träger und Packpferde beschränkt, und die Straßen waren, wie Reisebeschreibungen etwa des 17. Jahrhunderts zeigen, auch zu dieser Zeit noch eng, die Pässe steil, das Reisen gefährlich. Dagegen bot sich das Meer mit den stark gegliederten Küsten und zahlreichen Buchten zu Transport und Verkehr an. Eine Folge der starken morphologischen Gliederung des Landes wird in einer ausgesprochenen Regionalität sichtbar, die sich nicht nur politisch auswirkte, sondern insbesondere im unterschiedlichen Tempo wirtschaftlicher Entwicklung bis in die Moderne deutlich wird. Trotzdem fand diese regionale Zersplitterung ein Gegengewicht in der Existenz einer Hauptlandschaft, des Kinai-Gebietes um Kyōto, von dem frühzeitig schon die ersten Ansätze zu einer Gliederung des Landes ausgingen. Diese Kernlandschaft bildete nicht nur den ersten politischen Schwerpunkt, sondern länger noch das kulturelle und wirtschaftliche Zentrum des Landes, und es erscheint aufschlußreich, daß ihre Existenz sprachlich einen ähnlichen Ausdruck fand wie die der Zentrallandschaft in Frankreich. Dem Begriff *agaru*, hinaufsteigen, für *in die Hauptstadt reisen*, entspricht das französische *monter à Paris*.

Dieses Wechselspiel zwischen Kernlandschaft und Region, das mit der Verlagerung des politischen Schwerpunktes nach Edo, heute Tōkyō, durch die Entstehung einer weiteren Hauptlandschaft, des Kantō, bereichert wurde, entwickelte eigene Formen des politischen und wirtschaftlichen Lebens, die sich dennoch auch als tragfähig erwiesen, als Japan daran ging, nach seiner Öffnung westliche Technik und Industrie zu übernehmen.

Zeitliche Gliederung

Die verhältnismäßig festgefügten Perioden der japanischen Geschichtsschreibung, sei es die Einteilung nach den Schwerpunkten der politischen Macht: Nara-, Heian-, Kamakura-, Muromachi- und Edo-Zeit, oder die aus der abendländischen Geschichte übernommene Unterteilung in Altertum, Mittelalter und (frühe) Neuzeit, kodai, chūsei und kinsei, erscheinen für die Behandlung der Wirtschaftsgeschichte kaum geeignet, da sie sich am allerwenigsten an Phänomenen der wirtschaftlichen Entwicklung ausrichten. Diese ist an einschneidenden, eben epochemachenden Ereignissen weniger reich, wie sie in Feldzügen, Schlachten oder dynastiegeschichtlichen Begebenheiten zu finden sind. Hier gilt es mehr, das Element der Entwicklung herauszustellen, zu zeigen, wie neben dem Beharren im Hergebrachten das Neue entsteht und an Geltung gewinnt, ein Umstand, der den Festlegungen klar umgrenzter Epochen entgegensteht. So muß das Bemühen um eine zeitliche Gliederung sich stets mit Unzulänglichkeiten abfinden. Als gangbarer Weg wurde daher doch die Orientierung an den Machtverhältnissen gewählt, die im Guten wie im Schlechten mit der Kontrolle der Ressourcen und der Wirtschaft des Landes in engem Zusammenhang stehen und deren Veränderungen sich häufig im Bereich der Wirtschaft anzukündigen pflegen.

Die Probleme der zeitlichen Gliederung entstehen jedoch bereits mit der Frage des Beginns. Gewiß läßt sich mit der Taika-Reform (645) ein Anfangspunkt setzen, der nicht nur in der politischen Geschichte Gewicht hat. In den mit dieser Reform verbundenen vielfältigen gesetzlichen Regelungen wirtschaftlicher Aktivitäten, in der Erfassung der gesamten produktiven Bevölkerung als Eigentum des Tennō und in der Einteilung des Staatsvolkes in solche, die erhielten und solche, die erhalten wurden (Asakawa (1) S. 297), ist sie auch für die Wirtschaftsgeschichte von einschneidender Bedeutung. Schließlich liegt dieser Zeitpunkt auch nahe genug am Beginn der schriftlichen Quellen und der schriftlichen Überlieferung, daß man ihn als den Anfang der historischen Zeit betrachten kann.

Dies darf indessen nicht heißen, daß die vorausgegangenen Epochen der Vor- und Frühgeschichte, die durch Funde und Ausgrabungen erschlossen wurden und damit Aussagen einer anderen, nicht unbedingt minderen Qualität zulassen, völlig zu vernachlässigen sind. Auch wenn für diese Zeitalter viele Angaben lückenhaft und zudem der Kritik offen sind, sollen doch wenigstens in der Form einer knappen Einführung die Anfänge wirtschaftlicher und technischer Aktivitäten dargestellt werden.

Daran schließt sich der erste Hauptteil an, der die Zeit des absolutistischen Staates umfaßt, die mit der Taika-Reform beginnt und regional und nach wirtschaftlichen Entwicklungsbereichen unterschiedlich mit der späten Heian-Zeit oder in der frühen Kamakura-Zeit in die nachfolgende Epoche übergeht. Dieser Zeitraum deckt sich ungefähr mit den von Dettmer so benannten Epochen des werdenden, des reifen und des späten Absolutismus. Dettmer, dessen Epochenbezeichnung hier übernommen wird, schließt allerdings die Zeit des Kronprinzen Shōtoku (574-622) mit ein (vgl. Dettmer (3), S. 28f.). Hier werden zwei zeitliche Phasen erkennbar: Die eine, mit dem Schwerpunkt im 8. Jahrhundert, ist geprägt von der Macht des absolutistischen Staates auf ihrem Höhepunkt, die wirtschaftliches Handeln durch ihre Gesetze weitgehend zu ordnen und zu bestimmen suchte. Die andere, mit dem Schwerpunkt zur Zeit der niedergegangenen Staatsmacht im 11./12. Jahrhundert, ist gekennzeichnet durch das Entstehen vieler wirtschaftlicher Aktivitäten außerhalb des von den Gesetzen vorgegebenen Rahmens. Beide Phasen sind jedoch nicht scharf gegeneinander abzugrenzen. Sie gehen je nach Region und Wirtschaftszweig oder nach dem Stand der handelnden Personen früher oder später ineinander über.

Ihr Ende findet diese Epoche dort, wo die neuen Formen des Wirtschaftens, der Produktion und des Vertriebes die Oberhand gewonnen haben, die mit weniger strikten, anderen Formen der persönlichen Bindung der Menschen einhergingen. Es ist dies politisch die Zeit der frühen Kriegerherrschaft, wirtschaftlich die vom *shōen* (vgl. unten, Kap. III) geprägte Epoche. Die Darstellung dieser Periode umfaßt die wesentlichen Teile der Kamakura- und der Muromachi-Zeit, als die starre staatliche Reglementierung mit dem Niedergang des absolutistischen Staates ein Ende fand und die ungefestigten Verhältnisse zahlreiche Freiräume ließen. Begünstigt durch das *shōen* konnte sich so die Differenzierung des Handwerks vollziehen, Städte und Märkte fanden Raum für ihre Entwicklung, die Kaufleute und Handwerker organisierten sich in Gilden. Auch der Außenhandel gewann in dieser Phase ein neues Gewicht, trotz der Erfahrungen der Mongolenkriege öffnete sich Japan wieder nach außen und dies weiter als je zuvor.

Der Prozeß, in dem sich der Territorialbesitz der Daimyō ausbildete, bedeutete für diese wirtschaftliche Expansion kein Ende. Trotz aller Kontinuität in der wirtschaftlichen Entwicklung aber wird hier doch eine Zäsur sichtbar, die es nahelegt, in der Wirtschaftsgeschichte die Sengoku-Zeit samt der Epoche Oda Nobunagas (1534-1582) und Toyotomi Hideyoshis (1536-1598) mit der Tokugawa-Zeit zusammen in einem Abschnitt zu betrachten. Das verbindende Element ist die Territorialwirtschaft. Die Sengoku-Daimyō machten den Anfang, als Landesherren aktiv zu werden. Ihre Zielsetzung blieb von den eigenen Interessen bestimmt, kann aber nicht mehr als reine Standespolitik verstanden werden. Sie war politisch und wirtschaftlich primär auf die Ausformung ihrer Besitzungen zu einer in sich geschlossenen Wirtschaftssphäre ausgerichtet und strebte danach, die Rechte anderer, *kokujin* oder Vasallen, auszuschalten und auch die Wirtschaft des Territoriums unter die eigene Kontrolle zu bringen. Dieser Ansatz fand nach dem wiederhergestellten Frieden und durch die stabilisierende Wirkung des *bakuhan*-Systems der Tokugawa-Zeit nicht nur seine Fortsetzung, sondern seine Vervollkommnung. Die Gefolgsleute waren in den Burgstädten angesiedelt und ebenso der Kontrolle der Daimyō unterstellt wie der Handel innerhalb der Territorien und seine nunmehr gesicherten Verbindungen in andere Gebiete.

Auch der Umstand, daß die Tokugawa- oder Edo-Zeit nicht so sehr durch tiefgreifende Neuerungen auffällt, sondern vielmehr die Epoche genannt werden muß, in der unter den Bedingungen eines andauernden Friedens lange vorher schon Angelegtes sich ausbilden konnte, spricht für die vorgenommene Gliederung. Diesem Abschnitt der japanischen Geschichte, der lange Zeit allzu negativ eingeschätzt wurde, ist der umfangreichste Teil der Darstellung gewidmet, eben weil die Ergebnisse der neueren Forschung sich zu einem Bild fügen, das eingehendere Beschreibung erfordert.

Hier bildeten sich Formen wirtschaftlichen Lebens heraus, die zu einer weiteren Entwicklung in eine vielleicht ganz anders ausgebildete Wirtschaft hindrängten. Die Annahme, daß die Wirtschaft der Tokugawa-Zeit um die Mitte des 19. Jahrhunderts am Ende war, kann auch als die Folge eines vorschnellen, allzusehr vom westlichen Standpunkt ausgehenden Urteils angesehen werden, das insbesondere die Ergebnisse der unter westlichem Einfluß erfolgten Industrialisierung sieht, weniger aber die kanalisierende Wirkung westlicher Industrie und Technik, die vorhandene Ansätze aufnahm und in ihre Richtung lenkte.

Diese Frage läßt sich im Rahmen der vorliegenden Darstellung nicht angemessen erörtern. Wenn diese aber um die Mitte des 19. Jahrhunderts abbricht, so gewiß nicht in der Meinung, daß damit die japanische Wirtschaftsgeschichte ihr Ende gefunden habe und ein Zeitalter westlicher Wirtschaft und Industrie in Japan beginnt, das mit anderen Kriterien zu bewerten ist. Und doch ist die nun einsetzende, von der Einfuhr westlicher Technik und westlicher Wirtschaftsformen geprägte Phase von einer anderen Natur. Sie in dem hier vorgegebenen Rahmen abzuhandeln, wäre bei der komplexen Struktur der Entwicklung Stückwerk geblieben. Sie hat zudem in Allens Short Economic History of Modern Japan eine zusammenfassende Darstellung erfahren. So erscheint es besser, mit dem Beginn dieser Epoche zu enden und ihre weitere Entwicklung einer späteren Darstellung zu überlassen.

KAPITEL I

ZUR EINFÜHRUNG: VOR- UND FRÜHGESCHICHTLICHE ZEIT

1. *Die frühesten Zeugnisse*

Zuverlässige Hinweise auf die Anfänge der Besiedlung der japanischen Inseln sind bislang nicht gefunden worden. Zwar haben die Funde von Iwajuku, Präfektur Gumma, im Jahre 1946 (Ausgrabungen seit 1949) und danach an zahlreichen anderen Orten die Existenz einer paläolithischen Epoche in Japan bestätigt, die mehr als 100 000 Jahre zurückgehen soll, doch sind Funde mit einem Alter von mehr als 30 000 Jahren selten und in ihrer Datierung nicht unumstritten[1]. Sie umfassen im wesentlichen Steinwerkzeuge, die allgemein der entwickelteren paläolithischen Industrie Nordostasiens zugeordnet werden können. Mikrolithe sind seit etwa 14 000 bis 13 000 Jahren verbreitet. Allerdings fehlen für diese als Prä-Jōmon-(senjōmon-), präkeramische (sendoki-) oder keramiklose Zeit (mudoki-jidai) bezeichnete Epoche die Funde fast völlig, aus denen sich über die allgemeine Feststellung einer Jäger- und Sammlerkultur hinausgehende Rückschlüsse auf die Lebensweise und Aktivitäten der Menschen ziehen lassen.

Dies gilt auch für die Funde bei Fukui, Präfektur Nagasaki, oder Kamikuroiwa, Präfektur Ehime, wo die bislang ältesten Keramiken der Welt gefunden worden sein sollen. Ihre Datierung auf 12 700 ± 500 und 12 400 ± 350 Jahre vor unserer Zeit in Fukui und auf 10 100 v.Chr. in Kamikuroiwa blieb nicht ohne Widerspruch. Immerhin werden die Funde als Hinweis auf mesolitische oder »anfängliche« Jōmon-Kulturen gewertet, ohne daß daraus Rückschlüsse auf gesellschaftliche Veränderungen oder eine größere Seßhaftigkeit zu gewinnen sind.

2. *Jäger- und Sammlerkulturen der Jōmon-Zeit*

a) Allgemeine Verhältnisse

Die Keramiken waren es auch, die aus der nachfolgenden Jōmon-Zeit die größte und nachhaltigste Aufmerksamkeit der Archäologen auf sich

[1] Die Gongenyama-Funde beispielsweise wurden ursprünglich teilweise auf 150 000 Jahre geschätzt, eine Datierung, die später revidiert werden mußte (vgl. dazu Pearson S. 310).

zogen, wie ja die Benennung selbst, »Schnurmuster-Kultur«, auf die typische Ornamentik dieser Keramiken zurückgeht. Allerdings bargen die Muschelhaufen, die durch ihren Kalkgehalt konservierenden und daher wichtigsten Fundstätten, auch zahlreiche Funde, die Rückschlüsse auf Lebensweise und Wirtschaftsform der Menschen zulassen. Sie verdeutlichen eine »Epoche von erstaunlicher Geschlossenheit« (Loehr, S. 146), deren Einordnung allerdings problematisch ist, da sich Elemente mesolithischer oder vor-neolithischer Stufen mit solchen des Neolithikums vermischen. So weist diese mit ihrem Anfang auf ca. 9 000 v.Chr. (andere nennen 7 000) datierte und bis etwa 300 v.Chr. einen sehr langen Zeitraum umfassende Zeit ein Nebeneinander von Wildbeutertum und Keramik auf, das der allgemeinen Erfahrung widerspricht und die Frage nach der Existenz von Bodenbau aufwirft. Ähnliches gilt auch für das gleichzeitige Vorkommen von geschlagenen und polierten Steinwerkzeugen (zur Periodisierung s. Kidder (1) S. 25).

Man kann sagen, daß die Jōmon-Menschen und ihre in Muschelhaufen von bisweilen erstaunlichen Ausmaßen erhaltenen Spuren und Überreste lange Zeit die größte Aufmerksamkeit der japanischen Archäologie gefesselt haben. In Wohngruben von rechteckigem oder rundem Grundriß lebend, die mit einem von vier oder mehr Pfosten getragenen Dach überdeckt waren, ernährten sie sich durch Sammeln und Jagen. Einer der Gründe, die für das lange Verharren auf der Wildbeuterstufe angeführt werden, sind die klimatischen Verhältnisse. Die in den Muschelhaufen gefundenen Muschelarten lassen für die frühe Jōmon-Zeit ein beträchtlich wärmeres Klima annehmen, während die spätere Jōmon-Zeit ein dem heutigen vergleichbares Klima hatte, ein Befund, der durch die Pollenanalyse bestätigt wird. So mag die reiche Natur die Menschen mit der nötigen Nahrung versorgt und damit die Hinwendung zum Bodenbau verzögert haben (vgl. dazu unten S. 10).

b) Fischfang

Bei den langen Küstenlinien und den günstigen klimatischen Bedingungen bot das Meer vielfältige Möglichkeiten zur Nahrungsgewinnung. Die zahlreichen über ganz Japan verstreuten Muschelhaufen enthalten eine Vielzahl von Muscheln sowohl des Süßwassers wie des Meeres, ihr Vorkommen in den auf einander folgenden Schichten läßt Rückschlüsse auf das Klima und den Verlauf der Küstenlinie oder den allmählichen Rückzug des Meeres zu, ihre Menge wird als Möglichkeit angesehen, auf die Größe der Siedlungen zu schließen, wiewohl hier die Meinungen auseinandergehen. Daneben sind die Funde zahlreich, die auf die Bedeutung der Fischerei im Flach- und Tiefwasser hinweisen, sowohl Überreste der gefangenen Fische als auch Fischereigerät. Angelhaken in verschiedenen Formen aus Knochen, daneben aus Hirschhorn und Hauern vom Wildschwein sind für alle Epochen der Jōmon-Zeit belegt, sie finden sich in Ost- und Nordostjapan häufiger als in Westjapan. Netzgewichte sowie die Spitzen von Fischspießen und Harpunen, letztere etwa seit der mittleren Jōmon-Zeit, veranschaulichen die unterschiedlichen Fangmethoden, die auch Hochseefischerei und wohl auch den Fang von Meeressäugern wie Seehund, Seebär oder Wal ermöglichten. Überreste von Walen wurden in den Muschelhaufen gefunden. Auch Boote wurden an mehreren Orten ausgegraben, für die Jōmon-Zeit Einbäume, die mit Rudern bewegt wurden.

c) Jagd

Im Landesinneren, aber auch als Ergänzung zur Fischerei, diente die Jagd dem Nahrungserwerb. Die Muschelhaufen bewahrten die Überreste von Fuchs und Dachs, Flughörnchen, Hase, Bär, Affe, Wolf, Rind, Ratte, Katze und Seebär; Hirsch und Wildschwein waren die häufigsten Jagdtiere. Hund und Pferd, deren Überreste ebenfalls gefunden wurden, sind möglicherweise seit der mittleren Jōmon-Zeit gezüchtet worden (vgl. jedoch u. S. 18f.). Wichtigste Jagdwaffe waren Pfeil und Bogen. Von den letzteren wurden solche gefunden, die offenbar mit Lack verziert waren und möglicherweise als Zeremonialwaffen dienten; daneben schlichtere; sie erreichten eine Länge von 1,6 Metern. Pfeilspitzen wurden aus Knochen und Horn gefertigt, den Hauptanteil aber stellen die aus Stein, im wesentlichen aus Obsidian und Pechstein, im Kinai-Gebiet auch aus Basalt und Andesit. Sie wurden in den oben gespaltenen Schaft gesteckt und mit einer Wicklung aus Fasern und durch Bestreichen mit Harz oder Asphalt gesichert. Gegenüber den reichen Funden an Pfeilspitzen sind Speerspitzen deutlich weniger ausgegraben worden, wohl weil hier häufig Holz oder Bambus gebraucht wurde. Unter den Steinwerkzeugen sind in diesem Zusammenhang die Steinklingen zu nennen und besonders die *ishisaji* (auch *sekihi* gelesen), »Steinlöffel« genannten Schaber, die für das Häuten und Zerlegen der Tiere dienten.

Die mißverständlich als *ishizara*, »Steinschüssel« bezeichneten, häufig mit einem Läufer (*tatakiishi*, Reibstein) zusammen gefundenen Mahlsteine wurden zum Zerkleinern von Nüssen und Wildsamen gebraucht, die mit Wurzeln und Beeren, Kastanien, Eicheln und Wildgemüse als pflanzliche Nahrung die tierische Kost ergänzten. Über die Kleidung ist wenig Auskunft zu erhalten, sie dürfte im wesentlichen aus den Fellen der Beutetiere gefertigt gewesen sein.

d) Bodenbau

Obwohl Überreste von Siedlungen in hinreichender Zahl ausgegraben wurden, sind die Auskünfte über die Siedlungen nur unvollständig. Dies ist zum einen in der Interessenlage der japanischen Archäologie begründet, die Fragen der Gesellschaft, der Ernährung etc. gegenüber der Beschreibung von Artefakten, insbesondere aber der aufgefundenen Keramiken lange vernachlässigte, zum anderen aber ebenso in der Schwierigkeit, sich ein genaueres Bild über die häufig nur zu bestimmten Zeiten genutzten Siedlungen durch die noch nicht vollständig seßhaften Jōmon-Menschen zu machen. Ein wichtiger Hinweis ist in dem Umstand zu sehen, daß die Siedlungen der mittleren Jōmon-Zeit größer sind und Anzeichen von Seßhaftigkeit aufweisen. Dies läßt die Deutung zu, daß verstärkte Sammeltätigkeit weitere Wanderungen unnötig machte oder gar die Anfänge des Bodenbaus hinter dieser Erscheinung zu vermuten sind. Es wurde bereits erwähnt, daß die Frage des Bodenbaus besonders im Zusammenhang mit der Jōmon-Keramik diskutiert wurde, und womöglich die klimatischen Verhältnisse die Entwicklung des Bodenbaus verzögerten. Neben der Zunahme der Siedlungen und den Anzeichen für Seßhaftigkeit legen einige weitere Erscheinungen die Annahme nahe, daß sich der Bodenbau seit der mittleren Jōmon-Zeit verbreitete. So wurde schon in den zwanziger Jahren unseres Jahrhunderts die Frage aufgeworfen, ob nicht die unter den Überresten der mittleren Jōmon-Zeit in West-Kantō zahlreich gefundenen Steinäxte, deren Schneiden für den Gebrauch als Axt ungeeignet erscheinen, als Grabwerkzeuge für den Bodenbau erklärt werden müßten. Ebenso läßt sich die Entwicklung der *dogū*, kleiner Tonfiguren, in der späten Jōmon-Zeit, die als Darstellung einer Fruchtbarkeits- oder Erdgöttin verstanden werden können, als Hinweis auf das Vorhandensein und die Verbreitung von Bodenbau interpretieren.

Indessen sind in Zentraljapan die Siedlungen der Spät-Jōmon-Zeit kleiner als in der mittleren und stellen damit die Annahme eines Zusammenhanges zwischen Siedlungsgröße und Bodenbau in Frage. Zugleich gilt es zu berücksichtigen, daß auch die Kultur der Jōmon-Zeit von einer starken Regionalität geprägt war, daß ihre Geschlossenheit nicht Einheitlichkeit war, sondern bestimmte »gemeinsame Merkmale lokale Kulturen von Hokkaidō bis Kyūshū ... verbanden« (Pearson S. 315). Dies wurde im Zusammenhang mit dem Übergang in die Yayoi-Zeit besonders deutlich, als der Nordosten Japans sichtlich länger in der Kultur der Jōmon-Zeit verharrte. Auch die in den siebziger Jahren (1978) verbreitete Meldung, nach der Hinweise auf Reisbau in der späten Jōmon-Zeit gefunden worden sein sollen, ist, soweit sie bestätigt werden kann, unter diesem Aspekt zu sehen (vgl. auch Nagahara (3) S. 168).

e) Handel und Verkehr

Umfassende Aufschlüsse über Handel und Verkehr sind für diese Epoche noch nicht zu erwarten. Allerdings sind aus einzelnen Hinweisen Rückschlüsse über ihre Existenz möglich. Besonders im Zusammenhang mit der Verwendung von Obsidian als Material für Steinwerkzeuge wie beispielsweise Klingen und Pfeilspitzen sind schon seit dem letzten Viertel des 19. Jahrhunderts Überlegungen und Untersuchungen angestellt worden. Die über ganz Japan gleichmäßig verbreitete Verwendung von Obsidian, wie sie aus den Funden erkennbar wird, läßt sich angesichts der Tatsache, daß Obsidian als Eruptivgestein nur in bestimmten Gebieten Japans vorkommt, nur damit erklären, daß er als Rohstoff oder in bearbeiteter Form von den Stätten seines Vorkommens über ganz Japan verteilt wurde. Untersuchungen der kristallinen Struktur und in neuester Zeit die Anwendung moderner Verfahren wie Spaltspurenidentifikation und Obsidian-Datierung haben die Zuschreibung der Funde zu bestimmten Herkunftsorten ermöglicht. Dabei ließen sich im wesentlichen fünf große Verteilungsgebiete herausarbeiten: im Norden um den Tokachidake auf Hokkaidō, auf Honshū um den Wadatōge in der Shinshū-Region und um die Vorkommen auf der Izu-Halbinsel und für Kyūshū und Teile des Inlandsee (Setonaikai)-Gebietes der Vulkan Aso und die in der Inlandsee gelegene Insel Himeshima. Diesen Herkunftsorten lassen sich die Funde in einem Umkreis von etwa 200 bis 235 Kilometern zuordnen.

Dieses Bild wird vertieft durch die in jüngster Zeit vorgenommene Untersuchung eines Verteilungsgebietes durch Suzuki Masao. Er befaßte sich ausschließlich mit Fundstätten im Nord- und Süd-Kantō, in der Tōkai-Region und auf der Izu-Halbinsel einschließlich der Sieben Izu-Inseln, wo er insgesamt 2 031 Fundstücke aus 152 Kulturschichten von 131 Fundorten analysierte und datierte. Dabei zeigte es sich, daß sich schon in der Vor-Jōmon-Zeit ein Netzwerk für den Transport und Handel von Obsidian herauszubilden begann. Waren die ältesten, auf ca. 25 000 Jahre vor unserer Zeit datierten und aus Süd-Kantō stammenden Funde noch der Hakone-Region als Ursprungsgebiet zuzuordnen, so entwickelte sich, wie Suzuki vermutet wohl aufgrund der besseren Qualität des Materials etwa 20 000 Jahre vor unserer Zeit die Shinshū-Region zum Hauptursprungsgebiet der Obsidiane. Ebenso wurde Kōzu, das zu den Sieben Izu-Inseln gehört, zu einem wichtigen Herkunftsort. Funde von Kozujima-Obsidianen sind seit der vorkeramischen Zeit etwa 20 000 bis 15 000 Jahre vor unserer Zeit im Süd-Kantō und dem Tōkai-Gebiet belegt. Sie geben die ersten Hinweise auf einen Transport über See, dessen nähere Umstände jedoch äußerst ungewiß sind, da weitere positive Belege für seine Existenz in der Vor-Jōmon-Zeit nicht vorhanden sind. Das gilt ebenso für die Bedingungen des Abbaus und der Weiterverarbeitung des Rohmaterials, die nach Suzuki teilweise schon vor dem Weitertransport erfolgte, und für die Transportwege. Nur für die Spät- und Spätest-Jōmon-Zeit und begrenzt auf den Westteil der heutigen Präfektur Shizuoka im Tōkai-Gebiet fand Suzuki Hinweise, die ihn veranlaßten, einen Transportweg entlang dem Tenryū-Fluß anzunehmen (vgl. Suzuki Masao.) So können wir ähnlich dem Jungpaläolithikum in Europa Güteraustausch und Transport über größere Entfernungen für die Vor-Jōmon- und für die Jōmon-Zeit erkennen, ohne aber für weitere Angaben, etwa hinsichtlich einer Spezialisierung beim Abbau und bei der Weiterverarbeitung oder für die Formen des Austausches, Belege zu haben.

3. *Die Yayoi- und Kofun-Zeit*

a) Allgemeine Verhältnisse

Mit dem letzten vorchristlichen Jahrtausend haben sich die Kontakte zum Festland offenbar vermehrt und so die Einbindung der japanischen Inseln in den Kulturkreis Ostasiens verstärkt. Die damit einhergehenden Wanderungsbewegungen, der wirtschaftliche und technische Austausch schufen die Voraussetzungen des Überganges zur Yayoi-Zeit (ca. 300 v.Chr. bis ca. 300 n.Chr.), deren Kultur durch die Verknüpfung von Elementen unterschiedlicher Herkunft viele Fragen aufgeworfen hat. Betrachtet man ihre Entwicklung jedoch vor dem Hintergrund solcher einen allmählichen Übergang bewirkenden Beziehungen, wird der Vorgang einer Vermischung heterogener Elemente, die etwa in der engen Verwandtschaft der Keramik zur Kultur der Jōmon-Zeit, bei Begräbnisformen und dem Auftreten von Metallgeräten und -waffen zur festländischen Kultur zum Ausdruck kommen, besser verständlich und verliert manches von der Dramatik eines plötzlichen Wandels. Unter diesem Aspekt sind auch die Hinweise auf den Reisbau besser einzuordnen, die, wie zum Beispiel die Funde in Itazuke, Stadt Fukuoka, im Jahre 1978, zeitlich der spätesten Jōmon-Zeit zugerechnet werden. Sie kennzeichnen vermutlich den Übergang zur Yayoi-Zeit.

Durch den festländischen Einschlag, dem diese Epoche mit dem Ackerbau und dem Gebrauch von Metallen wesentliche Elemente ihrer Kultur verdankt, kommt es auf den japanischen Inseln zu einem auffälligen Nebeneinander von Merkmalen neolithischer Kultur mit solchen der Bronze- und Eisenzeit, das zwar eine deutliche Zäsur zur Jōmon-Zeit erkennen läßt, ohne aber, und dies gilt insbesondere für Nordostjapan, deren Kultur zu unterdrücken.

b) Jagd und Fischfang

Abbildungen auf den Bronzeglocken, *dōtaku*, wie Funde etwa in Karako und Toro, an Orten, für die Ackerbau nachgewiesen ist, lassen erkennen, daß die Jagd noch immer zum Nahrungserwerb gehörte. Sie verlor aber schon während der Yayoi-Zeit allmählich an Bedeutung und gilt in der Kofun-Zeit als eine Beschäftigung der Oberschicht. Sie trug dann nur noch in Gebirgsgegenden zur Nahrungsversorgung des Volkes bei. Auch für die Yayoi-Zeit wurden in verschiedenen Techniken hergestellte Pfeilspitzen in großer Zahl gefunden, aus Abschlägen gewonnene, die denen der Jōmon-Zeit gleichen, daneben polierte mit und ohne Dorn, schließlich solche aus Bronze. In der Kofun-Zeit nahmen die in verschiedenen Formen aus Eisen gefertigten Pfeilspitzen gegenüber den bronzenen zu, sie dienten wohl im wesentlichen als Kriegswaffen.

Die Fischerei erfuhr eine Zunahme, die im Zusammenhang mit der Bevölkerungsentwicklung gesehen wird und ihren Beitrag zum Nahrungserwerb kennzeichnet. Zu den Angelhaken aus Bein oder Horn traten mehr und mehr solche aus Bronze oder Eisen. Eine ähnliche Verbreitung zeigt auch die Harpune, die in ihrer Form, etwa 10 cm lang mit mehreren Widerhaken aus Hirschhorn gefertigt, der der Jōmon-Zeit gleicht. Daneben sind aus der Präfektur Nagasaki eine Harpune von 40 cm Länge aus Walknochen und einige wenige aus Eisen bekannt; unter den Grabbeigaben der Kofun-Zeit finden sich solche aus Bein und Horn wie aus Eisen. Die zum Fang von Tintenfischen benutzten Krüge, *iidakotsubo*, entwickelten sich von solchen mit flachem Boden in der frühen Yayoi-Zeit zu denen mit rundem Boden in der mittleren und späten Zeit, bis sie in der späten Kofum-Zeit die zweckmäßigere Glockenform erhielten.

Eine spürbare Entwicklung nahm die Netzfischerei. Die gefundenen Netzbeschwerer haben die in der Jōmon-Zeit für ganz Japan einheitliche Form verloren und weisen nunmehr zahlreiche regionale Unterschiede auf. Schon diese Differenzierung deutet auf eine Intensivierung der Netzfischerei hin, wie sie im zunehmenden Übergang zu Netzbeschwerern aus Keramik gesehen wird. Diese waren leichter in größeren Stückzahlen herzustellen und erlaubten damit eine Anpassung an den durch wachsende Bevölkerung erhöhten Bedarf.

c) Reisbau

Mit der frühen Yayoi-Zeit mehren sich die Hinweise auf den Reisbau, ohne daß über die näheren Umstände seiner Einführung Klarheit besteht. Als eine Kulturpflanze mit hohen Ansprüchen im Anbau reichte eine bloße Übertragung nach Japan nicht aus, gerade der Umstand, daß er offenbar von Anfang an im Naßfeld gezogen wurde, legt die Annahme von Kenntnissen in den Grundtechniken des Ackerbaus nahe. Die Zunahme von Siedlungen in den feuchten Niederungen, wie sie für die frühe Yayoi-Zeit festzustellen ist, mag ein Hinweis darauf sein, daß man zunächst vor allem die natürliche Feuchtigkeit der Sumpffelder im Schwemmland nutzte, deren Erträge allerdings noch gering gewesen sein dürften.

Für die Bewässerungstechnik bieten die Überreste von Toro ein anschauliches Beispiel. Hier fanden sich südlich der Siedlungsüberreste Spuren von Naßfeldern. Durch Pfähle und Planken in einzelnen oder Doppelreihen, die mit Zedernrinde ausgekleidet und mit festgestampftem Lehm aufgefüllt die Feldraine bildeten, waren hier Felder voneinander abgetrennt und eingedämmt, von denen 32 mit einer Fläche von ca. 844 bis ca. 2400 Quadratmetern erhalten sind. Auf der Westseite der Felder sind die Reste eines Grabens feststellbar, der in Nord-Süd-Richtung verlief und um den anscheinend die Felder gruppiert waren. Es ist jedoch ungewiß, ob es weitere Gräben gab, wie auch seine Funktion noch unklar ist. Siedlung wie Felder liegen etwas erhöht und die Felder waren daher nicht sonderlich feucht. Dies spräche für die Notwendigkeit einer Bewässerungsanlage. Andererseits ist nach dem geologischen Befund, dem Vorhandensein einer Lehmschicht und dem Umstand, daß der gefundene Graben vom südlichen Siedlungsrand längs der Felder nach Süden führte, auch die Ansicht vertreten worden, daß er der Entwässerung diente. Offensichtlich aber stellen die Überreste von Toro eine Anlage von Naßfeldern dar, die durch Unterteilung und erhöhte Lage für eine künstliche Regelung des Wasserstandes eingerichtet waren. Wieweit sie den technischen Stand ihrer Zeit repräsentieren muß offen bleiben, sie erfüllten jedoch die für den Reisbau wesentliche Anforderung einer Anpassung des Wasserstandes an die Entwicklung der Reispflanzen.

Ein Indiz für die allmähliche Ausbreitung des Reisbaus wird in einem Wachstum der Bevölkerung gesehen, das sich an der zunehmenden Zahl und Größe der Siedlungen gegen Ende der frühen Yayoi-Zeit besonders in Westjapan ablesen läßt. Es ging offensichtlich mit der Ausdehnung des Reisbaus mittels der künstlichen Bewässerung auf bisher nicht genutzte Flächen einher. Seit der mittleren Yayoi-Zeit breiteten sich die Siedlungen auch im Hügelland am Rande des Schwemmlandes und längs der Flüsse bis ins Bergland aus. Es sind vor allem zwei Faktoren anzunehmen, die dieses Ausgreifen ermöglichten: die Beherrschung der Bewässerung, die im Hügelland technisch einfacher war, und die Verfügung über geeignetes Saatgut. Die klimatische Grenze für den Reisbau, die sein Vordringen ins Bergland wie nach Nordostjapan behinderte, scheint durch eine unbewußte, aber erfolgreiche Sortendifferenzierung allmählich ausgedehnt worden zu sein. Die Praxis, jeweils nur die reifen Ähren eines Feldes zu ernten, verbunden mit dem bis in die Gegenwart bekannten Brauch, die ersten Garben der Ernte im Schrein darzubringen, wo sie der Priester für die Aussaat im folgenden Jahr benutzt, wird als eine plausible Erklärung für die Auslese einer Sorte mit kürzerer Reifezeit angeführt (vgl. Kondō S. 161f.). Die umfangreicheren Siedlungen seit der mittleren Yayoi-Zeit sind ein Beleg für die zunehmende Produktivität des Reisbaus, der schließlich auch die einheimischen oder eingewanderten Arbeitskräfte mit ernährte, die in der Kofun-Zeit für den Bau der teilweise umfangreichen Hügelgräber eingesetzt wurden.

In welchem Ausmaß neben dem Reis auch Trockenfeldfrüchte angebaut wurden, läßt sich nicht absehen. Das *Wei-chih* spricht von Chinanessel, Hanf und Hirse, ohne daß die Belege der Archäologen für die auch in Toro gefundene Hirse als Nachweis für den Anbau ausreichen. Spuren von Weizen und Gerste, in historischer Zeit die typischen Früchte des Trockenfeldes in Japan, wurden für die mittlere und späte Yayoi-Zeit mehrfach auf Kyūshū gefunden, in größeren Mengen jedoch erst für die Kofun-Zeit. Pfirsiche gehören in den Arten Kodaimomo und Nomomo zu den Überresten an vielen Orten, die letztere soll angebaut worden sein. Ob aber und seit wann eine Prunus-(vermutlich Aprikosen-) Art, Kürbis und Melone, Erbse und Saubohne in der Yayoi-Zeit kultiviert wurden, ist unsicher. Sie gehörten jedoch wie Buchweizen, Soja- und Mungobohne zu den Feldfrüchten der Kofun-Zeit. Viele dieser Früchte, auch Weizen und Gerste, stammen offenbar vom Festland. Die Kastanie dagegen war schon in der Jōmon-Zeit Nahrungsmittel besonders in Nordostjapan und zählte zu den Früchten, die von den Yayoi-Menschen systematisch genutzt, möglicherweise kultiviert wurden.

d) Geräte

Die Unklarheit über das Ausmaß des Trockenfeldbaus wird durch die aufgefundenen Feldgeräte ein wenig erhellt. Obwohl Bronze und Eisen verfügbar waren, finden sie sich bei den Ackergeräten nur selten und waren hier wohl erst seit der späten Yayoi-Zeit vorhanden. Die wichtigsten Bodenbaugeräte waren vielmehr aus Holz gefertigt, sie wurden zumindest in größerer Zahl gefunden als solche aus Stein. Obwohl beispielsweise die in verschiedenen Formen erhaltenen Hacken aus zähem Holz, etwa dem von Quercus gilva Blume (*ichiigashi*) oder Quercus acuta Thunb. (*akagashi*) und anderen Quercus-Arten, und unter Berücksichtigung des Faserverlaufes angefertigt wurden, solche mit querlaufender Faser im Hackenblatt sind selten, eignen sich doch hölzerne Hacken nur bedingt für den Trockenfeldbau, während sie im Naßfeld ausreichen —

und auch in der Edo-Zeit noch verbreitet waren. Als Verstärkung wurden gelegentlich im Querschnitt V- oder U-förmige Hacken- und Spatenschuhe aus Bronze oder Eisen verwandt, die über Schneide und einen Teil des Blattes geschoben, diesem größere Festigkeit verliehen. Sie wurden jedoch aus der Yayoi-Zeit nur in wenigen Exemplaren gefunden und vielleicht vor allem für Rodungsarbeiten gebraucht. Ob das als *maguwa*, »Zinkenhacke«, beschriebene Gerät mit gabelförmigem Blatt und rechtwinklig angesetztem Stil oder in der Form einer Grabgabel ausgebildet für die Bodenbearbeitung gebraucht wurde, erscheint bei der Zerbrechlichkeit von Holz zweifelhaft. Andererseits ist eine Verwendung als Rechen oder Gabel bei der üblichen Form der Ernte, nämlich Abschneiden der einzelnen Ähren, nicht einsichtig. Dieses Ernteverfahren brachte mit dem steinernen Ährenschneider, *ishibōchō*, das wichtigste und häufigste Ackergerät der Yayoi-Zeit aus Stein hervor. Im allgemeinen 15 cm lang, 3 bis 4 cm hoch und etwa 5 mm stark, wurde es vor dem Auftreten der Sichel gebraucht (größere Exemplare werden als Vorform der Sichel gedeutet), die für die Yayoi-Zeit kaum und auch für die Kofun-Zeit nur in wenigen Beispielen überliefert ist. Obgleich der Sichel im Wirkungsgrad deutlich unterlegen, war doch dieses Erntemesser dem gebräuchlichen Verfahren bei der Ernte besser angepaßt als die Sichel, mit der man normalerweise ein Halmbüschel erfaßt, und sein allmähliches Verschwinden dürfte daher mit dem Rückgang des eher dem Sammeln als dem Ernten nahestehenden Verfahrens des Schneidens einzelner Ähren einhergegangen sein. Es liegt nahe, auch dies mit einer Vereinheitlichung des Saatgutes und damit der Reifezeit zu erklären.

Vergleichsweise mehr Feldgeräte aus Metall wurden für die Kofun-Zeit gefunden, sowohl die oben geschilderten Hacken- und Spatenschuhe als auch eiserne Sicheln. Sie erscheinen vor allem als Grabbeigaben in den Hügelgräbern, ein Umstand, der als Hinweis auf ihren hohen Wert gilt. Gemessen an anderen Grabbeigaben ist allerdings ihre Zahl gering. Ob daher daraus geschlossen werden kann, daß die Verbreitung metallenen Ackergerätes gering war, und nur die in den Hügelgräbern beigesetzten Anführer einer Gemeinschaft über Metalle und metallenes Gerät verfügen konnten, ist eine Frage, die, zumal sie weit in die Problematik der gesellschaftlichen Organisation hineingreift, nach dem heutigen Wissensstand nicht beantwortet werden kann.

Für die Herstellung von Holzgeräten und für die Holzbearbeitung brachten naturgemäß die seit Beginn der Yayoi-Zeit verfügbaren Metallwerkzeuge eine bedeutende Verbesserung. Zwar fehlten noch Säge und Hobel unter dem Werkzeug, doch behalf man sich mit dem Spalten des Holzes und mit dem Glätten und Ausformen mit dem Schabeisen, *yariganna*. Die Technik der Holzverbindungen erfuhr durch die Verwendung von Zapfen und Nut eine wichtige Verbesserung, die bei verschiedenen Geräten und im Holzbau wirksam wurde. Auch die Ablösung des Einbaumes durch das aus Brettern zusammengefügte Boot war eine Errungenschaft der Yayoi-Zeit.

e) Bronze

Der überwiegende Teil der Metall- insbesondere der Bronzegeräte der Yayoi-Zeit stellt Gegenstände mit offenbar zeremoniellen Funktionen dar. Bronzewaffen wie Schwerter, Dolche, Hellebarden, Speere und später Bronzespiegel wurden zunächst wohl vom Festland auf die japanischen Inseln gebracht und verdeutlichen die engen Beziehungen zum Kontinent und damit zum Umkreis der chinesisch bestimmten Kultur. Bald aber setzte in Nord-Kyūshū und später im Setonaikai- und Kinai-Gebiet eine eigene Produktion ein, die offenkundig von speziellen Werkstätten betrieben wurde. Dabei entwickelten die Bronzewaffen die für die japanische Produktion typische Tendenz zur Vergrößerung, die sie als Zeremonialgerät kennzeichnet. Als eine eigenständige Entwicklung treten die Bronzeglocken, *dōtaku*, hinzu, deren anfänglich unvollkommene, dann mehr und mehr verbesserte Ausformung die wachsende Fertigkeit der Gießer dokumentiert. Auch sie dienten wohl zeremoniellen Zwecken.

Für die Gußtechnik gebrauchte man in Nord-Kyūshū Steinformen, wie sie an mehreren Orten der Präfektur Fukuoka gefunden wurden, und die denen in Korea gleichen. In die glatte Oberfläche des Steins wurde die Form einer Speerspitze, eines Spiegels und dergleichen eingeschnitten, und durch das Zusammenfügen zweier so vorbereiteter Steine entstand die Form, die mit Bronze ausgegossen wurde. Der verhältnismäßig begrenzte Raum in Nord-Kyūshū, in dem solche Formen gefunden wurden, dokumentiert im Vergleich mit dem weiten Verbreitungsradius der Erzeugnisse die Existenz von spezialisierten Werkstätten, die ein größeres Gebiet versorgten.

Für die Region der Inlandsee und das Kinai-Gebiet wird dagegen die Verwendung von Sandformen angenommen, die höhere technische Fertigkeiten erforderten, zumal schließlich, wie aus Funden ersichtlich wird, aus einer Form drei bis vier Bronzeglocken hergestellt werden konnten. Aber auch in der Legierung wurden eigene Zusammensetzungen verwendet. Während der Zinngehalt bei japanischen Bronzegeräten und Bronzeglocken abnahm, wurde eine größere Menge an Blei und Antimon zugeschlagen, um eine beim Guß leichtflüssige Bronze mit niedrigerem Schmelzpunkt zu erhalten. Dieses Verfahren ermöglichte durch den Guß äußerst dünner Geräte eine sparsame Nutzung des Rohstoffes, während der Aspekt der Funktionsfähigkeit bei der zeremoniellen Natur der

Podukte nicht ins Gewicht fiel. Allerdings erschwerte das zugeschlagene Antimon die weitere Bearbeitung nach dem Guß, so daß die Anzeichen zusätzlicher Bearbeitung und Retuschierung, wie sie an anderen Geräten erkennbar sind, bei solchen mit hohem Antimongehalt in der Regel fehlen. Die Tradition der Gießerei im Setonaikai- und Kinai-Gebiet blieb auch in der frühen Kofun-Zeit lebendig. Diese Epoche kennt um die Kinai-Region keine chinesischen Bronzespiegel als Grabbeigaben, sondern stattdessen großformatige, in Japan gegossene Spiegel. Auch hier hat sich eine handwerkliche Tradition mit deutlicher Spezialisierung herausgebildet.

f) Eisen

Eiserne Geräte und Waffen wurden für die Yayoi-Zeit nicht im gleichen Umfang gefunden wie Gegenstände aus Bronze. Indessen fehlen in der Kinai-Region Bronzewaffen fast vollständig, zudem wurden sowohl in Toro wie in Karako, Präfektur Nara, Holzschwerter gefunden, die offensichtlich eisernen nachgebildet wurden, ebenso im Verbreitungsgebiet der Bronzeglocken zahlreiche Steinschwerter, die als Nachbildung eiserner Schwerter zu erkennen sind. Dies und der Umstand, daß die Eisenschwerter aus der frühen Kofun-Zeit im Kinai nicht aus der Tradition der Bronzeschwerter der Yayoi-Zeit hervorgegangen sind, sondern eine eigene Entwicklung durchgemacht haben, unterstützt die Annahme einer Produktion eiserner Geräte und Waffen in der Yayoi-Zeit ebenso wie einzelne Funde an verschiedenen Orten, deren geringe Zahl dem Umstand zuzuschreiben ist, daß Eisen leichter korrodiert als Bronze.

Mit der Kofun-Zeit nehmen die Funde eiserner Waffen deutlich zu, Schwerter, Speer- und Pfeilspitzen wurden nicht nur vom Festland eingeführt, sondern auch auf den japanischen Inseln hergestellt. Die Entwicklung der auf festländische Einwanderer zurückgehenden Schmiedekunst wird an Fundstücken deutlich erkennbar. Die in der beginnenden Kofun-Zeit aus Leder hergestellten Panzer wurden nun aus gekrümmten und vernieteten Eisenplatten gefertigt, Schwerter, Rüstungen und andere Geräte seit dem 5. Jahrhundert vergoldet, versilbert oder mit Edelmetallen verziert.

g) Pferd und Reiterei

An den Grabbeigaben wird auch die Verwendung des Pferdes dokumentiert. Über sein Vorkommen in Japan gehen die Angaben auseinander, die Annahme, es sei schon in der Jōmon-Zeit in Japan anzutreffen gewesen, wird nicht allgemein geteilt. Nach dem *Wei-chih* kannte man in

Japan um die Mitte des 3. Jahrhunderts weder Pferd noch Rind (*Wei chih*, ch. 30, S. 206; vgl. Wedemeyer S. 179), doch ist damit seine Verwendung schon in der Yayoi-Zeit nicht völlig widerlegt. Die Berichte des *Wei-chih* beziehen sich im wesentlichen auf Kyūshū. Demgegenüber läßt die mehrfache Erwähnung des Pferdes in den Mythen um den Gott Susanoo die Interpretation zu, daß die Izumo-Leute, zu deren Gottheiten Susanoo ursprünglich gehörte, schon früher Pferde gebraucht hätten. Von ihnen könnten die Yamato-Leute in Mitteljapan das Pferd schon im 3. Jahrhundert übernommen haben. Als spätester Zeitpunkt wäre demgegenüber die Mitte des 4. Jahrhunderts anzusetzen, als nach den Feldzügen gegen Silla Pferde nach Japan gelangten (hierzu ausf. Wedemeyer S. 112ff., Anm. 243). Die kostbare Ausschmückung an Geschirr und Zaumzeug, wie sie unter den Grabbeigaben der Hügelgräber aus dem 5. Jahrhundert gefunden wurden, zeigt, daß das Pferd zunächst auch in der Kofun-Zeit noch hochgestellten Persönlichkeiten vorbehalten war, doch wird am Wandel dieser Teile deutlich, daß es bald zum allgemeinen Bestand der kriegerischen Ausrüstung gehörte.

Zugleich werden auch durch die Veränderungen an Waffen und Rüstung die Wandlungen in der Kriegsführung deutlich. Der aus Eisen genietete kurze Panzer, der die Bewegungsfreiheit zu Pferde behinderte, verschwand. An seine Stelle trat der aus Eisenlamellen zusammengeheftete und sich den Bewegungen frei anpassende Panzer festländischen Stils, der den Anforderungen der Reiterei besser entsprach und damit einen ähnlichen Wandel verdeutlicht, wie er bei den europäischen Heeren durch den Übergang vom Panzer zum Kettenhemd in den Kämpfen gegen die berittenen Sarazenenheere gekennzeichnet wird. Auch die Pfeilspitzen wurden den neuen Anforderungen angepaßt. Die breiten Pfeilspitzen, die große Wunden schlugen, aber von geringer Durchschlagskraft waren, wurden von schlanken Spitzen aus Eisen abgelöst, die tiefer eindringen und eine Rüstung eher durchschlagen konnten.

h) Beziehungen zum Festland

Hier wird ein Wandel erkennbar, der durch die gefestigten Beziehungen zu Korea über die »japanische Kolonie« Mimana in Korea erklärt wird. Die vor allem aus chinesischen Quellen erkennbare stammesmäßige Verwandtschaft der Wa-Völker in Korea und auf den japanischen Inseln und der festländische Brückenkopf Mimana waren für den Erwerb von Fertigkeiten, Gütern und Rohstoffen von großer Bedeutung. Dadurch hatte Japan Anteil an dem Handelsnetz, das insbesondere von dem wirtschaftlichen Zentrum Koya Han mit seiner Eisenerzeugung die anderen Han-Völker, die Yemaek-Völker nach Norden und die chinesischen

Kolonien südlich des Yalu umfaßte. Die Einwanderer aus verschiedenen ostasiatischen Ländern, *kikajin*, brachten Kenntnisse und technische Fertigkeiten mit, die den raschen Wandel ermöglichten und nötig waren, um von der Übernahme aus Korea zur eigenständigen Produktion in Japan überzugehen. Sie waren wohl auch am Bau der umfangreichen Hügelgräber beteiligt[2].

Aber auch die für die Herstellung von Waffen, Schmuck und Gebrauchsgegenständen benötigten Rohstoffe wie Eisen, Gold und Silber stammten im wesentlichen vom Festland. Hinweise auf die Gewinnung von Gold und Silber in Japan gibt es erst für das 7. Jahrhundert. Zur Eisengewinnung wurde in Japan bis ins 19. Jahrhundert vor allem Sandeisen als Rohstoff verarbeitet. Aus der Untersuchung von Grabbeigaben der Hügelgräber und von anderen Funden wurde zwar die Verwendung auch von Sandeisen nachgewiesen, doch stammte die Hauptmasse des Roheisens vom Festland, eine Tatsache, die auch durch das *Wei-chih* gestützt wird (vgl. *Wei-chich*, ch. 30, S. 19a). In Hügelgräbern des 5. Jahrhunderts wurden zahlreiche Eisengeräte, Schmiedewerkzeug, aber auch unverarbeitetes Eisen in Barrenform gefunden, in einem Nebengrab des Uwanabe-Hügelgrabes in Nara ungefähr 140 Kilogramm, ein Zeichen dafür, daß Eisen aufgrund der unzureichenden inländischen Produktion noch hoch bewertet wurde. Erst mit dem 6./7. Jahrhundert nehmen solche Grabbeigaben ab, zugleich finden sich in den Quellen Hinweise auf eine japanische Eisenproduktion seit der Mitte des 7. Jahrhunderts (vgl. *Nikon shoki*, KT 1u, S. 298 für das Jahr 670).

Die starke Abhängigkeit in der Eisenversorgung von Einfuhren aus Südkorea ermöglichte für die Oberschicht die Kontrolle über die Verteilung des Eisens, und diese Kontrolle konnte zunächst auch nach der Entwicklung der japanischen Vorkommen erhalten werden. Umgekehrt werden die lange erfolgreichen Unabhängigkeitsbestrebungen der mit dem Sturmgott Susanoo verbundenen Izumo-Region mit den dortigen eigenen Eisenvorkommen in Verbindung gebracht. Im 8. Jahrhundert nahm die inländische Eisenerzeugung weiter zu und wurde auch, wie entsprechende Verbote durch die Regierung erkennen lassen, für private Zwecke genutzt.

i) Keramik

Die Yayoi-Keramik unterscheidet sich zwar in ihrer durch höhere Brenntemperaturen bewirkten, ursprünglich gelb- oder rotbraunen, später

[2] Ledyard (S. 246) nimmt an, daß es sich hierbei zu einem großen Teil um Kriegsgefangene aus Eroberungszügen gehandelt habe. Inzwischen hat jedoch Walter Edwards seine Ausführungen einer kritischen Prüfung unterzogen und besonders seine These eines plötzlichen Wandels nachdrücklich widerlegt (vgl. Edwards).

lachsroten Farbe von der Jōmon-Ware, die in der Endzeit durch den Schwelbrand eine aschgraue bis schwarze Färbung hatte, doch bestanden in der Herstellungstechnik keine sonderlichen Unterschiede zwischen beiden. Die Stücke wurden aufgebaut, nicht auf der Töpferscheibe gedreht, wenn auch seit der mittleren Yayoi-Zeit offenbar ein drehbares Brett verwandt wurde, das die Ausformung und das Aufbringen von Mustern erleichterte. Wieweit eine soziale Differenzierung durch die Entwicklung spezialisierter Arbeiter erfolgte, ist offen.

Eine solche ist jedoch anzunehmen bei der unter der Bezeichnung *Haji*-Ware bekannten Keramik der Kofun-Zeit und den *Haniwa*, den als Grabbeigaben gebrauchten Tonfiguren, die eine Fortsetzung der Yayoi-Keramik darstellen. Auch die *Haji*-Ware weist keine auffälligen technischen Fortschritte gegenüber der Yayoi-Keramik auf, wurde allerdings unter Oxydationsflamme gebrannt, so daß die Benutzung eines einfachen Brennofens als sicher gilt, während vorher im offenen Feuer gebrannt wurde. Im 7. Jahrhundert kam, offensichtlich unter dem Einfluß der *Sue*-Ware, auch für manche Stücke der *Haji*-Keramik die Töpferscheibe in Gebrauch.

Die Entstehung dieser *Sue*-Keramik, die seit dem 5. Jahrhundert im Raum von Ōsaka in Erscheinung trat, weist starke koreanische Einflüsse auf und ist mit der Verwendung der Töpferscheibe und des Brennofens, *anagama* oder *noborigama* (wörtlich: Höhlen- oder ansteigender Ofen), verbunden, von dem zahlreiche Überreste zeugen. Er wurde meist an einem Abhang mit etwa zehn bis zwölf Grad Neigung angelegt, indem man einen zehn bis fünfzehn Meter langen Graben in seinem oberen Teil mit einer Mischung aus Stroh und Lehm abdeckte oder direkt unterirdisch so anlegte, daß von der Feuerkammer am unteren Ende die Hitze auf dem Weg zum oben liegenden Rauchabzug die als Brennkammer dienende Höhle gleichmäßig durchströmte. In diesem Brennofen waren Temperaturen von mehr als 1 000 Grad Celsius möglich, so daß die Erzeugnisse eine höhere Qualität erreichten als die der *Haji*-Ware. Indessen blieb die *Sue*-Ware zunächst offenbar im wesentlichen auf den Gebrauch des Yamato-Hofes beschränkt und war nur noch im Kinai-Gebiet anzutreffen, während sonst die *Haji*-Ware produziert wurde. Erst in der ersten Hälfte des 7. Jahrhunderts begann sich die *Sue*-Keramik auch in die anderen Regionen zu verbreiten und führte im Kinai-Gebiet zu einer deutlichen Abnahme der *Haji*-Produktion. Im Kantō und in Kyūshū, wo die Technik der *Sue*-Keramik noch nicht bekannt war, wurden in dieser Phase häufig bei *Haji*-Keramiken die *Sue*-Formen kopiert. Nach ihrer Ausbreitung in alle Regionen blieb die *Sue*-Keramik bis in die Heian-Zeit bestehen und bildete die Grundlage, auf der sich die Keramik des japanischen Mittelalters entwickelte.

j) Textilien

Während für die Jōmon-Zeit keine Spuren erhalten sind, die auf das Vorhandensein von Geweben für die Kleidung hindeuten, wurden in den Überresten der Yayoi-Zeit in der Form von Geweberesten und Abdrücken auf Keramiken, durch Spinnwirtel und Geräte zur Weberei zahlreiche Hinweise gefunden, die erkennen lassen, daß zusammen mit dem Naßfeldbau und mit den Metallwerkzeugen auch die Weberei seit der frühen Yayoi-Zeit in Japan vorhanden war. In den schon erwähnten Überresten von Toro und Karako wurden Weberschiffchen gefunden, in Toro dazu weitere Teile von Webstühlen in großer Zahl. Als Material wurde hauptsächlich die Faser der Chinanessel, des Papiermaulbeerbaums und des Pfeilwurz gebraucht, der ebenfalls anzutreffende Hanf wurde in der Kofun-Zeit bevorzugt. Für die Verwendung von Seide gibt es Belege erst für die frühe Kofun-Zeit, sie wird etwa seit dem 4. Jahrhundert häufiger. Aus der späten Kofun-Zeit sind auch Gewebe mit Gold- und Silberfäden erhalten.

Auch für die Weberei hatten durch die mitgebrachten Webtechniken die vom Festland nach Japan gekommenen Einwanderer große Bedeutung. So werden im *Nihonshoki* mehrfach Handwerker mit neuen Webverfahren erwähnt, etwa zur Zeit des Ōjin Tennō. In der zweiten Hälfte des 5. Jahrhunderts kamen die späteren Nishikioribe (auch Nishigoribe) aus Korea, als Einwanderer aus China werden Yūryaku 14 die Ayahatori und zur gleichen Zeit die Kurehatori genannt (*Nihon shoki*, KT 1o., S. 282 für das Jahr Ōjin 37, ebd. S. 372 für Yūryaku 7 und S. 383 für Yūryaku 14). Sie alle trugen dazu bei, daß sich die Weberei in Japan weiterentwickeln und ausbreiten konnte, so daß sich unter den im 7. und 8. Jahrhundert mit den T'ang-Gesandtschaften nach China gebrachten Waren auch Textilien befanden. Allerdings wurden im Rahmen dieses Tributhandels auch chinesische Webwaren nach Japan gebracht.

KAPITEL II

DIE WIRTSCHAFT IN DER ZEIT DES ABSOLUTISTISCHEN STAATES

1. *Die staatlichen Zustände zu Beginn der Epoche*

a) Die allgemeinen Verhältnisse im 6. und 7. Jahrhundert

Wohlbegründete und zuverlässige Angaben über die wirtschaftlichen Verhältnisse vor dem 7. Jahrhundert aufgrund der schriftlichen Quellen sind nur schwer möglich. Zwar verfügen wir über die Berichte in den chinesischen Dynastiegeschichten, daneben bieten auch Kojiki und Nihon shoki (712 und 720 fertiggestellt) Darstellungen der Entwicklung, doch sind die ersteren ungenau und lückenhaft, die letzteren sind Kompilationen, in denen sich Wahrheit mit Legenden und Mythen mischt, sie sind außerdem nicht frei von Interpretationen, in denen sich die Interessen der Historiografen der Nara-Zeit widerspiegeln. Die Orientierung an den Herrschern und ihrem Handeln ist schließlich Ursache dafür, daß wirtschaftliche Tatsachen nur indirekt erschließbar und lediglich in besonderen Fällen, etwa der Errichtung von Bewässerungsanlagen direkt überliefert sind.

Gleichwohl läßt sich doch auf eine Gesellschaft schließen, in der eine Oberschicht von Sippenverbänden, die *uji*, über die politische und militärische Macht verfügte und von Arbeitsgruppen Unfreier, den *be*, unterhalten wurde, die an die Sippenverbände gebunden und für Ackerbau, handwerkliche Produktion, Kriegsdienst und andere Leistungen verantwortlich waren, während Sklaven, *yatsuko*, als Dienstboten vornehmlich in den Haushalten der Oberschicht tätig waren. Die Entwicklung dieser Struktur läßt sich an den Hügelgräbern verfolgen, deren Verbreitung in bestimmten Gebieten, etwa in Flußtälern, als ein Hinweis auf die Ausdehnung der Macht einzelner Sippenverbände verstanden werden kann, die die Bewohner anderer Gebiete unter ihre Herrschaft brachten und sich dienstbar machten. Zugleich sind diese Hügelgräber auch Zeichen für die wachsende agrarische Produktion, die erst die Möglichkeit eröffnete, einen Teil der verfügbaren Arbeitskräfte für solche nicht unmittelbar der Versorgung dienende Arbeiten freizustellen. Immerhin waren für die größten dieser Hügelgräber Erdbewegungen in einem erheblichen Umfang erforderlich, nach Furushimas Rechnung mußten für die großen Gräber des 5. Jahrhunderts etwa 1,4 Millionen Kubikmeter Erde bewegt werden (Furushima (7) S. 33).

Mimana, die Kolonie in Korea, hatte als der festländische Brückenkopf große Bedeutung. Die Verfügung über Mimana und damit über die Einfuhren festländischer Kultur und Technik verschaffte dem Yamato-Hof erhebliche Vorteile und trug ohne Zweifel ebenso wie der Ausbau des Landbesitzes zur wirtschaftlichen Fundierung seiner Vorherrschaft bei. Mehrmals wurden nach dem Verlust von Mimana im Jahre 562 Versuche zur Wiedereroberung unternommen, bis man schließlich in den direkten Beziehungen zum chinesischen Reich eine andere Lösung zur Versorgung mit Wissen und Gütern vom Festland fand.

Die Taika-Reform, die im Jahre 645 begonnen wurde und im Reformedikt vom 22. 1. 646 einen Höhepunkt erreichte, war in ihren wirtschaftlichen Zielsetzungen ebenso einschneidend wie in den politischen. Obgleich die Durchsetzung dieser Maßnahmen wohl noch erhebliche Zeit in Anspruch nahm und der Umfang unklar ist, in dem sie tatsächlich verwirklicht werden konnte, war doch der Anspruch bedeutsam, der durch diese Reform seinen Ausdruck fand[1]. Die Abschaffung des Privatbesitzes an Land und Leuten, die nunmehr als Besitz des Tennō galten, zog eine umfangreiche Regelung der Nutzungsmöglichkeiten nach sich[2]. Die höheren Beamten wurden mit Land zu ihrem Unterhalt ausgestattet, zu dem noch zusätzliche Felder kamen, die Angehörigen des Volkes erhielten Feldanteile, die in einem regelmäßigen Turnus neu verteilt werden sollten[3].

b) Die Finanzen des Staates

Der Aufwand für die neu errichtete Verwaltung, für den Aufbau und Unterhalt der Hauptstadt und ähnliche Aufgaben erforderte erhebliche Mittel, die durch Besteuerung und Leistungen des Volkes beschafft werden sollten. Grundlage der staatlichen Einnahmen waren Feldsteuer, *so*,

---

[1] Zu Beginn waren wohl im wesentlichen nur die der Kinai-Region benachbarten Gebiete betroffen. Man muß bei alledem auch berücksichtigen, daß zu dieser Zeit noch erhebliche Teile der japanischen Inseln außerhalb des Machtbereichs des Tennō-Hofes lagen und erst später kolonisiert wurden.

[2] Die Unterscheidung zwischen Besitz und Eigentum ist hier problematisch. In der Praxis scheint sich eine Auffassung ausgebildet zu haben, die weniger mit dem Begriff des Eigentums zu beschreiben ist, da sie im wesentlichen auf die Verwaltungshoheit über das Land und auf die Macht über die Einkünfte vom Land gerichtet war (vgl. dazu auch Elizabeth Sato S. 29 und Kiley (2), bes. S. 1-10). Auch gilt es zu berücksichtigen, daß die Rechte nicht auf alles Land mit dem gleichen Nachdruk geltend gemacht wurden. Das Hauptinteresse richtete sich auf die zum Reisbau benötigten Naßfelder.

[3] Zwar lassen sich über den Umfang dieser Zuteilungen allgemeine Aussagen machen, wie dies Yamamura (2) S. 9ff. tut, doch sind bei der komplexen Materie Angaben über die Einkommensverhältnisse der einzelnen Schichten in der wünschenswerten Exaktheit nicht möglich.

Fronablösung, *yō*, und gemischte Steuer, *chō* (s. Dettmer (5) zu den Steuern). Die Feldsteuer, in den Geboten über die Felder, *denryō*, in Garben, *tsuka*, und Bündeln, *taba*, berechnet, wurde normalerweise in Körnern in die Amtsspeicher eingeliefert. Als ein Massengut war sie schwer zu transportieren und diente nicht zuletzt deshalb vor allem, um die Aufgaben der Provinzialverwaltungen zu erfüllen. Sie wurde mit dem aus der Zinsleihe, *suiko* (vgl. unten, S. 45ff.), eingenommenen Zinsreis als Hauptsteuer, *shōzei*, bezeichnet.

Der so eingelieferte Steuerreis wurde zum Teil gespeichert, um ihn gegen Zinsen zur Unterstützung des Volkes auszuleihen. Die davon eingenommenen Zinsen beliefen sich in den Tempyō-Jahren (729-749) fast auf die Summe der jährlichen Steuereinnahmen (Hirano S. 40). Diese Zinsen und ein weiterer Teil der Feldsteuern dienten dazu, die regulären Ausgaben der Provinzverwaltungen zu bestreiten. Ein dritter Teil des als Feldsteuer eingenommenen Reises schließlich wurde enthülst und in die Hauptstadt abgeführt.

Kopfsteuer und Fronablösung dienten als Einnahme der Zentralregierung. Dafür wurden hauptsächlich leicht zu befördernde Güter eingefordert wie Seide in unterschiedlichen Verarbeitungsformen und Qualitäten, Garne, Flockseide (*wata*), Tuche, Eisen, Salz, Algen, Fisch in unterschiedlicher Verarbeitung sowie Spezialerzeugnisse der einzelnen Provinzen. Sie waren im Schatzamt, Ōkurashō, abzuliefern. Die Zentralgebiete leisteten diese Abgaben später auch teilweise in Geld.

Die Fronablösung ging an das Bevölkerungsministerium, Mimbushō, sie umfaßte im wesentlichen Textilien, Flockseide, Garne, Papier, Farbstoffe, aber auch Reis, und wurde vom Bevölkerungsministerium an das Schatzamt weitergeleitet.

Weil aber die Einnahmen aus diesen Steuern für die Bedürfnisse der Zentralregierung nicht ausreichten, wurde zusätzlich von den Provinzen ein Teil der Hauptsteuer eingefordert. Dieser wurde teilweise als enthülster Reis abgeführt, doch wurden auch von den Provinzbehörden mit Mitteln aus der Hauptsteuer Waren und Rohstoffe erworben, die dann an die Kanzlei der internen Schatzkammer, kuraryō, gingen, wo sie entweder weiterverarbeitet oder nach Anforderung direkt ausgegeben wurden. Das Schatzamt benützte solche Leistungen beispielsweise für Sonderzuwendungen an Beamte. Ebenso lieferten die Provinzverwaltungen von den als Jungmannenabgaben, *chūnan sakumotsu*, hergestellten und abgelieferten Gütern nach den Angaben des Engishiki Papier, Farbstoffe, verarbeitete Meeresprodukte und dergleichen, aber auch Stoffe wie Seidendamast, feine Seidengewebe usw. an die Zentralregierung. Nicht als Kopfanteilfelder zugeteiltes Ackerland schließlich und Amtsfelder mußten verpachtet werden, die Pachterlöse gingen als enthülster

Reis oder gegen andere Waren wie Textilien getauscht an das Großkanzleramt, dajōkan, und andere Behörden.

Einen ebenso gewichtigen Beitrag für die Aufgaben des Staates hatte das Volk in den Frondiensten zu erbringen, die von einem volltauglichen Mann im Umfang von zehn Tagen pro Jahr unentgeltlich und mit eigener Verpflegung selbst oder durch einen Ersatzmann zu leisten waren. Darüber hinausgehende Arbeitsleistungen waren mit Steuernachlaß zu vergüten, hier wurde Verpflegung gestellt. Andere Aufgaben wie Arbeiten auf den Feldern, Transporte im öffentlichen Auftrag, Bauarbeiten bei Palästen, Reparatur von Deichen, Anlage von Kaisergräbern, wurden durch Lohnarbeit erledigt, wo nicht eigene Regelungen bestanden wie bei den Zimmerleuten aus der Provinz Hida, für deren Entsendung den dortigen Haushalten Steuererlaß gewährt wurde.

Die Willkür der Beamten bei der Einforderung und Dauer der Fronarbeit gab offensichtlich häufig Anlaß zur Klage. Die Verwendung von Frondiensten für private Zwecke der Beamten wie die Veruntreuung von Steuergeldern nahm insbesondere mit dem Niedergang der staatlichen Macht zu, ihr standen auf der Seite der Leistungspflichtigen die Steuerflucht und Steuerverkürzung gegenüber (dazu ausfühlich Dettmer (5), S. 47-51).

c) Der Transport der Steuern

Die Beförderung des für die Behörden der Zentralregierung bestimmten Steueranteils war den steuerpflichtigen Haushalten auferlegt, die neben den nach einem bestimmten Verteilungsschlüssel zu stellenden Trägern auch für deren Verpflegung während des Transports aufzukommen hatten. Außer leichteren Waren wie Seide und Tuch waren auch polierter Reis, Salz, Bonitofisch und dergleichen schwere Güter zu befördern, so daß der Transport bei den schlechten Wegverhältnissen ein sehr mühevolles Unterfangen darstellte, das viel Zeit und Kraft in Anspruch nahm. Ein Verkauf der als Steuer geforderten Güter und damit eine Ablösung der Steuer in Geld war nicht vorgesehen und unter den bestehenden wirtschaftlichen Verhältnissen auch nicht möglich.

So kam es, daß zu den für die Ablieferung der Steuern vorgeschriebenen Zeiten, von der Mitte des 8. bis zum 30. Tag des 10. Monats für die nahegelegenen Provinzen, bis zum 30. Tag des 11. Monats für die Provinzen mit mittlerer Entfernung zur Hauptstadt und bis zum 30. Tag des 12. Monats für die Provinzen fern der Hauptstadt, zahllose Menschen unterwegs waren, die neben den Steuern auch die eigene Verpflegung für Hin- und Rückreise mit sich führen mußten. Da der Gebrauch von Münzen noch wenig verbreitet war, blieb der Erwerb von Verpflegung unterwegs mit den gleichen Schwierigkeiten verbunden wie das Mitführen der gesamten Vorräte. Im Jahre 737 beförderten beispielsweise allein aus der Provinz Tajima 1060 Träger die Steuern in die Hauptstadt. Von ihnen erhielt jeder für die sechs Tage der Hinreise täglich 4 taba Reis, für die vier Tage der Rückreise täglich 2 taba Reis (vgl. Dettmer (5) S. 6-9). Um diese zusätzliche Belastung zu verringern, wurden auch Regelungen erprobt, nach denen den Trägern Verpflegung aus Amtsbeständen zugeteilt werden sollte.

Wo die Transporte mit menschlicher Kraft nicht zu bewältigen waren, wurden Tragtiere oder Schiffe genutzt. So erfolgte zum Beispiel von Hakata auf Kyūshū bis Naniwa, auf dem Gebiet des heutigen Ōsaka, der Transport auf dem Seeweg. Hier wurden gewerbliche Transportunternehmer beauftragt. Trotzdem aber forderten die Fährnisse und Schwierigkeiten des oft langen Weges unter den Trägern ihre Opfer, wie überhaupt das gesamte System für das Volk erhebliche Belastungen mit sich brachte. Im Laufe des 8. Jahrhunderts wurden daher die Aufwendungen für den Transport der Steuern zunehmend aus öffentlichen Mitteln bestritten (vgl. Hirano S. 27).

d) Staatliche Finanzen und privater Besitz

Auch die sehr eingehenden Bestimmungen der Steuergesetzgebung konnten jedoch eine ausreichende Finanzierung der umfangreichen staatlichen Aufgaben und Bedürfnisse nicht sichern. Es blieb vielmehr ein ständiges Bemühen der Verwaltung, die Belastungen des Staates durch Erschließen neuer Mittel auszugleichen. So wurden bei den Versuchen, neue Hauptstädte zu errichten, bereits im 8. Jahrhundert private Mittel in Anspruch genommen und bestimmte Leistungen den Provinzen auferlegt (vgl. unten, S. 59). Dieser erhebliche Finanzbedarf des Staates war neben der Notwendigkeit einer ausreichenden Versorgung mit agrarischen Erzeugnissen die Ursache dafür, daß der Bau neuer Bewässerungsanlagen und die Kultivierung neuen Ackerlandes eine ständige Aufgabe waren, in ihrem Umfang jedoch gegenüber den wachsenden Bedürfnissen stets im Rückstand blieben. Hinzu kam die Neigung des durch Abgaben, Fron- und Militärdienst hart belasteten Volkes, sich dem Druck der Verpflichtungen durch Flucht zu entziehen, so daß bereits kultiviertes Land samt den Bewässerungseinrichtungen wieder verfiel und die Ressourcen des Staates damit ständig bedroht waren.

So wurde schon im 8. Jahrhundert Abhilfe dadurch gesucht, daß man private Interessen verstärkt auf die Kultivierung von Ackerland lenkte. Schon im Jahre 723 erging eine Verfügung, die dem Erschließenden das neue Land für die Zeit seines Lebens oder, falls er auch die Bewässerungsanlage neu errichtet hatte, seiner Familie für drei Generationen zusprach. Im Jahre 743 wurde diese Regelung dahin erweitert, daß das Land für alle Zeiten Eigentum des Erschließenden wurde.

Für die weitere wirtschaftliche Entwicklung waren dies ohne Zweifel erfolgreiche Maßnahmen, durch die die wirtschaftliche Struktur nachhaltig verbessert wurde (vgl. unten S. 64ff.). Zugleich gingen davon auch neue Impulse zugunsten des ursprünglich abgeschafften Privatbesitzes an Naßfeldern aus, auf dem sich parallel zum Nachlassen der staatlichen Finanzkraft eine private Wirtschaftsbasis als Machtgrundlage der höfischen Gesellschaft entwickelte[4]. Der absolutistische Staat indessen in seiner durch die Taika-Reform geschaffenen Gestalt erlitt Einbußen. Der Niedergang seiner Macht wurde so auch wirtschaftlich begründet und das kunstvolle Gebäude der staatlichen Verwaltung wurde mehr und mehr zu einer leeren Hülse.

2. *Ackerbau*

a) Reis und Trockenfeldfrüchte im 8. Jahrhundert

Die staatlichen Verhältnisse und die Schriftlichkeit der Verwaltung brachten es mit sich, daß in den Quellen Hinweise auf den Ackerbau in vielfältiger Art zu finden sind. Indessen werden die hier interessierenden Umstände der Agrarproduktion nur insoweit berührt, als sie für die staatliche Verwaltung von Belang waren, insbesondere im Zusammenhang mit der Besteuerung und der Feldverteilung. Über Einzelheiten der Feldarbeit, über den technischen Stand des Ackerbaus ist dagegen nur bedingt Aufschluß zu erhalten. In dem 928 fertiggestellten und häufig als Beleg angeführten Engishiki sind zwar Angaben wenigstens für das 9. und 10. Jahrhundert enthalten, doch beziehen sich diese auf die Bewirtschaftung des für die kaiserliche Tafel bebauten Landes, der hier repräsentierte technische Stand läßt sich nicht unbedingt verallgemeinern.

Innerhalb der drei Formen der Bodennutzung im Naßfeld, Trockenfeld und auf dem den Haushalten als Eigentum zugeteilten Gartenland nahm entsprechend der Bedeutung des Reises als wichtigster Feldfrucht das Naßfeld einen hohen Rang ein. Neben der schon bisher üblichen direkten Aussaat war, wie Gedichte aus dem *Manyōshū* erkennen lassen, mittlerweile die Anzucht der Reissetzlinge im Saatbeet aufgekommen, aus dem sie, zu geeigneter Größe herangewachsen, ins Naßfeld umge-

---

[4] Hall (3) S. 20 verweist auf die Paläste der abgedankten Kaiser in Kyōto, an deren Größe sich ermessen lasse, in welchem Umfang die Angehörigen des Tennō-Hauses über private Einkünfte verfügten.

pflanzt werden konnten. Dies wie die Verfügbarkeit früh- und spätreifender Reissorten wurde zu einer wichtigen Voraussetzung, als später der Übergang vom extensiven zum intensiven Ackerbau erfolgte.

In welchem Umfang demgegenüber Reis auch im Trockenfeld angebaut wurde, darüber herrscht keine Klarheit. Hier waren vielmehr Hirse, Weizen, Gerste, Sojabohne, Mungobohne und Buchweizen die wichtigsten Feldfrüchte. Unter ihnen wurde der Anbau von Hirse, Weizen und Gerste bis ins 9. Jahrhundert von der Zentralregierung empfohlen, ein Umstand, der dahingehend gedeutet werden kann, daß die Regierung die Förderung dieser Getreide für nötig erachtete, der Anbau also nicht im gewünschten Umfang erfolgte. Sowohl Hirse als auch Gerste und Weizen gehörten zur bäuerlichen Nahrung, die Ermahnungen, sie ausreichend anzubauen, wären daher als eine Vorsorgemaßnahme der Regierung zu verstehen. Da der Trockenfeldbau beträchtlichen Arbeitsaufwand erforderte, den nicht alle Bauernfamilien leisten konnten, hat es den Anschein, daß sich besonders die ländlichen Oberschichten um den Trockenfeldbau bemühten, die über mehr Arbeitskräfte und daneben auch über ausreichendes eisernes Feldgerät verfügten, wie es für das Trockenfeld gebraucht wurde. Auch der Umstand, daß Hirse statt Reis als Steuer zugelassen werden konnte und die drei Getreide beispielsweise 755 in Zinsleihe verteilt wurden, legt die Annahme nahe, daß auf diese Weise ihr Anbau durch die unteren Bevölkerungsschichten gefördert werden sollte. Im Wert waren sie nach der amtlichen Festsetzung dem Reis ungefähr gleichgestellt, doch scheint in der Praxis ihr Preis niedriger gewesen zu sein. Darin sieht Kameda einen Grund dafür, daß ein ausreichender Anbau unterblieb (vgl. Kameda (3), S. 186).

Auf dem Gartenland sollten nach den gesetzlichen Vorschriften Güter und Rohstoffe für die Abgaben an den Staat sowie Produkte für den Eigenbedarf erzeugt werden. Dies waren einerseits Lackbaum und zur Seidenraupenzucht der Maulbeerbaum, daneben auch Hanf, Ölfrüchte wie Sesam und Perilla, schließlich Indigo. Zu den Gewächsen für den eigenen Verbrauch gehörten neben dem Hanf auch Gemüse. Ob indessen die im Engishiki Buch 39, Naizenshi shiki, Durchführungsbestimmungen für die Behörde der internen Speisetafel, für die kaiserliche Tafel angeführten Gewächse Knoblauch, Lauch, Zwiebel, Ingwer, japanischer Huflattich, Melone und Süßkartoffel (*Engishiki*, KT 26, S. 878ff.) auch für die bäuerliche Nahrung alle gezogen wurden, ist ungewiß.

b) Feldgeräte

Die Gewinnung von Eisen scheint zwar nicht ausschließlich als Vorrecht des Staates gegolten zu habe, doch waren ihr durch die regionale Begrenzung der Vorkommen natürliche Schranken gesetzt. Es ist auch anzunehmen, daß von den gegebenen Möglichkeiten vor allem die einflußreichen Familien Gebrauch machen konnten, nicht aber die Bauern allgemein. Eine Reihe von Quellenhinweisen legt den Schluß nahe, daß während der Nara-Zeit eiserne Hacken schon beträchtlich verbreitet waren, daß sie sich aber im allgemeinen in den Händen der Beamten und der wohlhabenderen Bauern befunden haben und keinesfalls zum Besitz aller Bauern gehörten. So wird der Umstand, daß eiserne Hacken in den Quellen unter den Zuwendungen an die Beamten vom 1. bis zum 5. Rang aufgeführt werden, als Hinweis auf ihren noch immer hohen wirtschaftlichen Wert betrachtet. Diese Interpretation ist zwar nicht unwidersprochen geblieben, doch steht sie in einem gewissen Einklang mit der Meldung des Shoku Nihongi, nach der 723 je eine Hacke an alle Haushaltsvorstände ausgegeben worden sei, um die Produktivität zu fördern (*Shoku Nihongi*, Yōrō 7, KT 2, S. 96.).

Offensichtlich waren Feldgeräte wie Hacke, Spaten oder Sichel um diese Zeit auch käuflich zu erwerben. Wie entsprechende Angaben für das zum Tōdaiji gehörende Kuwabara-*shōen* aus dem Jahre 755 zeigen, war der Preis von 3 *tsuka* Reis für eine Hacke oder einen Spaten doch beträchtlich[5]. Für den von Sawada Goichi rekonstruierten Modellhaushalt mit einem Gesamteinkommen von 1681,5 *tsuka* Reis (Sawada Goichi S. 613 und 647; vgl. auch Dettmer (5), S. 14f. und S. 51f.) bei einer für die Feldzuteilung berechtigten Kopfzahl von 12,7 Frauen und 10,3 Männern, machte dies immerhin, wenn man das Gesamteinkommen auf die 12 Monate des Jahres verteilt, etwa die Hälfte des auf eine Person pro Monat fallenden Ertrages, also gleichsam ein halbes Monatseinkommen aus. Setzt man den Durchschnittsertrag von Reisland nach Sawada mit 314 *tsuka* Reis pro *chō* Fläche an (Sawada Goichi S. 465), so machte der Preis einer Hacke bei einer Fläche von ca. 82 Ar pro *chō* nicht ganz den Ertrag eines Ar aus[6]. So problematisch auch alle diese Berechnungen sind, mögen sie doch verdeutlichen, daß der Erwerb einer einzelnen eisernen Hacke oder eines Spatens für die bäuerlichen Haushalte durchaus eine ansehnliche Ausgabe bedeutete. Bei der Wichtigkeit eiserner Feldgeräte für den Trockenfeldbau und die Kultivierung neuen Ackerlandes wird darin auch die Benachteiligung der unteren bäuerlichen Schichten erkennbar.

---

[5] S. das Inventar in *Dai Nihon komonjo* 4, S. 55f., vgl. Asakawa (2) S. 87; 1 *tsuka* (Asakawa gebraucht die Lesung *soku*) entspricht 10 *taba*, Büscheln, oder 0,1 *tō* bzw. 0,01 *koku*, vgl. Nachod (2), Bd. 2, S. 460f.

[6] Nach Nachod (2), Bd. 2, S. 459 und S. 1024f. lag die Größe für 1 *chō* zwischen 78,32 und 85,37 Ar. Um wenigstens annähernd die Relation zwischen Erträgen und Aufwand für Feldgeräte zu verdeutlichen, wurde hier zur Berechnung der Einfachheit halber ein Mittel zwischen beiden Werten gewählt.

Als Erntegerät hat offensichtlich die eiserne Sichel eine weite Verbreitung gefunden. Auch ihr Erwerb war, wie aus der gleichen Quelle hervorgeht, für die Bauern mit erheblichem wirtschaftlichem Aufwand verbunden, und die Steuerregister, in denen in Ähren abgelieferter Reis aufgeführt ist, legen die Annahme nahe, daß auch das Ernten des Reises durch Abschneiden der Ähren noch üblich war[7]. Andererseits wurde jedoch der Steuerreis auch in Körnern abgeliefert. Außerdem wurde Reisstroh unter anderem zunehmend zur Herstellung von Säcken und Ballen für Reis genutzt. Dafür war indessen das Ernten des Reises durch Abschneiden des ganzen Halmes Voraussetzung, um das Stroh zu gewinnen. Diese Form der Ernte aber steht offensichtlich im Zusammenhang mit der Sichel als Erntegerät.

Für die Zeit des ausgehenden 8. Jahrhunderts läßt ein Erlaß im Ruijū sandai kyaku (797) über die Anfertigung von Hacken erkennen, daß diese unter dem Volk mittlerweile allgemeine Verbreitung gefunden hatte (*Ruijū sandai kyaku*, Enryaku 16, KT 25, S. 330). Dies darf auch für die anderen Feldgeräte angenommen werden.

Die Verwendung des von Pferd oder Rind gezogenen Pfluges läßt sich aus den Angaben des Engishiki für die Amtsfelder beim Anbau von Weizen, Gerste, Bohnen usw. im Trockenfeld erkennen (*Engishiki*, KT 26, S. 878ff.), doch war dies wohl im wesentlichen auf die unter direkter staatlicher Kontrolle stehenden Felder und auf die ländliche Oberschicht begrenzt, die Zugvieh zu ihrer Verfügung hatten. Auch die Relation zwischen Aufwand und Ertrag bei diesem die Arbeitsproduktivität steigernden Gerät macht seine Verwendung auf kleineren Flächen unwahrscheinlich.

Über die Entwicklung des Pfluges gibt es unterschiedliche Angaben. Zwei in Hügelgräbern der späten Kofun-Zeit gefundene Exemplare werden dem 6./7. Jahrhundert zugeschrieben, gelten aber manchen Autoren als Importe, die nur Rückschlüsse darauf zulassen, daß der Pflug zu dieser Zeit in Japan bekannt war, ohne Aussagen über seine Verbreitung zu erlauben. Die Annahme, daß aus einer Vorform des Pfluges durch Zufügen von Streichbrett und Sohle der Pflug in Japan entwickelt wurde, ist direkt nicht zu belegen. Die erste schriftliche Nennung erwähnt bereits das Streichbrett. Die im Shōsōin in Nara erhaltenen und gelegentlich als sohlenloser Pflug bezeichneten beiden Geräte (*ne no hi no te karasuki*) von 758 werden von Janata, Kreiner und Pauer als Furchen-

---

[7] Allerdings weist Kameda (2), S. 208f. darauf hin, daß es sich bei dem als *kama*, Sichel, bezeichneten Gerät in der angeführten Quelle des Kuwabara shōen nach der Reihenfolge der Aufzählung auch um ein Werkzeug für Bauarbeiten und nicht um ein Feldgerät gehandelt haben könnte.

schaufel und nicht als Pflug angesehen (dazu ausf. diess. (1), S. 141 und (2), S. 212ff.).

c) Reisbau in der späten Heian-Zeit

Verglichen mit dem 8. Jahrhundert läßt sich beim Reisbau für die Zeit des 11./12. Jahrhunderts eine Entwicklung erkennen, die deutlich in die Richtung der Intensivierung zielte. Allein die bessere Organisation der Gruppenarbeit bei der Feldbestellung unter der Kontrolle der *tato* und *myōshu* wirkte sich zugunsten der Produktionssteigerung aus, wie sie für die weitgehend vom *shōen* geprägte Bewirtschaftung kennzeichend ist[8]. In gleicher Weise trugen auch die technischen Verbesserungen, die in der Zwischenzeit weite Verbreitung gefunden hatten, zur Vermehrung der Erträge bei. Sie betrafen von der Feldbestellung bis zur Ernte alle wesentlichen Arbeitsgänge (zum Folgenden vgl. Furnshima (6), S. 158).

Mit der Zunahme der Viehhaltung hatte sich das Pflügen mit tierischer Kraft ausgebreitet. Die Wässerung des Saatgutes vor der Aussaat, wie sie seit der Mitte des 10. Jahrhunderts allgemein üblich geworden war, erlaubte eine spätere Aussaat. Damit wurden die Gefahren für die junge Saat beispielsweise durch Fröste verringert, zugleich blieb mehr Zeit für eine bessere Vorbereitung des Saatbeetes, die auch für das Einbringen von Gründünger genutzt werden konnte. Die Bewässerung der Felder wurde durch die Verwendung von Geräten zur Wasserhebung verbessert. Bei den Ernteverfahren schließlich hatte sich das Abschneiden der ganzen Halme allgemein durchgesetzt. Damit wurde die oben schon erwähnte Verwendung des Strohs möglich. Außerdem konnten damit die Arbeitsgänge des Erntens und Dreschens zeitlich voneinander getrennt und eine Phase des Nachtrocknens auf Trockengestellen dazwischengeschoben werden. Auch dies trug zur Qualitätsverbesserung des geernteten Reises bei. Das dazu benützte Trockengestell wurde 841 durch das Dajōkan zur Verwendung empfohlen, war also zu Beginn der Heian-Zeit wohl noch nicht im gleichen Umfang verbreitet wie das Abschneiden der Halme über der Wurzel.

Über die Form des Dreschens und die dazu gebrauchten Geräte ist auch für diese Zeit noch nichts bekannt, doch hat sich zusammen mit der Einführung des Trockengestells und der damit verbundenen zeitlichen

---

[8] Die *tato* und die aus diesen hervorgegangenen *myōshu* sind Angehörige bäuerlicher Schichten, die ihre ursprünglichen Rechte, Ackerland zu bebauen, ausweiten und in Besitzrechte umwandeln konnten. Eine eindeutige Begriffsbestimmung wird durch regionale Unterschiede erschwert. Beide haben neben der Bearbeitung ihres eigenen Landes auch Funktionen in der Überwachung der Feldarbeit anderer wahrgenommen und wurden für die Entrichtung der Abgaben herangezogen; vgl. Toda, S. 184ff. Hall (2), S. 113f. und Yamamura (6), S. 352ff. geben Beispiele für die Funktionen der *myōshu*.

Verlagerung des Dreschens das Aufbewahren des Reises in Strohsäcken verbreitet[9]. Dies wird als ein deutliches Zeichen für die Wirksamkeit des Trocknens und die dadurch erzielte bessere Haltbarkeit des Reises gewertet, der vorher nur lose gelagert wurde. Gleichzeitig war diese Veränderung auch Ursache dafür, daß in den *shōen* nicht mehr Büschel und Garben Berechnungsgrundlage für die Pachtzinsen waren, sondern das *to*, ein Hohlmaß, das einem zehntel *koku* entspricht.

d) Reissorten

Hinsichtlich der vorhandenen Sorten und Arten des Reises verfügen wir für die Heian-Zeit über bessere Kenntnisse. So wurde neben dem bisherigen früh- und spätreifenden Reis nunmehr eine als *nakade* bezeichnete, mittelzeitige Reissorte angebaut, eine Differenzierung, in der ein deutliches Merkmal einsetzender Intensivierung erblickt werden kann. Solche verschiedenen Sorten erleichterten die Anpassung an unterschiedliche natürliche Gegebenheiten in den einzelnen Regionen. Außerdem konnte durch die gleichzeitige Verwendung verschiedener Sorten der Arbeitsanfall besonders bei der Ernte zeitlich gestreckt werden. Schließlich waren auch Schäden durch Sturm, Wasser oder Trockenheit in ihren Auswirkingen nicht so schwerwiegend wie bei der Verwendung von nur einer Sorte.

Allerdings ist unser Wissen darüber, wieweit solche Sorten von den Bauern nebeneinander angebaut wurden, für diese Zeit äußerst gering. Nach den wenigen verfügbaren Quellen war auch im Kinai, der auch zu dieser Zeit in der Agrartechnik führenden Region, der Anbau von früh reifendem Reis am häufigsten. Daneben wurde mittelzeitiger Reis in größerem Umfang angebaut, während die spätreifende Sorte selten war.

Als Ursache dafür wird der niedrige Entwicklungsstand in Bewässerungstechnik und Düngeverfahren angenommen. Zum einen waren außer im tiefgelegenen Schwemmland mit hoher natürlicher Feuchtigkeit im Sommer Zeiten der Trockenheit nicht zu umgehen. Hier war der früh reifende Reis im Vorteil, der seine Ähren vor der sommerlichen Trockenheit ausbildete und in der Mitte des 7. Monats nach dem Mondkalender schon geerntet werden konnte. Demgegenüber bestand andererseits für den durch Trockenheit stärker gefährdeten spätreifenden Reis auch das Risiko, daß seine Erträge durch Nährstoffmangel in der Zeit der Ährenbildung geschmälert wurden. Um dieses Problem zu bewältigen, bedurften die Düngeverfahren noch einer weiteren Entwicklung.

---

[9] Allerdings war, wie Kreiner, Janata und Pauer S. 119 angeben, im Kantō noch um 1880 das Sofortdreschen »durchwegs üblich«.

Neben der Unterscheidung nach der Reifezeit bestand eine weitere in glutinfreien Reis, *uruchi*, und Klebereis, *mochigome*. Darüber hinaus waren eine *hōshiko* genannte, wohl grannenfreie und eine als *chimotoko* bezeichnete, reich bestockende Art bekannt.

e) Trockenfeldfrüchte

Angaben über den Stand des Trockenfeldbaus sind den Quellen kaum zu entnehmen, die wenigen Hinweise stammen aus dem Engishiki. Da es sich hier um die Anbauverfahren auf dem Land des Naizenshi handelte, wo im 9./10. Jahrhundert die fortschrittlichste Technik angewandt wurde, sind Rückschlüsse auf einen allgemeinen Standard nur bedingt möglich. Aber auch für die auf diesem Weg bekannten Verfahren gilt, daß sie immer noch einen sehr einfachen Ackerbau repräsentieren. Weizen und Gerste beispielsweise wurden noch ungeordnet ausgesät. Wohl deshalb unterblieb bei diesen Zerealien das Unkrautjäten, das bei den in Reihen gesteckten Bohnen schon üblich war. Wenn auch die allmähliche Ausbreitung des Trockenfeldbaus eine zunehmende Verbesserung der Anbauverfahren mit sich brachte, zeigt doch das Vorhandensein der über mehrere Jahre nicht bewirtschafteten Felder, *nenkō*, daß diese Verbesserung nur langsam fortschritt.

Unter den Früchten des Trockenfeldes waren die zu dieser Zeit allgemein als Wintersaat angebauten Zerealien Gerste und Weizen, daneben Soja- und Mungobohnen am häufigsten anzutreffen. Sie alle wurden oft auch als Abgaben abgeliefert. Darüber hinaus hatten jedoch Arten und Zahl der Früchte im Trockenfeld beträchtlich zugenommen. Das zwischen 931 und 937 verfaßte Wamyō ruijū shō zählt insgesamt etwa 70 Arten von Trockenfeldfrüchten auf, darunter sechs weitere Bohnenarten, Buchweizen, Hirse, verschiedene Früchte, Kürbisse und Melonen, von denen die letzteren im 12. Jahrhundert im Kinai-Gebiet zur Handelsware wurden (Ōishi Masamune, S. 195). Unter den Abgaben dieser Zeit werden außerdem in den Quellen neben verschiedenen Bohnenarten auch Auberginen, japanischer Huflattich, Lattich, Yamswurzeln und Schwarzwurzeln genannt. Davon wurden allerdings einige, wie beispielsweise die Schwarzwurzeln, weniger angebaut, sondern als Wildgemüse gesammelt. Die in der Nara-Zeit häufig erwähnte Hirse dagegen erscheint kaum noch in den Quellen.

Auf dem Gartenland wurden auch zu dieser Zeit neben Hanf Maulbeerbäume und in manchen Gegenden Lackbäume kultiviert. Während der Hanf für die bäuerliche Kleidung größere Bedeutung hatte, wurden die Maulbeerbäume für das Füttern der Seidenraupen benötigt, und die hiervon gewonnene Seide wurde entweder als Steuer an den Staat oder in den *shōen* als Abgabe an die Grundherren geliefert. Allerdings scheint sich mit dem Verfall der Macht des absolutistischen Staates an der Wende vom 11. zum 12. Jahrhundert teilweise eine Veränderung der Seidenproduktion ergeben zu haben, die sich in einem Wertverfall der Seide äußerte.

f) Dünger

In der Heian-Zeit waren Rinder und Pferde in größerer Zahl in den Dörfern vorhanden, und es ist anzunehmen, daß sie auch für die Düngung eine Rolle spielten, zumal sich in dieser Zeit die Stallhaltung ausbreitete. Die Quellen lassen daneben auch eine Gründüngung mit Trieben von Gräsern und Bäumen sowie die Verwendung pflanzlicher Asche erkennen. Das unkultivierte Gras- und Bergland, aus dem diese Dünger gewonnen wurden, war Eigentum der Grundherren, die den Bauern für diese Nutzung eine *yamate* genannte Abgabe auferlegten. Dieser Umstand läßt den Schluß auf eine gewisse Verbreitung dieser Form des Düngens zu; erst dann nämlich wurde es sinnvoll, eine solche Abgabe einzuführen. Für die Düngung von Gerste, Weizen und Bohnen, die wichtigsten Feldfrüchte im Trockenfeld, ist den Quellen kein Hinweis zu entnehmen. Dies gilt auch, wenn man davon ausgeht, daß die im Engishiki repräsentierte Technik mittlerweile zum allgemeinen Standard geworden ist; auch das Engishiki kennt für diese Feldfrüchte noch keinen Dünger.

g) Feldgeräte

Wie aus verschiedenen Quellen hervorgeht, befanden sich im 11./12. Jahrhundert die wichtigsten Geräte des Ackerbaus im Besitz der Bauern. Die Geräte zur Bearbeitung des Bodens waren im allgemeinen aus Eisen oder mit Eisen verstärkt angefertigt. Ungeachtet des verbreiteten Besitzes der Geräte lassen die Quellen doch erkennen, daß sie für die Bauern noch immer einen hohen Wert darstellten und beispielsweise auch zum vererbten Besitz gehörten.

Das Wamyō ruijū shō zählt eine ganze Reihe von Ackergeräten auf, unter anderen den Pflug, Spaten und Hacke, Geräte zum Unkrautjäten im Naßfeld, Eggen in verschiedenen Formen, die Sichel und Geräte zum Dreschen und Enthülsen des Reises. Der Verfasser des Wamyō ruijū shō aber, Minomoto no Shitagō (911-983), war Höfling und bekannter Poet, die Anführung dieser Geräte in seinem stark durch sinologische Belange beeinflußten Wörterbuch ist daher noch kein direkter Hinweis auf ihre allgemeine Verbreitung. Immerhin läßt sich an der Angabe der japanischen Bezeichnungen zu den chinesischen Zeichen schließen, daß sie in

Japan bekannt waren. Für den zunehmenden Gebrauch von Pflug und Egge darf die offenbar im 11./12. Jahrhundert schon starke Verbreitung von Rind und Pferd in den Dörfern als ein zusätzliches Indiz gelten.

h) Rind und Pferd

Die Anfänge der Haltung von Rind und Pferd gehen zumindest in die frühgeschichtliche Zeit zurück. Das Rind wurde vermutlich zwischen dem 3. und dem 5./6. Jahrhundert aus Korea nach Japan gebracht, über die Haltung von Pferden gibt es unterschiedliche Aussagen, doch wurde es spätestens seit dem 3. Jahrhundert gehalten (vgl. oben S. 19). Es diente in der Nara-Zeit vor allem als Reittier für militärische Zwecke, daneben auch im normalen Verkehr, und wurde an den Poststationen für Reisende im amtlichen Auftrag bereitgehalten. Schließlich wurde es auch als Lasttier etwa für den Transport von Reis und anderen Steuernaturalien eingesetzt. Seine Nutzung für den Ackerbau scheint demgegenüber gering gewesen zu sein. Hier überwog offensichtlich das Rind, das auf der einen Seite von Amts wegen für die Bewirtschaftung der Felder gehalten wurde, sich daneben aber offenbar in größerer Zahl auch in privatem Besitz befand, hier allerdings auf die Grundherren der regionalen Oberschicht beschränkt. Normale Bauernfamilien konnten in der Nara-Zeit kaum über ein Rind verfügen.

Für das 11./12. Jahrhundert läßt sich anhand der Quellen erkennen, daß Rinder und Pferde in den Dörfern vorhanden waren und zum Besitz der Bauern gehörten. So wird für das Jahr 1121 gemeldet, daß bei einem Hochwasser des Kushida-Flusses neben den Feldern sieben Häuser zerstört wurden, eine Frau ertrank und acht Rinder sowie zwei Pferde getötet wurden (Ōishi Masamune, S. 211). Vor allem die große Zahl der zum Pflügen benötigten Rinder ist auffällig. Sie wird als Indiz für den verbreiteten Besitz an Rindern unter den Bauern gewertet, das sich auch aus anderen Quellen erhärten läßt.

Bei den heutigen Nahrungsgewohnheiten in Japan unerwartet wurden Milch und Milchprodukte auch als Arznei- und Nahrungsmittel verwendet, wie dies durch das Engishiki nachgewiesen ist (*Engishiki*, KT 26, S. 820). Die Angaben über die Art und Herstellung der Milchprodukte sind allerdings zu unbestimmt, um zuverlässige Rückschlüsse zu erlauben. In einem Fall könnte es sich um kondensierte Milch oder Joghurt gehandelt haben, im anderen Fall war es eine *so* genannte, durch Erhitzen eingedickte Creme, die auch von einzelnen Provinzen wie beispielsweise Owari, Tajima und Suō als Steuer abgeliefert werden mußte (*Engishiki*, KT 26, S. 590; Suzuki Shigeaki S. 115-118).

Seit alters waren in den Provinzen wie in der Umgebung der Hauptstadt Weiden vorhanden, wie sie auch für die Zucht und Haltung von Pferden für amtliche und militärische Zwecke bestanden. Von diesen Weiden wurden manche im 8. Jahrhundert im Zusammenhang mit der Kultivierung von Ackerland aufgehoben. Trotzdem nennt das Engishiki immerhin für den Bereich des Heeresministeriums allein in 18 Provinzen fast vierzig Weiden, die teils für Pferde, teils für Rinder, teilweise für beide gemeinsam genutzt wurden (*Engishiki* KT, 26, S. 708f.).

3. *Bewässerung und Bewässerungstechnik*

a) Die ersten Nachrichten

Für die gesellschaftliche und politische Entwicklung in der Vor-Taika-Zeit kam naturgemäß dem Naßfeldreisbau und seiner Förderung große Bedeutung zu. Die Möglichkeiten, den Aufschwung der dafür erforderlichen Bewässerungstechnik und Bewässerungseinrichtungen zu verfolgen, sind jedoch gering. So finden sich zwar im Kojiki und Nihon shoki und ebenso in den Fudoki zahlreiche Hinweise, die jedoch nur schwer auf ihren historischen Kern zurückzuführen sind. Es erscheint glaubwürdig, daß bei der Bedeutung der Bewässerungsanlagen für die Produktivität die Anführer lokaler Gemeinschaften die Kontrolle über ihre Errichtung und Nutzung ausübten, zumal bei der zunehmenden Ausbreitung des Ackerlandes und den damit wachsenden Ausmaßen der Bewässerungseinrichtungen organisatorische Möglichkeiten und wirtschaftliche Ressourcen erforderlich wurden, über die wohl nur diese Anführer verfügten. Berichte aus den Fudoki, wie etwa der über den Streit zweier Gottheiten um das Wasser eines Flusses lassen sich im Kern als Hinweis auf solche Umstände deuten (vgl. *Harima fudoki*, NKBT 2, S. 306; der Bericht ist wiedergegeben bei Janata usw. (4) S. 66). In diesem Bericht wird nicht nur der Streit um das Wasser des Flusses erkennbar, sondern ebenso die einzelnen Verfahren, mit denen Wasser gewonnen und in die Felder geleitet wurde. Am weitesten verbreitet war, wie in historischer Zeit auch, das Aufstauen kleinerer Flüsse an ihrem Oberlauf, dort, wo die Strömung keine allzugroße Kraft entwickelte und wo die natürlichen Gegebenheiten etwa am Talausgang die Errichtung eines Dammes erleichterten. Besonders aufschlußreich erscheint in dem erwähnten Bericht das Niederstampfen eines Bergrückens durch den Gott, das sich als Hinweis auf einen Durchstich deuten ließe, und das Ende des Streites, das durch die Göttin herbeigeführt wird, die das Wasser weiter oberhalb durch unterirdische Rohre ableitet.

Es sollte nicht übersehen werden, daß es sich um Sagen handelt, deren historischer Kern undeutlich ist. Ähnliche Verfahren sind jedoch auch im Izumo fudoki überliefert, wo für die Entwässerung von Reisfeldern Felswände durchbohrt wurden (*Izumo fudoki* NKBT 2, S. 162ff.; Janata usw. (4), S. 66). Hier handelte es sich offenbar um Reisland, das in sogenannten Sumpffeldern mit hoher natürlicher Feuchtigkeit gelegen war und deshalb der Drainage bedurfte.

b) Bewässerungsanlagen zur Zeit des Yamato-Hofes

Die den frühen Tennō zugeschriebenen Aktivitäten im Bewässerungsbau können als ein Hinweis darauf gedeutet werden, in welchem Umfang der Yamato-Hof die Ausdehnung seiner Machtsphäre durch die Anlage von Bewässerungseinrichtungen begleitete. Sujin Tennō, in der offiziellen Liste als der zehnte Kaiser registriert, und sein Sohn Suinin Tennō, denen die Überlieferung eine bedeutende Rolle bei der Ausdehnung der Herrschaft des Yamato-Hofes über ganz Japan zuschreibt, werden in den Berichten des Nihon shoki auch mit der Anlage zahlreicher Bewässerungseinrichtungen in Verbindung gebracht. Dem ersteren wird der Bau verschiedener Teiche und eines Kanals bei Sayama zugeschrieben, der letztere soll allein in seinem 35. Regierungsjahr die Anlage von 800 Bewässerungskanälen befohlen haben (vgl. *Nihon shoki*, KT 10.; S. 171 zu Suijin Tennō und S. 189 zu Suinin Tennō). Auch der Umstand, daß solche Teiche auf den Gebieten der *Miyake* lagen, die zum direkten Landbesitz des Yamato-Hofes gehörten, unterstreicht diese Berichte (Vgl. Kadowaki S. 244-260).

Suinin Tennō wird im Nihon shoki ebenso der Sayama-Teich auf dem Gebiet von Ōsaka zugeschrieben. Er gilt als einer der ältesten noch existierenden Stauseen zur Bewässerung in Japan, auch wenn er wohl zur Zeit seiner Einrichtung noch nicht den heutigen Umfang hatte. Das Schema seiner Anlage, die Aufschüttung eines Dammes unter Nutzung einer natürlichen Verengung im bergigen Gelände, darf als typisch für die meisten Stauteiche auch in historischer Zeit angesehen werden. Die Funde von Brennöfen und Keramik-Überresten in der Seeböschung, die nach ihrer Lage auf die Zeit zu datieren sind, bevor der Sayama-Teich seinen späteren, großen Umfang erhielt, lassen eine Datierung zu, nach der diese umfangreichere Anlage in die Zeit zwischen der zweiten Hälfte des 6. bis zum 8. Jahrhundert fällt.

Indessen hat auch die wohl ältere Form der Bewässerungstechnik durch Nutzung von Flußwasser schon in der frühgeschichtlichen Zeit umfangreiche Bauwerke hervorgebracht, zumindest der Nintoku Tennō zugeschriebene Kanal in der heutigen Präfektur Ōsaka diente dazu, Wasser aus dem Ishikawa abzuleiten und hatte nach den angegebenen Ortsnamen eine Entfernung von 22 Kilometern in Luftlinie zu überwinden (vgl. *Nihon shoki*, Nintoku Tennō 14, KT 1o., S. 300). Es darf als sicher gelten, daß die festländischen Einwanderer auch auf die Bewässerungstechnik Einfluß hatten und an der Errichtung vieler Anlagen beteiligt waren. Der Karahito no ike, Koreaner-Teich, dessen Bau für die Regierungszeit des Ōjin Tennō verzeichnet wird, läßt diesen Umstand schon in seinem Namen deutlich werden. (vgl. *Nihon shoki*, Ōjin Tennō 7, KT 1o., S. 272).

c) Bewässerung und zentrale Verwaltung

Mit der Taika-Reform wurden auch Anlage und Kontrolle der Bewässerungseinrichtungen in die Obhut der Behörden genommen. Die Form der Durchführung weist allerdings Unterschiede auf und läßt die Grenzen deutlich werden, innerhalb derer dies möglich war. Im Prinzip nach den Angaben des Yōrō-Kodex zwar dem Bevölkerungsministerium, Mimbushō, unterstellt, waren Provinz- und Distriktsgouverneure mit Aufsicht und Verwaltung der Bewässerungseinrichtungen betraut. Sie hatten bei notwendigen Reparaturen beispielsweise an Dämmen Fronpflichtige aufzubieten oder bei kleineren Reparaturen an Brauchwasseranlagen dafür zu sorgen, daß die nutzenden Familien diese durchführten. Solche Reparaturarbeiten konnten, beispielsweise bei der Beseitigung von umfangreichen Hochwasserschäden, große Ausmaße erreichen. Für das 8. Jahrhundert werden einzelne Fälle mit mehreren zehntausend Arbeitern bis über 300 000 Arbeitern angeführt, Zahlen, die selbst unter der durchorganisierten Verwaltung des absolutistischen Staates unvorstellbar erscheinen. Neben den Formen des Frondienstes setzte hier aber schon im 8. Jahrhundert die zunächst wohl privat, dann aber auch staatlich finanzierte Lohnarbeit ein. Ein einheitliches Bild darüber ist jedoch nicht zu gewinnen.

Die Zentralregierung hatte offensichtlich die Möglichkeit, Spezialisten für die Bewässerungsanlagen in die Provinzen zu entsenden. Möglicherweise handelte es sich hier um Fachleute, die über besonders hochentwickelte Techniken verfügten. Im allgemeinen wird jedoch angenommen, daß der technische Standard bei der Bewässerung verhältnismäßig einheitlich war. Besondere Maßnahmen zur Förderung bestimmter Techniken und Einrichtungen von seiten der Zentralregierung sind für das 8. Jahrhundert nicht festzustellen. Eine Zunahme erlebte offensichtlich die Nutzung von Rohren und Rinnen in der Wasserförderung, wohl weil mit der Vermehrung des Ackerlandes Kanäle und Gräben beispielsweise bei Kreuzung verschiedener Leitungen unbrauchbar waren und die weitere Erschließung durch Rohre sich als wirkungsvoller erwies.

d) Die Lockerung der staatlichen Kontrolle

Auch für das 9. Jahrhundert überliefern die Quellen noch eine ganze Anzahl von neuangelegten oder wiederhergestellten Bewässerungseinrichtungen, sowohl Stauteiche wie Kanäle, die auf die Aktivitäten der Provinzbehörden hinweisen. Allerdings sind bereits für den Beginn dieses Jahrhunderts auch deutliche Anzeichen dafür vorhanden, daß sich die staatliche Kontrolle über die Bewässerungsanlagen lockerte. Schäden wurden nicht mehr ausgebessert, Dämme und Teiche zerstört, beispielsweise auch, um sich der Fische eines Gewässers zu bemächtigen. Daneben mehren sich für diese Zeit die Hinweise auf die Errichtung privater Anlagen durch Landeigentümer. Damit verlor ein Prinzip an Geltung, das für die Kontrolle des Staates über das Land und die Menschen von Bedeutung war. Zwar war für alle Ressourcen außerhalb der Reisfelder, also auch für Gewässer, die private Nutzung neben der öffentlichen zulässig, doch bestand eine starke Neigung, die private Nutzung von Wasser zur Bewässerung zu kontrollieren. Das wird auch an der gesetzlichen Vorschrift von 723 deutlich, die, als Maßnahme zur Förderung der Erschließung weiteren Ackerlandes gedacht, das Land der Familie des Erschließers für drei Generationen zur Nutzung zusprach, wenn auch die Bewässerung aus einer neuerrichteten Anlage erfolgte, während es bei Nutzung vorhandener Einrichtungen nur dem Erschließenden selbst für die Zeit seines Lebens überlassen blieb. Nach Ablauf der Fristen sollte in beiden Fällen das Land an den Staat fallen. Dies läßt sich als eine Form der Nutzungsüberlassung in Anerkennung der aufgewandten Privatleistungen verstehen, bei der die zusätzliche Erschließung der Bewässerung über die Dauer der Nutzung entschied. Selbst wenn man hierin nicht den Grundsatz erkennen will, daß auch das Wasser als öffentlicher Besitz der Kontrolle des Staates unterstand, wird doch das Gewicht deutlich, das der Herkunft des Wassers beigelegt wurde, vermutlich in der Absicht, auch die Errichtung neuer Bewässerungsanlagen zu fördern.

Mit dem Erlaß von 743 wurde neukultiviertes Land ständig als privater Besitz anerkannt, ohne daß die Frage der Herkunft des Wassers noch eine Rolle spielte. Damit war im wesentlichen das Prinzip durchbrochen, nach dem die Naßfelder grundsätzlich Eigentum des Tennō waren und auch die Nutzung des Wassers der staatlichen Kontrolle unterstand.

Für die Entstehung privaten Ackerlandes war damit ein wesentlicher Impuls gegeben. Dabei spielten die lokal einflußreichen Schichten eine bedeutende Rolle, die von den regionalen Führungsschichten der Vor-Taika-Zeit herstammten und als Distriktsbeamte oder als Grundherren noch immer eine starke gesellschaftliche Stellung hatten. Während die Bewässerungsanlagen des Staates, wie beispielsweise die Beschwerde der

Distriktsvorsteher und Bauern von Owari gegen den Provinzgouverneur Fujiwara no Motonaga im Jahre 998 zeigt (vgl. *Owari no kuni gunji hyakushō ra no gebumi*), nicht ohne Verschulden der Provinzbeamten verfielen, erschlossen private Eigner aus dieser Schicht Ackerland und Bewässerungsanlagen, die in ihren Privatbesitz übergingen. Der oben erwähnte Umstand, daß Arbeiten an Bewässerungsanlagen von privater Seite auf der Grundlage von Lohnarbeit durchgeführt wurden, ist ein Hinweis auf den Prozeß des Überganges von Land in Privatbesitz, der beispielsweise dadurch erreicht werden konnte, daß verfallene öffentliche Anlagen mit privaten Mitteln wiederhergestellt wurden.

Mit dem 10. Jahrhundert nimmt das Quellenmaterial im Hinblick auf Bewässerungsanlagen deutlich ab, vermutlich, weil die meisten staatlich kontrollierten, umfangreichen Anlagen verfallen sind und von kleineren, den Erfordernissen und dem Umfang der *shōen* besser angepaßten Anlagen ersetzt wurden, die aber in den Quellen nicht erscheinen.

4. *Geld, Kredit und Handel*

a) Die Anfänge des Münzwesens

Die ersten Hinweise auf Münzen, die sich im Nihon shoki für das Jahr 486 finden (vgl. *Nihon shoki*, Kenzō Tennō 2, KT 1o., S. 411; Aston, Teil 1, S. 391), sind mit Sicherheit nicht als Beweis für ihren Gebrauch in Japan zu werten, sondern der Textzusammenhang, ein Bericht über die glücklichen Zeitläufte mit guten Ernten und Wohlstand für das Volk, richtet sich so eindeutig am chinesischen Vorbild aus, daß auch der Satz: »Ein Maß Reis wurde für ein Stück Silber verkauft« als Topos zu verstehen ist, der nicht mit den tatsächlichen Verhältnissen verwechselt werden sollte (vgl. Aston, Teil 1, S. 391, Anm. 2). Unklar dagegen sind die Zusammenhänge, die zu dem Erlaß von 683 führten, der lautet: »Von jetzt an soll man Kupfermünzen gebrauchen. Man darf keine Silbermünzen gebrauchen« (*Nihon shoki*, Temmū Tennō 12, KT 1u., S. 367f.; Aston Teil 2, S. 360). Über die Herstellung solcher Silber- und Kupfermünzen in Japan ist für diese Zeit nichts bekannt, vielmehr waren noch bis weit in die Heian-Zeit hinein Reis und Seide die Hauptzahlungsmittel beim Handel. Immerhin deutet dieser Erlaß auf das Vorhandensein von Münzen hin, sei es, daß sie vom Festland stammten oder daß es sich um privat hergestellte Münzen handelte. Das Verbot der Silbermünzen, möglicherweise eine Folge schlechten Gewichts, läßt die Annahme von Fälschungen nach festländischem Vorbild nicht unwahrscheinlich erscheinen. Ob allerdings die bei Ausgrabungen des Sūfukuji in der Stadt Ōtsu, Präfektur Shiga, gefundenen Silbermünzen ohne Legende und mit rundem Loch Beispiele solcher frühen Münzen darstellen, ist ungewiß. Als Hinweis darauf, daß daneben Silber in ungemünzter Form in Gebrauch war, wird der drei Tage später ergangene Erlaß interpretiert, der besagt, daß der Gebrauch von Silber nicht aufhören solle (*Nihon shoki*, Temmū Tennō 12, KT 1u., S. 368; Aston, Teil 2, S. 360).

Die gleichsam offizielle Münzgeschichte beginnt mit der im Nihon shoki 694 vermeldeten Ernennung von drei Münzbeamten, *chūsenshi* (*Nihon shoki*, Jitō Tennō 8, KT 1u., S. 421; Aston, Teil 2, S. 414); die ersten Münzen wurden dann im Jahre 708 gegossen und trugen die Bezeichnung Wadō kaihō[10]. Von diesen wurden die Silbermünzen schon 709 wieder suspendiert und 710 erneut verboten. Erst 760 wurden mit den goldenen Kaiki shōhō und den silbernen Taihei gempō neue Gold- und Silbermünzen ausgegeben, doch hatten sie für den Geldumlauf offenbar nur geringe Bedeutung. Von den Kupfermünzen wurden dagegen zwischen 708 und 958 insgesamt zwölf verschiedene Münzen herausgebracht (vgl. die Tabelle auf S. 44).

An Münzstätten sind nur einige wenige bekannt, eine davon, das Münzamt von Okada in Yamashiro, befand sich in Zesu auf dem Gebiet des heutigen Kamo, Präfektur Kyōto, Distrikt Kamo. Das Münzamt der Provinz Nagato lag in Chōfu, heute Shimonoseki, Präfektur Yamaguchi, Distrikt Toyora, das von Suō im Dorfe Suzenshi, Distrikt Yoshiki der gleichen Präfektur. Daneben verfügten auch die Provinzen Ōmi, Harima und das Dazaifu über Münzstätten. Indessen waren diese Münzämter keine ständigen Einrichtungen, sondern nur zeitweise eingerichtet. Mit der Heian-Zeit waren die Münzstätten von Suō und Nagato die wichtigsten, Mitte des 9. Jahrhunderts war die von Suō praktisch die einzige.

b) Der Münzumlauf

Der Gebrauch von Kupfermünzen war allerdings noch immer verhältnismäßig beschränkt. Räumlich ging er über das Gebiet der Hauptstadt und der Kinai-Region kaum hinaus. Außerdem dienten die Münzen im wesentlichen nur, um Abgaben zu leisten und wurden lediglich von den Behörden als Zahlungsmittel gebraucht. In den übrigen Gebieten blieben Reis und Seide die Tauschmittel. Dem war auch durch die verschiedenen Maßnahmen von seiten des Staates nur schwer abzuhelfen, mit denen die Regierung den Gebrauch der Münzen zu fördern bestrebt war. So erging beispielsweise der Befehl, bei Transaktionen im Wert von vier *mon* und mehr Silbermünzen, von drei *mon* und weniger Wert Kup-

---

[10] Hirano S. 33 nennt unter Angabe des Nihon shoki das Jahr 699, dabei handelt es sich jedoch nicht um die gleiche Ernennung, vgl. *Shoku Nihongi*, Mommu Tennō 3, KT 2, S. 5. Brown (4), S. 5, Anm. spricht fälschlich von zwei Beamten.

fermünzen zu verwenden (709), für Getreide wurde ein Tauschwert festgesetzt (711), für Landverkäufe die Festlegung des Preises in Münzen amtlich vorgeschrieben. Beamten vom 6. Rang abwärts wurde 711 für gesparte Münzen je nach der Menge eine Erhöhung um ein bis zwei Ränge zugesichert (*Shoku Nihongi* Wadō 4, KT 2, S. 46; vgl. Nachod (2), Bd. 2, S. 1013). Diese Tatsache steht im Widerspruch zu der oben ausgeführten Annahme, daß schon früher chinesische oder private Münzen in Japan im Umlauf waren. Noch weniger scheint sie mit dem Umstand in Einklang zu stehen, daß die Regierung schon kurz nach der Ausgabe der Wadō-Münzen sich genötigt sah, das Nachahmen von Münzen und die Verwendung falscher Münzen unter Strafe zu stellen. Indessen findet dieser Widerspruch wohl darin eine Auflösung, daß die Münzen im wesentlichen als Vermögen angesehen wurden und nicht als Geld. Dadurch wird auch erklärt, daß sich die Regierung in den Jahren 798 und 800 gezwungen sah, mit Erlassen gegen das Horten von Münzen vorzugehen, das besonders den wohlhabenden Bauern in den äußeren Provinzen vorgeworfen wurde, während in der Hauptstadt und den Zentralprovinzen die Münzen knapp wurden (*Ruijū sandai kyaku* Enryaku 17, KT 25, S. 601). So mußte die Regierung mit den Maßnahmen zur Förderung des Geldumlaufes erfolglos bleiben, solange in den äußeren Provinzen ein wirklicher Bedarf an Geld offensichtlich nicht bestand.

c) Rohstoffversorgung und Münzenverschlechterung

Die beklagte Knappheit aber ist wohl eher auf die ungenügende Menge der ausgegebenen Münzen zurückzuführen. Nach dem Ruijū sandai kyaku ging bei den zwischen 818 und 834 ausgegebenen Fuju shinpō-Münzen die jährlich hergestellte Menge von 5 670 000 Stück zwischen 818 und 821 auf 3,5 Millionen Stück zwischen 822 und 828 zurück, weil nicht genug Kupfer gewonnen werden konnte und die Steigerung auf 11 Millionen Stück pro Jahr zwischen 829 und 834 war nur möglich, weil man alte Münzen einschmolz und damit neue herstellte (vgl. *Ruijū sandai kyaku*, KT 25, S. 418f.). Danach waren die alten Münzen aufgebraucht, und es fehlte an Kupfer, um neue zu gießen.

Dieser Mangel an Kupfer war wohl neben den unzureichenden Kupfervorkommen in Japan vor allem dadurch bedingt, daß Kupfer auch zur Herstellung von Buddha-Bildnissen und zum Guß von Tempelglocken in großen Mengen benötigt wurde. Zwischen 1072 und 1128 sollen zum Beispiel mehr als 1 000 Statuen gegossen worden sein (vgl. Brown (4), S. 8). Nach Angaben des Engishiki betrugen die Rohstoffe für den Guß von Münzen in der Provinz Bitchū jährlich 800 *kin* Kupfer, in Nagato über 2516 *kin* Kupfer und 1516 *kin* Blei und in Buzen über 2516 *kin* Kup-

Tabelle 1: Münzausgaben zur Zeit des absolutistischen Staates (kōchō jūnisen, die zwölf Kupfermünzen der höfischen Zeit, auch honchō jūnisen)

Legende	erste Ausgabe	Durchmesser in mm	Gewicht (in g)
Wadō kaihō	708	24,24-24,54	3,15-5,17
Mannen tsūhō	760	25,75-26,05	3,67-3,93
Jingō kaihō	765	22,72-25,75	4,42-8,55
Ryūhei eihō	796	24,54-26,36	2,77-3,37
Fuju shinpō	818	23,02-23,63	3,0 -3,48
Shōwa shōhō	835	19,08-21,81	1,57-3,33
Chōnen taihō	848	16,66-20,3	1,53-2,66
Nyōeki shinpō	859	17,57-19,08	1,5 -1,87
Jōgan eihō	870	17,57-19,99	2,02-2,4
Kanpyō taihō	890	19,08	2,28
Engi tsūhō	907	19,08-19,69	2,02-3,15
Kengen taihō	958	19,69	2,51

(nach: Ogawa Hiroshi, Nihon no kosen S. 220f.) Gewicht und Durchmesser sind bei den gleichen Ausgaben unterschiedlich, daher sind die Angaben hierzu nur Durchschnittswerte.

fer und über 1400 *kin* Blei (*Engishiki*, KT 26, S. 662), eine Menge, die gerade für jährlich 1 000 *kan*, das sind 1 Million Münzen, ausreichte.

Als Abhilfe griff die Regierung daher zum Mittel der Münzverschlechterung, indem Größe und Gewicht der Münzen verringert wurden. Seit den Jōwa shōhō-Münzen von 835 waren sie daher fast um die Hälfte verkleinert (zu Größe und Gewicht der Münzen vgl. die obige Tabelle). Zugleich aber wurde bei jeder Ausgabe neuer Münzen der Wert im Vergleich zu den bisherigen höher festgesetzt. Daneben begann man mit den Fuju shinpō-Münzen von 818 den Zuschlag von Blei allmählich bis zu einem Verhältnis von 1 Teil Blei auf zwei Teile Kupfer zu vermehren (wobei unter Blei auch die anderen Zuschlagstoffe subsumiert sind), so daß sich beispielsweise bei den Jōgan eihō-Münzen die Legende und der Rand abgriffen.

Die Folge dieser Münzverschlechterung war, daß die Regierung nun zunehmend mit dem Problem zu kämpfen hatte, daß die Münzen nicht akzeptiert wurden, obwohl die Ablehnung der Münzen mehrfach durch Edikt verboten wurde. Auch über eine Anpassung der Preise wurde versucht, dieses Problems Herr zu werden, 866 wurde so der Preis für ein *shō* Reis von 26 auf 40 Münzen (*mon*) angehoben (*Sandai jitsuroku*, Jōgan 8, KT 4, S. 177; vgl. auch Brown (4), S. 7. Ein *shō* entsprach 0,24 l, ein großes *shō* 0,72 l, vgl. Dettmer (5), S. 5). Eine Lösung dieser Schwierigkeiten wurde jedoch nicht erreicht, vielmehr kehrten die Händler wieder verstärkt zu Reis und Seide als Tauschmittel zurück.

Allerdings verlor nach dem 11. Jahrhundert auch die Seide deutlich an Wert. Bis zum 11. Jahrhundert war in der Heian-Zeit beim Verkauf von Land meist Seide als Zahlungsmittel gebraucht worden, während seit dem 12. Jahrhundert solche Transaktionen mit Reis durchgeführt wurden. Der Wertverlust der Seide steht offenbar mit dem Niedergang des Staates in Zusammenhang, sei es, daß der Besitz von Seide sich stark vermehrt hatte, oder weil sie an Bedeutung verlor, nachdem sie als Mittel für die Steuerleistung an den Staat keine Rolle mehr spielte. Vom ausgehenden 11. bis in das zweite Jahrzehnt des 12. Jahrhunderts nahm jedenfalls die bezahlte Menge an Seide für 1 tan (ein *tan* entsprach $^1/_{10}$ *chō*, also zwischen 7,832 und 8,537 Ar, vgl. oben, S. 30) Land rasch zu, danach verschwand Seide als Zahlungsmittel für Land beispielsweise in der Provinz Yamato vollständig, während der Reis seinen Wert in solchen Transaktionen behielt. Dies ist ein deutliches Zeichen dafür, daß es sich tatsächlich um einen auf Seide beschränkten Wertverfall handelte.

d) Zinsleihe

Eine Einrichtung von offensichtlich weitreichender Bedeutung war das Ausleihen von Reis zur Unterstützung Bedürftiger. Wie sich aus den Bedingungen erkennen läßt, die Ausleihe erfolgte gewöhnlich zur Zeit der Frühjahrsaussaat und das Darlehen mußte mit Zinsen im Herbst zurückgegeben werden, sollte die Zinsleihe ursprünglich in der Hauptsache als Hilfe für die Haushalte dienen, deren eigene Erträge zu gering waren und die daher nicht genügend Saatreis zurücklegen konnten[11]. In seinen Anfängen verliert sich dieser Brauch im Dunkel der frühgeschichtlichen Zeit. Mit der Regelung des staatlichen Finanzwesens der Taika-Zeit wurde er jedoch offensichtlich institutionell verankert, und obgleich der Hauptzweck in der Unterstützung der Bedürftigen gesehen werden kann, die freilich auch zur Sicherung der wirtschaftlichen Grundlagen des Staates unumgänglich war, darf doch nicht übersehen werden, daß sich der Staat hier zugleich eine maßgebliche Einnahmequelle erschlossen hatte. Die Erträge aus der Zinsleihe erreichten in der Mitte des 8. Jahrhunderts, um die Tempyō-Jahre, fast die Höhe der jährlichen Steuereinnahmen. Die Quellen lassen allerdings auch erkennen, daß in Notzeiten ein Nachlaß oder Erlaß der Zinsen und auch des Darlehens durch die Regierung möglich und üblich war (vgl. *Shoku Nihongi*, Enryaku 7, KT 2, S. 351; Lewin (3), S. 222, als Beispiel für Zinsermäßigung und *Nihon shoki*, Shuchō 1, KT 1u., S. 385, für den Erlaß von Darlehen).

[11] Nachod (2), Bd. 2, S. 451 verweist auch darauf, daß die Zinsleihe ursprünglich mit der Taika-Reform abgeschafft werden sollte. Eine ausführlichere Behandlung der Zinsleihe bringt Nachod ebd. S. 1005-1008.

Die Menge des Reises, der auf diese Weise ausgeliehen werden konnte, wurde mehrfach geändert, sie richtete sich nach der festgelegten Größe der Provinzen und betrug 724 zwischen 40 000 und 200 000 *tsuka*, um nach einer vorübergehenden Einschränkung im Jahr 734 schließlich 745 auf 100 000 bis 400 000 *tsuka* festgelegt zu werden (*Shoku Nihongi*, Jinki 1, KT 2, S. 100; ebd. Tempyō 6, KT 2, S. 132; ebd. Tempyō 17, KT 2, S. 185; Nachod (2), Bd. 2, S. 777ff.). Als Zinssatz waren 50% üblich, die jedoch häufig auf 30% ermäßigt wurden. Die Regelmäßigkeit, mit der solche Darlehen in beträchtlicher Menge gegeben werden mußten, deutet darauf hin, daß es sich nicht um die Behebung vorübergehender Notfälle handelte, sondern daß das gesamte System der Landzuteilung und Besteuerung unzulänglich war, so daß für manche Haushalte offensichtlich eine ausreichende Versorgung selbst durch das Zupachten von Ackerland nicht gesichert werden konnte, zumal die Nutzung von Trockenfeldern meist bei den wohlhabenderen Bauern lag. Daneben ist jedoch nicht auszuschließen, daß auch die Möglichkeit der Zinsleihe zur Bereicherung genutzt wurde, beispielsweise durch Ausnützen des Preisgefälles zwischen dem Frühling, wenn der Reis knapp wurde, und dem Herbst mit seinem großen Angebot an neuem Reis. Auch der offensichtlich verbreitete Brauch, zum Termin der Rückzahlung den Darlehensnehmer als inzwischen verstorben zu melden, scheint nicht immer der nackten Not entsprungen zu sein. Zumindest zeitweilig wurde das Verhalten der Regierung gegenüber diesem Problem von einem solchen Verdacht bestimmt, da sie gelegentlich verordnete, daß den Gestorbenen der Zins erlassen werden sollte, zu anderen Zeiten aber festlegte, daß Zins und Schuld zu bezahlen seien. (so z.B. im Jahre 806, vgl. *Nihon Kōki*, Daidō 1, KT 3, S. 51; Lewin (3), S. 525 und im Jahre 795, vgl. *Nihon kiryaku*, Enryaku 14, KT 10, S. 269; Lewin (3) S. 317.).

Die schon 676 durch Erlaß geforderte Unterscheidung der Haushalte nach den wirtschaftlichen Verhältnissen in drei Stufen, von denen den Haushalten der unteren beiden Stufen Darlehen gewährt werden konnten (Nachod (2), Bd. 2, S. 452, nennt das Jahr 675; vgl. *Nihon shoki*, Temmu Tennō 4, KT 1u., S. 337), läßt sich als eine Maßnahme gegen den Mißbrauch der Reisleihe verstehen. Ein Erlaß von 806 spricht den Mißstand direkt an, daß nämlich die Zinsleihe von den Wohlhabenden genützt werde, während die armen Familien in ihrem Mangel verblieben (*Nihon kōki*, Daidō 1, KT 3, S. 51; Lewin (3) S. 524f.).

Neben dieser Reisleihe aus staatlichen Beständen betrieben die Beamten der Provinzialverwaltung eine als *kokushi shakutai* bezeichnete private Reisleihe, für die sie sich zinsfreien Reis aus Amtsbeständen borgen durften, den sie gegen Zins an die Bauern weiterverliehen. Dies war rechtlich zulässig und kann als Teil ihrer Besoldung angesehen werden.

Allerdings wurde 734 die für solche privaten Geschäfte zulässige Menge an Amtsreis je nach Klasse der Provinz auf 80 000 bis 140 000 *tsuka* begrenzt. Zudem wurde 757 angeordnet, daß der Amtsreis zuerst für Amtszwecke verwandt werden solle, um Fehlbestände und ausgebliebene Leistungen zu ersetzen und Vorräte zu ergänzen. Nur der Rest sollte an die Provinzbeamten vergeben werden, von denen die Amtsleiter sechs Anteile, die Stellvertreter vier, die Assistenten drei, die Sekretäre zwei und die Amtseleven je einen Anteil erhalten sollten (*Shoku Nihongi*, Tempyō-hōji 1, KT 2, S. 243; Lewin (3), S. 65f., Anm. 289).

Außer diesen staatlichen oder auf staatlichen Mitteln beruhenden Krediten waren solche auch zwischen Privatleuten möglich und gesetzlich geregelt, ohne daß der Staat in solche Geschäftsbeziehungen direkt vermittelnd eingriff, solange keine Mißstände vorlagen. Zinstermin war im Normalfall alle 60 Tage, und der Zins für diese Frist sollte ein Achtel des Kapitals nicht überschreiten, so daß immerhin ein Jahreszins von 75% zulässig war. Über acht Zinstermine hinaus sollte jedoch kein weiterer Zins mehr erhoben werden, selbst wenn der Schuldner das Darlehen nicht zurückerstatten konnte, da dann insgesamt 100% der Schuldsumme als Zins bezahlt waren. Im Falle der Zahlungsunfähigkeit sollte das Kapital abgearbeitet werden (*Ryō no gige* 10, KT 22, S. 336f.). Für Reis und Hirse waren besondere Bedingungen festgelegt. Hier durfte der Jahreszins höchstens 100% betragen und entsprach damit etwa dem staatlichen Zinssatz von 50% zwischen der Zeit von Aussaat und Ernte. Es war nicht zulässig, fällige Zinsen dem Kapital zuzuschlagen und Zinseszinsen zu fordern. Bei Zinsen in unzulässiger Höhe sollte der Zins beschlagnahmt und dem Anzeigenden ausgehändigt werden. Allerdings lassen Schuldscheine aus dem 8. Jahrhundert erkennen, daß bei kurzfristigen Darlehen mit Laufzeiten über ein bis drei Monate ein Zinssatz von monatlich 13 bis 15% oder mehr häufig war. Oft wurde das Darlehen mit einem Pfand abgesichert, dazu dienten gewöhnlich Grund und Boden oder Tuch (Nachod (2), Bd. 2, S. 1006ff.).

Auch auf andere Weise wurden offensichtlich die staatlichen Regelungen insbesondere gegen überhöhte Zinsen umgangen, etwa dadurch, daß der Vertrag erneuert wurde und die bisher aufgelaufenen Zinsen der Kreditsumme zugeschlagen wurden. Seit Beginn des 8. Jahrhunderts griff die Regierung häufig zu dem *tokusei*, tugendhafte Regierung (vgl. unten, S. 91) genannten Mittel des Schuldenerlasses und wollte 737 die private Zinsleihe bei Reis und Hirse sogar verbieten, ohne damit jedoch Erfolg zu haben. So erging 784 eine Verfügung, die sich dagegen wandte, daß selbst die buddhistischen Tempel der Hauptstadt Häuser zum Pfand nahmen und Zinsen dem Kapital zuschlugen und auf diese Weise die Gesetze verletzten (*Shoku Nihongi*, Enryaku 2, KT 2, S. 496;

Lewin (3), S. 129f.). Darlehen in Münzen waren gegenüber Sachdarlehen noch verhältnismäßig selten, sie blieben im 8. Jahrhundert auf die Hauptstadt und das Kinai-Gebiet beschränkt (vgl. Nachod (2), Bd. 2, S. 1007).

e) Handel

Betrachtet man die zur Zeit der Taika-Reform bestehenden Verhältnisse, erscheint die Frage nach der Existenz und den Möglichkeiten des Handels überflüssig. Entsprechend spärlich sind auch die Aussagen der Quellen zum Handel dieser Epoche. Doch schon Nachod stellte fest, daß andererseits auch eine handelsfeindliche Einstellung fehlte, wie sie in China zu erkennen war (Nachod (2), Bd. 2, S. 446). Das Vorhandensein unterschiedlicher gesellschaftlicher Schichten auf dem Lande und die Tatsache, daß nicht alle benötigten Dinge wie Werkzeug, Salz und dergleichen, überall selbst hergestellt werden konnten, läßt schließlich einen gewissen Austausch in den Provinzen vermuten. Die Erwähnung von Marktinspektoren als bestehende Institution gilt als ein weiteres Indiz (*Nihon shoki*, Taika 2, KT 1u., S. 237; Nachod (2), Bd. 2, S. 446).

Außer der Ackerbau betreibenden Bevölkerung waren jedoch keine eigentlichen Berufsstände, Handwerker etwa, zu erkennen, die für den Markt produziert hätten. Zwar hatte es, wie gezeigt wurde, schon in der vorgeschichtlichen Zeit spezialisierte Werkstätten gegeben, doch waren mit der Taika-Reform Handwerker, die technisch hochstehende Verfahren beherrschten, an die Werkstätten der staatlichen Verwaltung gezogen worden, wo sie mit ihren Erzeugnissen den Bedürfnissen des Staates, des Adels und der Tempel und Schreine dienten. Güter, die auf diese Weise nicht zu erhalten waren, wurden den Provinzen als Steuern auferlegt.

Im Gegensatz zu den Provinzen mit ihrer überwiegend bäuerlichen Bevölkerung hatte sich in den Hauptstädten, insbesondere in Heijōkyō und Heiankyō, dem heutigen Nara und Kyōto, eine Bevölkerung im wesentlichen aus Hofadel, Beamtenschaft und Gefolgsleuten gesammelt, die ausschließlich von den Erzeugnissen lebte, die aus den Regionen als Steuer in die Hauptstadt geliefert wurden. Alle Unternehmungen des Staates, des Adels und des Klerus, allem voran die umfangreichen Baumaßnahmen, wurden von den Lieferungen und Leistungen der Provinzen getragen. So stammten beispielsweise die Zimmerleute für den Palast- und Tempelbau aus der Provinz Hida, wo jede Gemeinde jährlich zehn Mann zu stellen hatte und dafür Kopfsteuer und Frondienste erlassen bekam (vgl. Dettmer (5), S. 151f.).

Auch wenn die endgültige Verarbeitung etwa der Rohstoffe durch die Handwerker in den Ämtern der Verwaltung, bei den Tempeln und großen Adelshäusern erfolgte, war dies nur aufgrund der Leistungen aus den Provinzen möglich. Das hatte einen einseitigen Warenstrom vom Land in die Hauptstadt zur Folge, ohne daß dem eine Gegenbewegung beispielsweise von durch städtische Handwerker erzeugten Gütern entsprochen hätte. Die Kaiserstädte des 7. bis 9. Jahrhunderts waren Regierungssitze, ihre Gestalt war durch Paläste, Amtsgebäude, Tempel und Schreine und durch die Wohnungen des Hofadels und der Beamtenschaft bestimmt, ein ausgeprägtes städtisches Leben war noch nicht entstanden, vielmehr lagen in Heijōkyō und Heiankyō noch große Flächen leer oder wurden als Felder genutzt.

Trotzdem wurden erstmals wohl 703 in Fujiwarakyō (Kaisersitz von 694-710) und anschließend in Heijōkyō (710-787) und Heiankyō der östliche und westliche Markt eingerichtet, auch hierin zunächst wohl mehr dem chinesischen Vorbild folgend als einem tatsächlichen Bedürfnis. Die Aktivitäten auf diesen nicht spontan entstandenen, sondern von Behörden eingerichteten Märkten — die Kontrolle unterstand der Amtsstelle des Ost- bzw. Westmarktes, *higashi/nishi no ichi no tsukasa*, denen auch die eingetragenen Marktleute, *ichibito*, unterstellt waren — scheinen zunächst nicht sehr umfangreich gewesen zu sein. Dies gilt insbesondere für die Märkte in Heijōkyō. Erst in Heiankyō sind die Funktionen des Marktes umfassender geworden. Aber es waren im wesentlichen Regierung, Hofadel, Tempel und Schreine, die hier tätig waren. Die Regierung setzte offenbar einen Teil der als vermischte Steuern und Fronablösung und im Zusammenhang damit gelieferten Waren auf den Märkten ab, um andere Ausgaben zu bestreiten. Hofadel, Tempel und Schreine boten Überschüsse ihrer Einkünfte an oder deckten ihren Bedarf an bestimmten Waren durch Tausch. Für kaiserliche Prinzen und Höflinge vom fünften Rang aufwärts übernahmen Bedienstete, *chōdai*, *tsukaibito*, diese Aufgabe, Höflinge unterhalb des 5. Ranges durften selbst auf dem Markt in Erscheinung treten.

Mit dem zunehmenden Umfang der Aktivitäten auf dem Markt wurden auch Menschen aus den umliegenden Provinzen angezogen, die ihre Erzeugnisse auf die Märkte der Hauptstadt brachten. In welchem Maße indessen beide Märkte von den offiziellen Aktivitäten abhingen, zeigt der Umfang, in dem trotz ihrer Eigenversorgung die den Tempeln angehörenden Amtsstellen für den Tempelbau, *zōjishi*, auf den Märkten als Käufer in Erscheinung traten und beispielsweise Tuche, Getreide, Gemüse, Gewürze, Öl, Holzkohle, Papier, Pinsel, Tusche bis hin zu Kupfer, Eisen und Quecksilber erwarben. Es wird vermutet, daß sie dies taten, um Gewinne zu erzielen, indem sie zeitliche und örtliche Preisunterschiede ausnutzten (vgl. Hirano, S. 31f.).

Einer Aufstellung des 928 fertiggestellten Engishiki zufolge waren für den Handel auf dem Ostmarkt 51, auf dem Westmarkt 33 Artikel zugelassen, zu denen Textilien und Garne, Kämme, Nadeln, Pinsel, Tusche, Heilmittel, Schwerter, Bogen, Pfeile und anderes Kriegsgerät, Reis, Gerste, Weizen, Salz, Sojasoße, Gebäck, Algen, getrocknete und frische Fische, daneben Metallwaren, Färbestoffe, Öl, Holzgerät, schließlich Pferde und Rinder gehörten (*Engishiki*, KT 26, S. 928f.; über verschiedene Warenpreise im 8. Jh. gibt Nachod (2), Bd. 2, S. 1003-1005 eine Übersicht). Wieweit diese Unterscheidung im Warenangebot zwischen Ost- und Westmarkt von Anfang an bestanden hat, muß offenbleiben. Es ist jedoch eine Tatsache, daß die beiden Märkte in ihrer Entwicklung der Tendenz folgten, die für Heiankyō allgemein zu beobachten ist und die den östlichen Teil der Hauptstadt begünstigte. So wurden mit dem Beginn des 9. Jahrhunderts beide Märkte schwächer, doch verlor der Westmarkt seine Funktion völlig und 842 führte die Amtsstelle für den Westmarkt Klage darüber, daß der Ostmarkt alles an sich zog (*Shoku Nihon kōki*, Jōwa 9, KT 3, S. 146). Bei diesem entstand ein Marktviertel, das sich später zu einem ständigen Ladenviertel entwickelte. Hier tritt eine Entwicklung in Erscheinung, die den Machtverfall des absolutistischen Staates, die Hinwendung zum Privaten widerspiegelt. So war es schon seit dem ausgehenden 8. Jahrhundert zu Spannungen zwischen den Amtsstellen und den ihnen unterstellten Marktleuten gekommen, weil diese — häufig zu Wohlstand gelangt — sich nicht an die Vorschriften hielten und sich im Konfliktfall als Gefolgsleute mächtiger Familien bezeichneten. Dadurch, daß sich die Händler direkt Adelshäusern unterstellten, entzogen sie sich erfolgreich der Kontrolle der Marktbehörden (*Ruijū sandai kyaku*, Jōgan 6, KT 25, S. 615).

Zugleich begannen die Familien des Hofadels, die Tempel und Schreine, ihre Aktivitäten in anderer Form zu verfolgen und die Märkte zu umgehen. 787 beispielsweise trieben sie in Mutsu mit befriedeten Emishi, *Ifu* (Lewin (3), S. 20, schreibt »kolonisierte Barbaren«), Handel, in Dazaifu erwarben sie von chinesischen Handelsschiffen wertvolle Waren, bevor die Behörden von ihrem Vorkaufsrecht Gebrauch machen konnten, und sie sandten Beauftragte nach Tsushima, um Perlen zu kaufen (Hirano, S. 33). Außer dem Händlerviertel, das mit dem Niedergang der Märkte in der Gegend des Ostmarktes entstand, wurden auch außerhalb der amtlich zugelassenen Viertel Ladengeschäfte betrieben. Auffällig häufig werden hier als *hisagime* oder *ichime* bezeichnete Frauen im Handel genannt, doch lassen die Umstände erkennen, daß dies im wesentlichen Handel für das Stadtvolk war.

In den Provinzen darf eine ganze Reihe von Erscheinungen als Hinweis darauf gewertet werden, daß sich hier schon frühzeitig private

Unternehmungen außerhalb des Ackerbaus entwickelten. Die Existenz privater Kreditgeber, die auch Textilien als Pfand nahmen, wie sie für die Fronablösung gebraucht wurden, gehören ebenso dazu wie die von den Provinzialbehörden genutzten Möglichkeiten, mit Steuermitteln Waren zu erwerben, die an die Behörden in der Hauptstadt zu liefern waren. Auch die Betrauung von Transportunternehmern mit der Beförderung der Steuern über See, die Entsendung von Beauftragten, die für Tempel in der Provinz Waren erwerben sollten und auch die Maßnahmen gegen das private Horten von Münzen, die für den erwünschten Geldumlauf fehlten, sowie gegen die Falschmünzerei sind insgesamt Hinweise auf wirtschaftliche Aktivitäten, die in der einen oder anderen Weise auch mit Handel in Verbindung standen und an denen die regionale Oberschicht ebenso beteiligt war wie Tempel und Schreine, Familien des Hofadels und Angehörige der regionalen Beamtenschaft.

Bereits in der ersten Hälfte des 8. Jahrhunderts setzen die Nachrichten über die Entwicklung eines Fernhandels mit Reis und anderen Waren ein, der von Beamten und Bauern betrieben wurde. Dieser wird mit dem 10. Jahrhundert immer besser erkennbar, wo er in den Erzählungen des Konjaku monogatari, des Nihon ryōiki und in anderen literarischen Quellen bestätigt wird. Solche Kaufleute, wie etwa der im *Shinsarugakki* geschilderte, der seinen Handel über ganz Japan ausdehnte, entstammten vor allem der Schicht der reichen Bauern. Sie begannen sich aber schon aus dieser Standeszugehörigkeit zu lösen und selbständige Händler zu werden.

Regionale Märkte wie den Ega no ichi in Kawachi hatte es vor der Taika-Reform schon gegeben. Zu ihnen kamen mit dem 8. Jahrhundert auch die von den Provinzialverwaltungen errichteten. Mit dem 11. Jahrhundert installierten die Grundherren in den *shōen* eigene Märkte, andere entstanden dort, wo sich viele Menschen sammelten, an Wallfahrtsorten, Verkehrsorten und Häfen. Dort entwickelten sich, möglicherweise sogar aus den für die Zwischenlagerung der Steuern beim Transport in die Hauptstadt errichteten staatlichen Speichern, mit Sicherheit aber aus solchen zur Lagerung der Abgaben aus den *shōen*, die *tsuya*, wo neben Lagerung und Weiterverfrachtung auch Verkauf betrieben wurde. Sie stehen mit der Entwicklung der *toimaru*, der Verfrachter und späteren Großhändler, in Zusammenhang.

Schließlich sind auch die Gelegenheiten zu nennen, bei denen von den Gesandtschaften aus Korea mitgebrachte Waren an Angehörige des Hofadels verkauft wurden, sowie der im Shoku Nihon kōki für 839 erwähnte Palastmarkt, *miya-ichi*, auf dem von der T'ang-Gesandtschaft mitgebrachte Waren aus China in einem Zelt vor dem Kenrei-Tor des Palastes verkauft wurden (*Shoku Nihon kōki*, Jōwa 6, KT 3, S. 34).

f) Außenhandel

Von einem geregelten Außenhandel ist unter den obwaltenden Verhältnissen nur mit Vorbehalten zu sprechen. Allerdings läßt sich die große Häufigkeit japanischer Gesandtschaften nach China im 7. und 8. Jahrhundert (vgl. die Tabelle S. 55, die allerdings nur die T'ang-Gesandtschaften, nicht aber frühere Gesandtschaften aufführt) und der vor allem im 7. Jahrhundert sehr lebhafte Austausch von Gesandtschaften mit den koreanischen Reichen nicht nur mit politischen Belangen erklären. Der dabei im Austausch von Geschenken betriebene Tributhandel war daneben mit Sicherheit ein wesentlicher Aspekt, der im chinesisch-japanischen Verhältnis auf der japanischen Seite gewiß mehr Gewicht hatte, aber auch dem chinesischen Hof nicht unwillkommen war, wiewohl hier politische Belange Vorrang hatten. Leider lassen sich für diesen Tributhandel keine Warenlisten aufstellen, die es erleichtern würden, seine Bedeutung abzuschätzen, da die Quellen die Geschenke nur ausnahmsweise und fragmentarisch nennen (Nachod (2), Bd. 2, S. 518-520 und 1072-1074, sowie 504-507 und 1056-1058 führt die mit China und Korea ausgetauschten Waren auf).

Die Bedeutung der japanischen Einfuhren aus Silla seit der vor- und frühgeschichtlichen Zeit ist bekannt und kann für die kulturelle und wirtschaftliche Entwicklung Japans nicht hoch genug veranschlagt werden. Auch im 7. Jahrhundert blieb Japan etwa bei Edelmetallen und Eisen und auch bei anderen Waren zumindest teilweise noch von Einfuhren abhängig. Unter den Tributgeschenken aus Silla werden daneben noch Kessel, Tuch, Brokat, Felle, Pferde, Hunde, Maulesel und selbst Kamele angeführt, daneben kostbar verzierte Geräte, Heilmittel, Wandschirme, Buddha-Statuen aus Kupfer und Gold und dergleichen. Unter den Waren, die im 8. Jahrhundert aus Pohai nach Japan gelangten, nehmen offenbar Pelze den größten Raum ein.

Auch die japanischen Gegengaben enthielten Tuche, Seidenstoffe, Brokate, Florettseide, daneben Leder, Äxte, Sicheln und Schwerter, auch von Schiffen als Geschenk ist mehrfach die Rede. Im Laufe des 8. Jahrhunderts nahmen nicht zuletzt infolge der offen gezeigten Feindseligkeit Sillas die Beziehungen zu Korea ab, während der Verkehr mit China noch an Bedeutung gewann.

Unter den chinesischen Geschenken befanden sich neben exotischen Dingen und Tieren Stoffe, vor allem Seide, Räucherwerk und Heilmittel, dazu als Geschenke des chinesischen Kaisers an die Mitglieder der Gesandtschaften auch Kupfermünzen, Messer und Tee. Schließlich erfreuten sich auch Bücher bei den Japanern besonderer Wertschätzung. Der im ausgehenden 9. Jahrhundert von Fujiwara no Sukeyo (?-897) zusammengestellte Katalog Nihon koku genzai shomokuroku, Katalog der im Lande Japan vorhandenen Bücher, zählt 1579 chinesische Werke mit insgesamt 16 790 Bänden auf, die sich zu der Zeit in Japan befanden.

Von japanischer Seite wurden neben einigen nicht näher beschriebenen Landeserzeugnissen Rüstungen und Waffen nach China gesandt, dazu als offensichtlich ebenso geschätzte Ware Seidenstoffe, vor allem extra breit gewebte, und Florettseide. In den chinesischen Annalen wird nach Nachod im Jahre 780 die Qualität des von Japan geschenkten japanischen Papiers gelobt (Nachod (2), Bd. 2, S. 1073). Dazu kamen als besondere Wertgegenstände gelegentlich noch Halbedelsteine und schließlich Goldstaub als Geschenk an den chinesischen Kaiser wie als Zahlungsmittel für die Mitglieder der Gesandtschaft selbst. Der Gesamtwert dieses Tributhandels ist nur schwer abzuschätzen, er war vielleicht für unsere heutigen Vorstellungen nicht sehr beeindruckend, zumal von den im 8. Jahrhundert von zwei auf vier vermehrten Schiffen der Gesandtschaften häufig nicht alle den Kontinent erreichten. Die Bereitschaft, eine als wertvoll angesehene Ladung den Fährnissen der Überfahrt nach China anzuvertrauen, zeigt indessen das Gewicht, das man in Japan diesem Tributhandel beimaß. Robert Borgen gibt den Bericht über die Bestrafung der Beamten wieder, durch deren Unachtsamkeit eines der ursprünglich zur Gesandtschaft von 801-806 gehörenden Schiffe mit seiner wertvollen Ladung verlorenging (Borgen, S. 18). Ein weiterer Hinweis auf den Wert der aus China zurückgebrachten »Geschenke« ist auch darin zu sehen, daß, nachdem ein Teil am Hofe verteilt, ein anderer in verschiedenen Tempeln den Gottheiten dargebracht worden war, ein offensichtlich nicht unbedeutender Rest in der Haupstadt öffentlich zum Tauschhandel benutzt wurde (vgl. Reischauer, S. 83).

Neben diesem offiziellen Tributhandel nutzten die zahlreichen Mitglieder der Delegationen die Gelegenheit zu privatem Handel, wofür sie durch Geschenke insbesondere an Seidenstoffen und Goldstaub, die ihnen der japanische Hof bei der Verabschiedung zukommen ließ, reichlich ausgestattet waren. Diese Möglichkeit darf als eine ihnen billigerweise zugestandene Entschädigung dafür angesehen werden, daß sie die Gefahr und Mühsal einer weiten Reise auf sich nahmen. Allerdings zeigen die Berichte, daß von der chinesischen Seite dieser private Handel offensichtlich nicht immer gerne gesehen war und gelegentlich durch Schikanen erschwert wurde. Möglicherweise suchten die chinesischen Beamten diesen Handel zu unterbinden, weil die japanischen Gesandtschaftsmitglieder durch ihren Status von den Steuern und Zöllen befreit waren, die sonst für solchen Handel zu entrichten waren, und ihr Handel somit in den Augen der Beamten illegal war — ein frühes Beispiel für die Ausnutzung diplomatischer Privilegien (vgl. z.B. Borgen, S. 11).

Nicht zuletzt sind auch die zahlreichen buddhistischen Priester zu erwähnen, die üblicherweise die Gelegenheit der Gesandtschaften nutzten, um zum Studium nach China zu gelangen. Denn sie waren bemüht, neben buddhistischen Devotionalien und Buddha-Bildnissen vor allem buddhistische Texte zu erhalten, die sie in Kopien nach Japan brachten. Der Priester Saichō (Dengyō Daishi, 767-822) konnte in dem Dreivierteljahr seines Aufenthaltes in China in den Jahren 804/5 insgesamt 230 Texte erhalten, der mit der gleichen Gesandtschaft nach China gekommene und nach etwas mehr als einem Jahr heimgekehrte Kūkai (Kōbō Daishi, 774-835) brachte 216 Texte mit nach Japan (Borgen, S. 17 und 19). Beide setzten die kulturell so bedeutsame Tradition der Übernahme aus China auf ihrem Gebiet fort.

Die Nachrichten jedoch, die mit der vorletzten T'ang-Gesandtschaft von 804 nach Japan gelangten, waren nicht sehr günstig. Das T'ang-Reich geriet zunehmend in Wirrnis und so ging 34 Jahre später 838 die letzte Gesandtschaft nach China. Eine weitere, 894 aufgestellte, wurde nicht mehr abgesandt. Der bereits ernannte Gesandte Sugawara no Michizane (845-903) selbst hat ihren Erfolg unter den politisch ungewissen Verhältnissen im T'ang-Reich in Frage gestellt. Auch wirtschaftlich mag keine ausreichende Notwendigkeit für die Durchführung solcher Reisen mehr bestanden haben. Wie oben schon deutlich wurde, trugen auch chinesische Händler schon seit dem 8. Jahrhundert zum Austausch bei, und als nach Abbruch der Beziehungen die Handelsschiffahrt nach China offiziell verboten war, hielten chinesische und koreanische Kaufleute die Verbindung aufrecht und sicherten den Handel.

5. *Verkehr*

a) Überseeverkehr

Über die Schiffe, die für den Verkehr mit China benutzt wurden, ist aus den Quellen kaum etwas zu erfahren. Zwar ist im Jahre 650 davon die Rede, daß in der Provinz Aki zwei Kudara-Schiffe gebaut wurden (*Nihon shoki*, Hakuchi 1, KT 1u., S. 251), die möglicherweise für die zweite T'ang-Gesandtschaft Verwendung fanden, doch sind Einzelheiten über Bauart und Aussehen nicht überliefert. Als einziges läßt sich annehmen, daß hier eine neue, festländische Schiffsbautechnik übernommen wurde. Borgen spricht im Zusammenhang mit der vorletzten Fahrt von 806 davon, daß die Schiffe keinen Kiel hatten, nennt aber keine Quelle für seine Kenntnisse, die auch durch andere Autoren nicht mitgeteilt werden (Borgen, S. 7).

Gewisse Schlüsse über die Größe der Schiffe lassen sich aus der Zahl der Menschen an Bord ziehen. So ist für die zweite T'ang-Reise im Jahre

635 davon die Rede, daß sich an Bord des einen Schiffes 120, an Bord des anderen 121 Menschen befanden. Bei dem Angriff auf Silla im Jahre 761 sollen sogar auf 394 Schiffen je 140 bis 150 Mann befördert worden sein, doch war dies in mehrfacher Hinsicht ein besonderer Fall, der nicht als exemplarisch gelten kann. Man darf annehmen, daß bei späteren Fahrten bis zu 150 Personen auf einem Schiff reisten, Reischauer spricht bei der Fahrt von 838 sogar von 180 Mann pro Schiff (Reischauer, S. 53).

Die meisten Schiffe scheinen in der Provinz Aki gebaut worden zu sein. Wenn 732 für die neunte T'ang-Gesandtschaft die vier Provinzen Ōmi, Tamba, Harima und Bitchū genannt werden, so handelte es sich hier wohl eher darum, daß diesen Provinzen die Finanzierung der Schiffe auferlegt wurde, denn Ōmi und Tamba, im Landesinneren gelegen, waren für den Bau von seegängigen Schiffen mit Sicherheit ungeeignet.

Bei den frühen Fahrten nach China folgten die Schiffe der Nordroute, die von Kyūshū aus nach Korea führte, um dann längs der koreanischen Westküste nach Norden und die Liaotung-Halbinsel entlang nach Südwesten zu verlaufen, die Pohai-Bucht zu überqueren und Shantung zu erreichen. Von dort aus ging die Reise über Land weiter.

Tabelle 2: T'ang-Gesandtschaften

Jahr der Berufung	zeitl. Abstand zur vorher. Berufung	Bemerkungen
630		Reiseweg meist längs der koreanischen Küste
653	23 Jahre	
654	1 Jahr	
659	5 Jahre	
665	6 Jahre	
669	4 Jahre	
702	33 Jahre	geänderter Reiseweg: von dieser Reise an
717	15 Jahre	wurde meist die Südspitze Koreas berührt
733	16 Jahre	
752	19 Jahre	
759	7 Jahre	
761	2 Jahre	durch Schiffbruch nicht durchgeführt
762	1 Jahr	wegen ungünstiger Winde nicht durchgeführt
777	15 Jahre	
779	2 Jahre	
804	25 Jahre	geänderter Reiseweg, der nunmehr direkt das
838	34 Jahre	Ostchinesische Meer kreuzt
894	56 Jahre	kurz nach der Berufung abgesagt

(nach Sugimoto und Swain, Science and Culture ..., S. 15) Aufgeführt sind nur die Gesandtschaften an den T'ang-Hof, frühere Gesandtschaften sind nicht berücksichtigt.

Als sich die Beziehungen zu Silla verschlechterten, wählten die Schiffe mit der sechsten T'ang-Reise die Südroute, die von Kyūshū zunächst nach Süden bis zur Insel Amami-Ōshima, der Hauptinsel der Amami-Gruppe, führte, um von dort aus das Ostchinesische Meer zu überqueren und direkt das chinesische Festland zu erreichen. Mit der zwölften Reise folgte man schließlich der kürzeren Südroute und überquerte von Kyūshū aus direkt das Ostchinesische Meer. Beide Südrouten waren gefährlicher als die aus politischen Gründen aufgegebene Nordroute, und wohl deshalb ging man dazu über, auf dieser Strecke statt der bisherigen zwei vier Schiffe einzusetzen. Indessen waren die Kenntnisse und Fertigkeiten der japanischen Seeleute wohl insgesamt noch nicht sehr weit entwickelt. Der Umstand, daß gerade die letzten T'ang-Gesandtschaften immer im siebten Monat aufbrachen, wenn die Zeit der Taifune begann und zudem die Monsun-Winde aus einer für die Fahrt ungünstigen Richtung wehten, läßt auf keine sonderlichen seemännischen Erfahrungen schließen. Die Verluste an Schiffen waren entsprechend häufig. Nicht selten erlitt die Gesandtschaft schon zu Beginn der Reise Schiffbruch. Bei den beiden Unternehmungen, die von Reischauer und Borgen eingehender untersucht wurden, bedurfte es zweier oder dreier Anläufe, bis das Ziel tatsächlich erreicht werden konnte. Im Falle der Gesandtschaft von 801 wurde dazu eines der Schiffe weit nach Süden verschlagen, auch dies eine Gefahr, der zumindest die Besatzung einer früheren Gesandtschaft teilweise zum Opfer fiel, als sie, noch weiter nach Süden abgetrieben, zum großen Teil von barbarischen Küstenvölkern getötet wurde (Nachod (2), Bd. 2, S. 524; es handelte sich um die Gesandtschaft von 659/60).

Die offenkundige Unerfahrenheit vermehrte das Risiko der Überfahrt von Japan nach China, und so ist es verständlich, daß Sugawara no Michizane schließlich den Nutzen der T'ang-Gesandtschaften in Frage stellte und ihre Einstellung befürwortete. Erst Taira no Kiyomori (1118-1181) bemühte sich wieder um eine Förderung des Handels mit Sung-China und ließ Häfen und Schiffahrtswege ausbauen. Der Name der Familie Taira ist auch in ihrem Untergang in der Schlacht von Dannoura 1185 mit der Seefahrt verbunden.

b) Inländischer Verkehr

Nicht nur die Reisen zum fernen Kontinent, auch die Überwindung größerer Entfernungen auf den japanischen Inseln war zu Lande und zu Wasser mit Mühsal und Gefahren verbunden. Der Umfang, in dem zum Unterhalt des Staatswesens Steuern und Abgaben aus den Provinzen in die Hauptstadt transportiert werden mußten, sowie die Notwendigkeit rascher Kommunikation zwischen Zentrale und Regionalverwaltungen, lassen die Existenz von Verkehrsverbindungen unumgänglich erscheinen, die auch den zwischen den Provinzen und der Hauptstadt reisenden Beamten dienen konnten. Schon in der Vor-Taika-Zeit weisen die *miyake* und die Notwendigkeit, von dort die Erträge an den Hof zu bringen, wie Nachod ausführt, auf das Vorhandensein von Verkehrswegen hin, für das Jahr 470 wird beispielsweise die Anlage einer Straße von Suminoe nach Naniwa gemeldet (*Nihon shoki*, Yūryaku 14, KT 1o., S. 383), die Anlage weiterer Verkehrswege folgt, ohne daß über ihre Art und Größe nähere Angaben möglich sind. Es ist jedoch anzunehmen, daß schon die alten Verkehrswege im allgemeinen dem durch das Gelände vorgegebenen Verlauf folgten, den dann die großen Hauptwege späterer Epochen nahmen. Ein Netz von Relaisstationen überzog diese Straßen, die für Reisende in amtlicher Funktion Pferde zum Wechseln bereithielten und, nach Angabe des Ryō no gige im Durchschnitt 30 *ri*, etwa 16 Kilometer, auseinanderliegen sollten. Dieses Netz wurde insbesondere mit dem 9. Jahrhundert noch weiter ausgebaut und umfaßte nach Nachod im Jahre 984 in ganz Japan 414 Stationen (Nachod (2), Bd. 2, S. 759). Brücken wurden insbesondere für die Gebiete nahe den Hauptstädten schon in früher Zeit errichtet, daneben erleichterten Fähren oder Schiffsbrücken das Überqueren der Flüsse. Für den Beginn des 9. Jahrhunderts wurde angeordnet, solche Einrichtungen überall dort zu schaffen, wo für den Transport der Steuern Flüsse überwunden werden mußten.

Zum Transport wurden neben den Trägern, wie sie vor allem für die Verfrachtung der Steuern zuständig waren, meist Tragtiere, vor allem Pferde, eingesetzt. Demgegenüber spielte der Wagen als Transportmittel keine Rolle, sei es, weil die Straßen dafür noch nicht geeignet waren oder, was wahrscheinlicher ist, weil die allgemeinen Bedingungen, besonders die Gestalt der Landschaft, seiner Verwendung abträglich waren. So konnte zwar der Ochsenkarren in Heiankyō die Funktion eines Statussymbols (so Morris, S. 36) erlangen, die Angehörigen des Hofadels, vor allem die Hofdamen, pflegten ihn zu ihren Ausfahrten zu benützen, doch blieb er auf die unmittelbare Umgebung der Hauptstadt beschränkt. Größere Fahrten erlaubten die Wegverhältnisse nicht. Indessen entsprach dies auch den Reisegewohnheiten der Oberschicht in dieser Zeit, für die das Verlassen der Hauptstadt und ihrer Umgebung einer Reise in ferne Gebiete gleichkam, die man vermied, wenn nicht gewichtige Gründe anderes forderten. Das Tosa nikki von Ki no Tsurayuki (?-946) beschreibt die Reise aus der Provinz Tosa zurück in die Hauptstadt und die Beschwernisse, die diese größtenteils zu Schiff zurückgelegte Fahrt auch noch im zehnten Jahrhundert mit sich brachte. Es vermittelt einen Eindruck von den Bedingungen der innerjapanischen

Schiffahrt, die unter den Verhältnissen des Inselreiches und der Struktur des Landes mit einer langen Küstenlinie und dem gebirgigen Inland einen erheblichen Umfang erreicht hatte. Meist wurde jedoch in Küstennähe gefahren und die Nacht vor Anker liegend verbracht. Demgegenüber schildert das Sarashina nikki eine Reise über Land.

6. *Gewerbliche Produktion*

a) Das Handwerk in den staatlichen Werkstätten

Das alte System des Geschlechterstaates, in dem die verschiedenen Berufsgruppen, *be*, dem Tennō-Hof und den einzelnen Familien, *uji*, zugehörten und diese mit ihren Erzeugnissen versorgten, wurde mit der Taika-Reform aufgelöst. Für die nichtagrarischen Erzeugnisse, die nicht durch Abgaben und Steuern vom Volk geliefert wurden, gliederte man stattdessen mit den *tomo no miyakko*, den *shinabe* und den *zakko* Handwerkerfamilien in die Behörden ein, die durch gesetzliche Vorschriften für die Produktion bestimmt waren, um die Bedürfnisse des Staates und Hofes zu befriedigen. Die Handwerker, die hier den Verwaltungsbeamten unterstellt waren, hatten einen geringen Stand und konnten höchstens den 8. Rang erreichen. Die Zahl der auf diese Weise dem Verwaltungssystem zugeordneten Handwerkerfamilien war beträchtlich, sie konnte durch *kari no shinabe* zeitweilig noch erweitert werden. Die Handwerkerfamilien umfaßten sowohl altansässige wie eingewanderte Familien, wobei der Anteil der Einwanderer in den gewerblichen Zweigen höher war, wo spezielle oder neue Techniken gefordert waren. Dies galt besonders für das Metallgewerbe, wo bis ins 7. Jahrhundert im Zusammenhang mit der Ausbreitung des Buddhismus und der Anfertigung buddhistischer Bildwerke neue Techniker auftraten, die offensichtlich erst zu dieser Zeit aus Korea oder China zugewandert sind.

Die Veränderungen, die sich im Laufe der Entwicklung am System der Verwaltung ergaben, die Freilassung von Angehörigen der *zakko* und dergleichen hatten zur Folge, daß sich auch das System dieser amtlichen Werkstätten wandelte; manche Werkstätten wurden geschlossen, wie etwa die Amtsstelle für Waffenherstellung und die für Schmiedearbeiten im Jahre 744, die jedoch 752 wieder eingerichtet wurden. Nach den Angaben des Engishiki gehörten zu dessen Zeit 372 Schmiedehaushalte zur Amtsstelle für Holzbau, *mokuryō* (*Engishiki*, KT 26, S. 794f.). Das *takumiryō*, die Amtsstelle für internes Kunsthandwerk, dagegen wurde erst im Jahre 728 neu geschaffen und gehörte nicht zu den in den Geboten, *ryō*, eingerichteten Ämtern. Hier wie in anderen Werkstätten wurden auch Handwerker beschäftigt, die mit dem für Angehörige des freien

Volkes üblichen Ausdruck als *hakuchō*, einfache Erwachsene, bezeichnet wurden, also weder Rang noch Beamtenstatus hatten und so außerhalb des ursprünglichen Systems standen. Der Umstand, daß besonders mit den Änderungen um die Wende vom 8. zum 9. Jahrhundert einzelne Werkstätten aufgelöst, weiterbestehende in der Besetzung verringert, andere wie die beim Amt für die Bauten des Tōdaiji, *zōtōdaiji-shi* (Lewin (3), S. 62 Anm. 276 spricht von Kommissionen, da solche Behörden nur zeitweilig eingerichtet und nach Abschluß der Aufgaben aufgelöst wurden), völlig mit Handwerkern aus der normalen Bevölkerung besetzt wurden, läßt erkennen, daß sich mit dem Rückgang der staatlichen Macht das System der den Behörden zugeordneten Handwerkerfamilien allmählich auflöste. Stattdessen entwickelten sich nunmehr sowohl innerhalb des Palastes wie auch bei anderen Institutionen, den *mandokoro* der Sesshō und Kampaku und bei den Behörden der abgedankten Kaiser, In, solche Werkstätten, welche die entstehenden Lücken ausfüllten. Zugleich ging auch die Produktion der Werkstätten bei den Provinzialbehörden zurück und die von den Provinzen abzuliefernden Produkte nahmen an Menge und Güte ab.

So ergaben sich seit dem 8. Jahrhundert bereits auf einem wichtigen Sektor, im Bauwesen, erhebliche Probleme. Drei geplante Hauptstädte, Kuni, Shigaraki und Naniwa, wurden nicht fertiggebaut und auch die Verlegung nach Nagaoka nicht realisiert. Die Annahme, daß hier auch finanzielle Schwierigkeiten eine Rolle spielten, ist nicht von der Hand zu weisen. Bereits für den Bau von Nagaoka wurde offensichtlich von privater Seite gespendet (*Shoku Nihougi*, Enryaku 3, KT 2, S. 503f.; Lewin (3), S. 150), und die Errichtung der Hauptstadt Heiankyō wurde durch die Unterstützung der Familie Hata mit getragen (Lewin (1), S. 163f.). Zudem wurde den Rangträgern vom 5. Rang aufwärts befohlen, Arbeitskräfte für den Bau des neuen Kaiserpalastes in Heiankyō zu stellen (*Nihon Kiryaku*, Enryaku 12, KT 2, S. 266f., Lewin (3), S. 302f.), den Provinzen wurde auferlegt, die Tore des neuen Palastes zu erbauen (ebd.).

Das auch früher, etwa beim Bau von Schiffen für die Gesandtschaften nach China, schon festgestellte Verfahren, bestimmte Provinzen mit solchen Aufgaben zu betrauen, wurde offensichtlich ausgeweitet. 938 wurden für die Wiederherstellung der bei einem Erdbeben eingestürzten Palastmauer neun Provinzen mit dem Wiederaufbau beauftragt, ebenso 27 Provinzen nach einem Brand im Palast. Auch für Tempelbauten wurde auf dieses Verfahren zurückgegriffen. Demgegenüber verloren die dafür eigentlich zuständigen Behörden ihre Bedeutung weitgehend, die Arbeitskräfte wanderten zu anderen Auftraggebern auch in den Provinzen ab, größere Tempel richteten eigene Bauwerkstätten ein.

b) Die Anfänge privater Produktion

Der Umstand, daß Hacken und anderes Feldgerät, die ursprünglich von bestimmten Provinzen als Abgaben gefertigt und an die staatliche Verwaltung geliefert werden mußten, wie oben gezeigt, auch käuflich zu erwerben waren (vgl. oben, S. 30), läßt erkennen, daß eine gewerbliche Produktion auch außerhalb des von den Gesetzen gegebenen Rahmens betrieben wurde. Ausgangspunkt waren, wie vereinzelte Quellenhinweise schließen lassen, solche Familien, die ursprünglich für die Bedürfnisse des Staates herangezogen wurden, indem sie beispielsweise einzelne Familienmitglieder in die staatlichen Werkstätten entsandten. Die gleichzeitige Produktion solcher Familien für den Markt setzte zumindest in einzelnen Fällen schon im 8. Jahrhundert ein, und die Liste der auf den Märkten in Heiankyō gehandelten Waren, wie sie das Engishiki überliefert, läßt sich nicht allein auf das Angebot überschüssiger Artikel durch den Hofadel und die Tempel erklären. Spätestens seit dem 10. Jahrhundert hatten Adelsfamilien und Tempel eigene Werkstätten errichtet, wo sie beispielsweise Metallhandwerker, Zimmerleute und andere Arbeitskräfte beschäftigten. Auch die Produktion oder Gewinnung von Rohstoffen, etwa die Erschließung von Erzen, entglitt der staatlichen Kontrolle, ihre Ausbeute erschien als Rohstoff oder in bearbeiteter Form unter den Abgaben der *shōen* an die Grundherren.

c) Das Beispiel des Metallgewerbes

Die Hauptaufgabe der Metallhandwerker lag in der Herstellung von Waffen, landwirtschaftlichen Geräten und Werkzeugen für die Holzbearbeitung. Durch die Ausbreitung des Buddhismus und dessen Bedürfnisse stellten die kunstgewerblichen Arbeiten schon vor der Taika-Reform einen Zweig des Metallgewerbes mit besonders hohem technischem und künstlerischem Niveau dar, das allerdings ohne die festländischen Einwanderer nicht erreicht worden wäre. Wichtige Techniken für buddhistische Bildwerke waren der Bronzeguß und die Treibtechnik. Der erstere entsprach der in der Welt weit verbreiteten Technik des Gusses mit verlorener Form, bei der über einem Tonmodell (oft mit Eisenkern) auf einer Wachsschicht die Plastik in allen Feinheiten ausgearbeitet und dann mit Ton abgedeckt wurde. Beim anschließenden Brand der Form entwich das Wachs und die so entstandene Hohlform konnte mit Bronze ausgegossen werden. Sie wurde nach dem Erkalten zerschlagen. Um ein Verschieben von Kern und Mantel der Form zu verhindern, wurden beide mit sogenannten *katamochi* gegeneinander fixiert. Die dadurch bedingten Löcher in der Plastik wurden bei der abschließenden Bearbeitung durch Bronzeplatten geschlossen. Die Treibtechnik war demgegenüber ein rationelles Verfahren zur Herstellung von Bildwerken in größerer Zahl. Hier wurde über ein erhaben ausgearbeitetes Modell ein Bronzeblech gelegt und die Form mit dem Hammer herausgetrieben. Das Verfahren ließ sich für die Herstellung mehrerer Bildwerke von einer Form nutzen und entsprach so dem großen Bedarf mit der wachsenden Zahl von Tempeln, wie dies wohl auch bei der Anfertigung der *dharani*, buddhistischer Zaubersprüche, der Fall war, die in der zweiten Hälfte des 8. Jahrhunderts auf Befehl der Kaiserin Shōtoku (reg. 764-770) in angeblich einer Million Exemplaren im Blockdruck hergestellt wurden und die zusammen mit ähnlichen Exemplaren aus Korea in der ersten Hälfte des 8. Jahrhunderts als die ältesten Druckwerke der Welt gelten.

Der große Buddha des Tōdaiji in Nara stellt mit seiner Höhe von mehr als 15 Metern technisch eine herausragende Leistung des Metallgusses in Japan dar. Über die Einzelheiten des Gusses, der mehrmals fehlschlug, sind keine Nachrichten überliefert (näheres, s. bei Araki). Das auch heute noch eindrucksvolle Bildwerk wurde 752 mit der Zeremonie des Augeneinsetzens (wörtlich »Augenöffnens«) in Gegenwart des Tennō und zahlreicher Würdenträger fertiggestellt. In der Folgezeit mehrfach beschädigt, sind heute nur noch wenige Teile der Figur im Original aus dieser Zeit erhalten.

Wie für andere Gewerbe hatte auch für das Metallhandwerk die Auflösung der zentralen Gewalt und der Verfall der staatlichen Werkstätten die Folge, daß seine Angehörigen neue Arbeitsverhältnisse in Abhängigkeit vom Adel, von großen Tempeln und von der ländlichen Oberschicht fanden, wo sie als Handwerker in die *shōen* eingegliedert wurden. Die Differenzierung, wie sie etwa im Utsuho monogatari (ca. Ende des 10. Jahrhunderts) erkennbar wird (*Utsuho monogatari*, NKBT 10, S. 341f.), das die Gießerei, *imojidokoro*, und die Schmiede, *kanechidokoro*, getrennt darstellt, ist bis zum Ende des 12. Jahrhunderts noch nicht allgemein ausgeprägt. Demgegenüber führt das in der späten Kamakura-Zeit entstandene Tōhoku-in shokunin utaawase emaki verschiedene Arbeitszweige wie Gießer, Schwertschmiede, Schmiede auf. Unter den letzteren bildeten sich weitere Spezialisten wie Sichel- oder Hackenschmiede heraus.

Im *shōen*-System, wo die Metallhandwerker wegen ihrer Erzeugnisse einen hohen Rang einnahmen, erhielten solche Handwerker abgabenfreie oder Versorgungsfelder und waren von der *shōen*-Verwaltung abhängig. Allmählich jedoch erlangten sie durch die Übernahme von Lohnarbeit größere Unabhängigkeit. Neben dem seßhaften Handwerk, das in eigener Werkstätte Lohnarbeit auf Bestellung ausführte und später mit der Entwicklung der Märkte durch Lagerhaltung für den Verkauf produzierte, konnte sich so besonders unter den Metallgießern ein Wanderhandwerk bilden, das nicht nur seine Erzeugnisse ambulant verkaufte, sondern besonders bei größeren Aufträgen wie dem Guß von Tempelglocken auch nach Bedarf arbeitete. Hier entstanden unter der Protektion der *shōen*-Eigentümer Gilden, denen im Schutz eines Gefolgschaftsverhältnisses Privilegien für die Herstellung und Verkauf zuteil wurden. Eines der frühesten Beispiele ist die Gilde der Schmiede des Tōdaiji aus dem Jahre 1118. Unter den Produkten des Metallhandwerks wie Feldgeräte, Kessel, Töpfe oder Äxte genossen die Schwerter aus Bizen, Bitchū, Yamashiro, Yamato und aus der Stadt Kamakura besonderen Ruhm, ebenso Töpfe aus Kawachi, zu denen in der Kamakura-Zeit solche aus Kyōto kamen. Unter den Äxten waren die aus Noto besonders gefragt. Als Reaktion auf die vermehrte Nachfrage entwickelte sich mit der *sogata* genannten Gußform ein Verfahren, das den Guß einer größeren Zahl des gleichen Artikels aus einer Form erlaubte.

d) Das Beispiel des Bauhandwerks

Palast- und Tempelbau hatten im Holzbau schon frühzeitig eine Tradition mit hohem Standard entstehen lassen, ohne daß freilich die theoretischen Kenntnisse, etwa die mathematischen Grundlagen für die Errichtung eines so umfangreichen Bauwerkes wie der Halle für den Großen Buddha in Nara heute noch bekannt sind[12]. Führend in der Bautechnik waren die schon erwähnten Zimmerleute aus Hida. Wie ein Erlaß im Shoku Nihongi zeigt (*Nihon Kōki*, Enryaku 15, KT 3, S. 7; Lewin (3), S. 342), kehrten sie nach dem Ende ihres Dienstes in der Hauptstadt häufig nicht in die Heimatprovinz zurück, sondern ließen sich in anderen Provinzen nieder. Sie trugen so selbst zur weiteren Verbreitung ihrer Technik bei. *Hida no takumi* wurde fast zu einem Synonym für Zimmermann überhaupt.

In der Heian-Zeit wurden Spezialisierungen nach verschiedenen Tätigkeiten im Baugewerbe deutlich. Neben den allgemeinen Zimmerleuten gab es nun solche zum Dachdecken mit Baumrinde, *hihada takumi*, oder mit Ziegeln, *kawara-shi*, und Verputzer, *kabenuri*. Daneben erschienen in den Gruppen der Zimmerleute rangmäßige Abstufungen nach Erfahrung und Alter, so daß sich eine Ordnung Meister — Lehrling — Gehilfe herausbildete. Korporativ organisierte Zimmerleute traten mit

---

[12] Diese daibutsudō, obgleich nur in einer verkleinerten Ausführung von 1708/09 erhalten, gilt auch heute noch mit den Maßen 57 mal 50 Meter und 48,7 Meter Höhe als das größte Holzbauwerk der Welt.

der zweiten Hälfte des 10. Jahrhunderts beim Adel, im Zusammenhang mit den Tempeln, der regionalen Oberschicht und den landsässigen Grundherren auf. Auch sie wurden in die *shōen* eingebunden und erhielten Versorgungsfelder. Mit der zweiten Hälfte des 12. Jahrhunderts begann auch bei den Zimmerleuten die Lohnarbeit, die den Übergang zum Vollberuf ermöglichte. Im Gegensatz zum Metallgewerbe, wo eine geforderte Arbeit nach der Ablieferung bezahlt wurde, somit eine größere Unabhängigkeit möglich war, blieb für die Bauhandwerker durch die Arbeit an der Baustelle ein sehr viel stärkeres Abhängigkeitsverhältnis bestehen. Die Auftraggeber übten strenge Kontrolle aus und hatten auch bei der Entlohnung eine starke Position. Der Arbeitstag reichte vom frühen Morgen bis zur Abenddämmerung, wie das auch bei der staatlichen Lohnarbeit festgelegt war. Der Lohn betrug im Durchschnitt 100 Kupfermünzen pro Tag, dazu kamen häufig Kleidung, Nahrungsmittel und Getränke. In der Entlohnung waren jedoch Abweichungen vom Durchschnitt üblich. Ebenso war auch noch eine Bezahlung in Naturalien anzutreffen.

Eine Sonderstellung, die sich auch in größerer Unabhängigkeit ausdrückte, nahmen Bauhandwerker mit besonders hohem Können ein, etwa die *Nara-taiko* am Tōdaiji und Kōfukuji in Nara oder die aus Heiankyō, die oft auch für besondere Vorhaben in die Provinzen berufen wurden. Die Eleganz des höfischen Lebens, wie wir es besonders in der Heian-Zeit bewundern, ist auch durch die Arbeit solcher Handwerker mit begründet worden, ohne daß, mit seltenen Ausnahmen, ihre Namen für die Nachwelt erhalten blieben.

KAPITEL III

DIE WIRTSCHAFTLICHE BELEBUNG ZUR ZEIT DER FRÜHEN KRIEGERHERRSCHAFT

1. *Das shōen als wirtschaftliche Grundeinheit*

a) Privater Landbesitz als Element der Kontinuität

Anders als im politischen Bereich, wo mit dem Sieg der Minamoto über die Taira und der Verlegung des politischen Zentrums nach Kamakura eine deutliche Zäsur gesetzt wurde, lassen sich wirtschaftliche Kriterien für eine solche zeitliche Abgrenzung kaum finden. Das *shōen* als die wirtschaftliche Grundeinheit erweist sich vielmehr durch seine Anpassungsfähigkeit an den Wandel der Verhältnisse als Element der Kontinuität bis in die Muromachi-Zeit (1338-1573), das die unterschiedlichen Epochen in ihrer wirtschaftlichen Grundstruktur gleichsam verklammerte. Selbst als nach dem Jōkyū-Krieg (1221) das Shogunat von den Parteigängern des besiegten Go-Toba Tennō mehr als 3 000 *shōen* einziehen konnte und damit seine Machtbasis beträchtlich verstärkte, bedeutete dies keinen Bruch. Auch weiterhin schützte es die Interessen der *shōen*-Grundherren in den zentralen Städten. Es ist bezeichnend für diese Kontinuität, daß der schließlich aufbrechende Gegensatz im Zusammenhang mit dem Landbesitz nicht einer zwischen den herkömmlichen Grundherren, dem Hofadel und den Tempeln, und dem Shogunat war, sondern zwischen den lokalen Kriegern, den *shugo*, und den *shōen*-Grundherren, zu denen auch das Shogunat zählte. Dies war der Vorgang der Dezentralisierung, die im Ōnin-Krieg (1467-1477) ihren Höhenpunkt fand und zum Ende der Epoche führte[1].

So ist das *shōen* Kennzeichen zweier Zeitalter. Entstanden als ein Produkt des absolutistischen Staates erfüllte es zu dessen Zeit mehr und mehr die Aufgabe, Tennō-Haus, Hofadel und Geistlichkeit wirtschaftlich zu sichern, während der Staat an Macht und Wirtschaftskraft verlor. Dies geschah jedoch nicht in einem einseitigen Prozeß, in dem das *shōen* Ursache des Niederganges war, sondern in einer Wechselwirkung. Ein Grund für die Entwicklung des *shōen* war die Unfähigkeit des Staates, durch die Organisation des Landesausbaus seine wirtschaftlichen Grund-

[1] Der Begriff »*shōen*-Grundherren« wird in der Folge stets für diese nicht im *shōen* selbst ansässigen Grundherren gebraucht, während die dort ansässigen Grundbesitzer, seien es die regionalen Familien oder die hinzugekommenen *jitō*, Vögte, als landsässige Grundherren bezeichnet werden.

lagen langfristig zu sichern. Zugleich aber beschnitt die wachsende Zahl der *shōen* die staatlichen Ressourcen, vermehrte damit das Streben nach privatem Landbesitz und trug so zum Machtverfall des Staates bei.

Der Umfang, in dem der in der Taika-Reform erhobene Anspruch des Tennō auf Land und Leute geltend gemacht wurde, war begrenzt. Die Notwendigkeit, die Sippenverbände, *uji*, für die Reformen zu gewinnen und zu entschädigen wie die Verpflichtung, für den Unterhalt von Tempeln und Schreinen Sorge zu tragen, erforderte Ausnahmen, die sich als einer der Ausgangspunkte für die Neuentstehung privaten Landbesitzes erweisen sollten. Die den Tempeln und Schreinen zugeteilten Ländereien waren von der staatlichen Besteuerung ausgenommen und ihrer Verwaltung unterstellt. Die Familien des Hofadels erhielten aus unterschiedlichen Gründen Ländereien zugeteilt, die mit dem jeweiligen Hofrang, dem ausgeübten Amt verbunden waren oder für besondere Verdienste und aus anderen Gründen gegeben wurden. Zumindest die Angehörigen des 1. bis 3. Ranges erhielten dieses Land steuerfrei, für die unteren Ränge galt Steuernachlaß und Befreiung von den Frondiensten[2]. Im Zusammenhang mit der zunehmenden Vererbbarkeit der Regierungsämter und der damit verbundenen Felder entwickelte sich eine Anschauung, die solches Land als Besitz der jeweiligen Familie verstand. An solchen Besitzungen der Tempel und des Hofadels konnte sich der Begriff eines rechtmäßigen privaten Landbesitzes entwickeln, wie er seit der Taika-Reform eigentlich nicht vorgesehen war.

b) Die Entwicklung des *shōen*

Eine einheitliche Form des *shōen* gab es nicht. Vielmehr bestanden regional und zeitlich erhebliche Unterschiede in der Organisation wie in der Terminologie. Ungeachtet aller Unterschiede aber hat es allen Bereichen des wirtschaftlichen Lebens seinen Stempel aufgeprägt. Ihre Entstehung verdankten die meisten *shōen* der privaten Kultivierung neuen Ackerlandes, wie sie durch die Anerkennung neuen Landes als Privatbsitz im Jahre 743 gefördert wurde. Ebenso war es von Belang, daß die einer Familie des Volkes zugeteilte Ackerfläche für deren Versorgung nicht ausreichte, daß die Belastung durch Fron- und insbesondere Militärdienste ihre Existenzgrundlage zerstören konnte[3]. So war im Volk die Nei-

---

[2] Nach Asakawa (1), S. 297 genossen alle oberhalb des 8. Ranges Steuerfreiheit, vgl. auch Dettmer (5), S. 35-37.

[3] Takigawa S. 78f. hat errechnet, daß der Ertrag der zugeteilten Felder ohne Berücksichtigung der Steuern nur die Nahrung für drei Fünftel eines Jahres sicherte: vgl. auch die Berechnungen, die Sawada Goichi S. 611-619 für den Bedarf eines Durchschnittshaushaltes anstellt.

gung groß, sich den allzu drückenden Lasten durch Flucht zu entziehen. Hier fanden die Adelsfamilien und Tempel die für die Kultivierung von Ackerland und dessen spätere Bearbeitung benötigten Arbeitskräfte.

In den Provinzen waren es die Angehörigen des einflußreichen Lokaladels, die entweder schon lange dort ansässig waren oder nach der Dienstzeit in der Provinzialverwaltung dort blieben und sich durch Kultivierung oder auf andere Weise Landbesitz verschafften oder vorhandenen vermehrten. Sie nützten dazu nicht nur die Autorität ihres Amtes oder ihrer gesellschaftlichen Stellung, sondern griffen häufig auch zu ungesetzlichen Mitteln oder nutzten die Zahlungsunfähigkeit ihrer Schuldner. Daneben gab es auch Erschließungen in kleinem Umfang durch Familien unterer Schichten, doch spielten die mächtigen Familien und Institutionen in der Entwicklung die entscheidende Rolle.

Mit dem Erwerb der Rechtsstellung, die man in Anlehnung an die europäische Entwicklung mit dem Begriff der Immunität bezeichnen kann, erlangte solcher Landbesitz die Eigenschaft eines *shōen*[4]. Diese Immunität umfaßte anfangs vor allem die Steuerfreiheit des Landes, die auf Antrag und nach Prüfung durch die Zentralregierung mit dem *kanshōfu* erteilt wurde, einem Dokument, das genaue Angaben hinsichtlich des betroffenen Landes enthielt[5]. Seit dem 10. Jahrhundert wurde als neue Form das durch Übertragung gebildete *shōen* vorherrschend, in dem auch die meisten älteren *shōen* aufgingen[6]. In einer Zeit allgemeiner Unsicherheit, in der der Besitz auf vielerlei Weise, besonders durch die Übergriffe der mächtigen Familien oder Beamten in den Provinzen bedroht war[7], übertrugen die Eigentümer ihre Rechte auf einen Schutzherren, dessen Autorität ihnen Sicherheit bot. Da sich die Schutzherren nicht in die Verwaltung der *shōen* einmischten, sondern nur Ansprüche auf einen Anteil aus deren Erträgen geltend machten, überwog die so gewonnene Sicherheit den Verlust an Rechten für die ursprünglichen Grundherren.

So entstand die Abfolge von Ämtern und damit verbundenen Rechten, *shiki*, die für die vollentwickelte Form des *shōen* kennzeichnend ist. Auf den Schutzherren, *ryōke*, an der Spitze folgte der ursprüngliche,

---

[4] Darunter kann allerdings nur ein klar umrissener Rechtsstatus verstanden werden, wie er nachstehend skizziert wird, keinesfalls jedoch eine weitergehende Übereinstimmung.

[5] Für das frühe *shōen* mußte die Steuerfreiheit nicht unbedingt ein bestimmendes Merkmal sein, wiewohl zumindest teilweise Steuerfreiheit in den meisten Fällen gegeben war; vgl. Elizabeth Sato, S. 96.

[6] Auch hier liegt es nahe, den in Europa entwickelten Begriff der Kommendation zu verwenden, doch muß dabei beachtet werden, daß damit im Fall des shōen nur ein Abhängigkeits-, keinesfalls aber ein Gefolgschaftsverhältnis im Sinne eines Lehens verbunden war.

[7] Yamamura (6), S. 363-369 schildert einen solchen Fall für das 11./12. Jahrhundert.

landsässige Grundherr, *ryōshu*, nun meist *shōkan* oder *shōke* genannt, der das *shōen* verwaltete[8]. Die eigentliche Arbeit wurde von den Angehörigen der unteren Schichten geleistet, die in der Regel durch kleinere Grundbesitzer innerhalb des *shōen*, die *tato* und *myōshu* (vgl. o., S. 32), organisiert und überwacht wurden. Auch der Schutzherr konnte die Eigentumsrechte auf einen noch Mächtigeren, den *honke* oder Patron, übertragen. Mit all diesen Funktionen waren bestimmte, allerdings unterschiedlich gewichtige Rechte auf Nutzung oder Anteile an den Erträgen des Landes verbunden.

Mit dem Beginn des 11. Jahrhunderts wurde die Rechtsstellung des *shōen* weiter verstärkt, als das bis dahin nur in einzelnen Fällen gültige Introitus-Verbot, das Verbot für Regierungsbeamte, das *shōen* zu betreten, allmählich von allen *shōen* als Recht erworben wurde. Damit umfaßte die bis dahin nur als Steuerfreiheit verstandene Immunität die volle Verwaltungshoheit für den *shōen*-Verwalter einschließlich der Jurisdiktion über Land und Leute (kam also der Exemtion nahe) und machte das *shōen* zu einer weitgehend selbständigen Einheit wirtschaftlicher Produktion. In dieser Form konnte es bis in den Ōnin-Krieg hinein fortauern.

Indessen war das *shōen* nicht die einzige Form der Landbewirtschaftung. Daneben bestanden vielmehr Ländereien, die zwar in ihrer Verwaltungsstruktur nicht mehr dem staatlichen Land des absolutistischen Staates entsprachen, die aber darin, daß sie nicht zu einem *shōen* gehörten und die Provinzgouverneure von ihnen Steuern und Frondienste einfordern konnten, noch eine stärkere Ähnlichkeit mit diesem aufwiesen (vgl. Nagahara (1) und die dort aufgeführte Literatur). Faktisch waren diese als *kokugaryō* bezeichneten Ländereien jedoch Besitz der Provinzgouverneure und der häufig aus einflußreichen lokalen Familien stammenden geschäftsführenden Provinzbeamten, der mit der ausgehenden Heian-Zeit häufig in den Kriegerstand aufgestiegenen *zaichō kanjin*, und wurden wie *shōen* bewirtschaftet. Der Umfang solcher Ländereien wird auf mehr als 25 bis 29 Prozent allen kultivierten Landes geschätzt. Er soll in manchen Provinzen 50 Prozent erreicht haben (Nagahara (1), S. 274).

Wirtschaftliche Basis für Hofadel und Tempel auf der einen Seite, war das *shōen* zugleich die Machtgrundlage des Kriegerstandes. So war das Shogunat zum einen Grundherr mit umfangreichem Grundbesitz. Zum anderen standen ihm mit den seit 1185 eingesetzten *shugo*, Militärgouverneuren, und *jitō*, Vögten, umfassende Kontrollmöglichkeiten über und Einkünfte aus *shōen* und *kokugaryō* zu Gebote. Bereits mit dem Ende des 13. Jahrhunderts jedoch begannen die in diesen Funktionen entsand-

[8] Diese Titel waren jedoch nicht auf ihn beschränkt, sondern bezeichneten auch andere an der Verwaltung Beteiligte.

ten Gefolgsleute ihre Bindungen an das Shogunat zu lockern. Die den lokalen Beamten und *shōen*-Verwaltern zur Seite gestellten Vögte zogen die Verwaltung der *shōen* völlig an sich und forderten höhere Anteile aus deren Erträgen. Um die Mitte des 14. Jahrhunderts hatten die *shōen*-Grundherren ihren Einfluß auf die *shōen* verloren und waren in ihren Einkünften von den Vögten abhängig.

Die zur polizeilichen und militärischen Überwachung eingesetzten Militärgouverneure brachten ihrerseits die Vögte in ihre Abhängigkeit. Insbesondere durch das Recht, von den Einkünften der nicht auf ihrem Besitz lebenden *shōen*-Grundherren die Hälfte einzubehalten, setzten sie ihre Herrschaft über das Land durch und wurden zu *shugo daimyō*. Der damit eingeleitete Zerfall des Reiches wurde durch den Ōnin-Krieg besiegelt, mit dem die Sengoku-Zeit begann und die Militärgouverneure von den Sengoku-daimyō verdrängt wurden. Diese hoben innerhalb ihres Territorialbesitzes die *shōen* auf.

c) Die Wirkungen des *shōen* auf die Wirtschaft

Durch seine Funktion als vorherrschende Form der wirtschaftlichen Nutzung des Landes wurde das *shōen* zum bestimmenden Element, so daß nach Miyamoto seit dem 11. Jahrhundert die japanische Gesellschaft als *shōen*-Gesellschaft bezeichnet werden kann (Miyamato (2), S. 21). Als kleinere und daher leichter überschaubare wirtschaftliche Grundeinheit hatte das *shōen* zahlreiche Vorzüge. Durch die Rechte und Pflichten der *shiki* bot es allen Beteiligten Sicherheit. Für die *shōen*-Grundherren stellte es eine von der Stabilität des Staates unabhängige Einkommensquelle dar. Den lokalen Landbesitzern sicherte es die wirtschaftliche Basis ihrer lokalen Macht. Den Bearbeitern gab es trotz ihrer nur gering ausgeprägten Rechte Schutz vor der Willkür der Beamten und Sicherheit im Anspruch auf den bearbeiteten Boden. Daneben bot es bessere Möglichkeiten, die Arbeit zu organisieren, als dies in den unüberschaubar großen Provinzen und Distrikten des absolutistischen Staates möglich war. Die Produktionssteigerung schließlich erlaubte die Verselbständigung kleiner und mittlerer Bauern und ließ um den Beginn des 14. Jahrhunderts die Bewirtschaftung auf der Grundlage der Namensfelder, *myōden*, und unter der Kontrolle ihrer Eigner, der *myōshu*, verfallen.

Im Ackerbau hatte das *shōen* als Grundeinheit der Produktion weitreichende Folgen. Die unter der Kontrolle des absolutistischen Staates in allen Bereichen vorherrschende extensive Bewirtschaftung wurde abgelöst. Bau, Unterhalt und Reparatur der Bewässerungsanlagen, bisher in den Händen der Beamten, gingen mit dem Niedergang des Staates an die Grundherren und landsässigen Eigner über. Die bisher vorherrschenden, umfangreichen Einrichtungen, die ebenso wie Fluß- und Wasserbauten über große Entfernungen hinweg die Grenzen der *shōen* überschritten, zerfielen. An ihre Stelle traten Anlagen, die dem *shōen* in der Größe entsprachen. Davon war auch das den bisherigen Anlagen angepaßte *jōri*-System der Felder in den Ebenen betroffen, und die in Tälern oder auf Terrassen angelegten Felder, die aus kleineren Anlagen bewässert wurden, gewannen an Bedeutung. Die Konzentration der Neulanderschließung auf kleinere Flächen verdeutlicht die Hinwendung zur Intensivierung ebenso wie der zunehmende Gebrauch von Düngern. Es sollte bis zur Zeit der Sengoku-daimyō dauern, bis wieder größere Bewässerungsbauten, insbesondere umfangreiche Flußbauten sowie Kultivierungsunternehmungen in Angriff genommen wurden.

Im gewerblichen Bereich kam das *shōen* den Bedürfnissen an handwerklichen Produkten mehr entgegen als die vom Staat beherrschten Produktionsweisen, die nur auf die staatlichen Belange ausgerichtet waren. Die Grundherren ließen nach ihren Bedürfnissen zahlreiche Waren in den *shōen* erzeugen und abliefern. Sie siedelten dafür auch mit Feldern ausgestattete Handwerker in den *shōen* an. Damit förderten sie die handwerkliche Produktion auf dem Lande, deren Erzeugnisse auch anderen zugutekamen, und schufen so die Grundlage für die Verselbständigung des Handwerks, die mit der wachsenden Nachfrage möglich wurde. Durch den Verkauf von *shōen*-Erzeugnissen wurde der Handel in vielfältiger Weise angeregt, sei es, daß die Grundherren überschüssige Waren auf den Markt bringen ließen oder daß kleinere Grundherren, die sich nicht vollständig aus ihren *shōen* versorgen konnten, dort für den Markt bestimmte Produkte herstellen ließen. Durch ihren Verkauf verschafften sie sich die für den Erwerb anderer Waren benötigten Mittel. Daraus ergaben sich Anstöße für eine weitere Belebung der Märkte in den zentralen Städten, besonders in Nara, Heiankyō und deren Umland, und für die in den *shōen* eingerichteten Märkte. Der Handel auf diesen Märkten wurde zum wichtigsten Element der Entwicklung des Warenverkehrs und übertraf den durch die Lieferung der Abgaben an die Grundherren gebildeten Warenstrom. Auch die von den *shōen*-Grundherren veranlaßte Umwandlung der Naturalabgaben in Geld belebte Handel und Geldverkehr.

2. *Landesausbau*

a) Der Umfang der Neulanderschließung

Die häufig anzutreffende Feststellung, nach der in der Kamakura- und Muromachi-Zeit die Zunahme des Ackerlandes nur gering gewesen sei, entbehrt nicht einer gewissen Wahrscheinlichkeit. War doch neben den

Aktivitäten des absolutistischen Staates, dem Menschen und Mittel in großem Umfang zur Verfügung standen, die Kultivierung neuen Ackerlandes die wichtigste Wurzel für die Bildung der *shōen*. Die dadurch bewirkten Anstrengungen führten dazu, daß sich in vielen Gebieten das mit den verfügbaren technischen Mitteln kultivierbare Land erschöpfte und der weitere Landesausbau dadurch beschränkt wurde.

Dem scheint auch das vorhandene Zahlenmaterial zu entsprechen. Das von Minamoto no Shitagō (911-983) zwischen 931 und 937 verfaßte Wamyō ruijūshō, die einzige Quelle für Angaben zur Ackerfläche im Japan des 10. Jahrhunderts, gibt für diese Zeit einen Bestand von mehr als 862 000 *chōbu* an Naßfeldern an, das entspräche etwa 675 118 bis 735 889 ha (s. Minamoto Bd. 5, S. 10-21f.; die Umrechnung erfolgt wieder nach Nachod, vgl. o., S. 30). Demgegenüber nennt das im 13. Jahrhundert entstandene Shūgaishō eine Ackerfläche von über 946 000 *chōbu*, so daß für eine Zeit von mehr als 350 Jahren ein Zuwachs von nur etwa 84 000 *chōbu*, zwischen 65 788 und 71 710 ha nach dem gleichen Umrechnungsmodus, zu verzeichnen wäre (s. *Shūgaishō*, S. 409-418; Fukutomi S. 300 nimmt als Entstehungszeit des *Shūgaishō* den Beginn der Muromachi-Zeit an und kommt so auf einen Zeitabstand von etwa 400 Jahren). Indessen ist die aus diesem Vergleich gefolgerte Annahme einer Stagnation im Landesausbau fragwürdig und mit anderen Faktoren der wirtschaftlichen Entwicklung nur schwer in Einklang zu bringen.

Zumindest die Steigerung der Produktivität im Ackerbau, die in den östlichen Provinzen als Grundlage der Kriegerherrschaft zu erkennen ist, läßt sich unter der Annahme eines starken Rückganges im Landesausbau kaum erklären. Ebenso ist in den westlichen Provinzen die Zuwanderung von Kriegern und ihre Umformung in landsässige Grundherren auf der Grundlage der Intensivierung des Ackerbaus allein nicht zu erklären (vgl. dazu bes. Fukutomi).

Indessen sind die Ergebnisse des Vergleiches zwischen den beiden Quellen auch aufgrund der Tradition des Shūgaishō zweifelhaft. Zwar ist seine Existenz für das Jahr 1294 zuverlässig belegt, auch die Verläßlichkeit seiner Angaben für das 10. Jahrhundert ist durch Vergleiche mit dem Engishiki überprüfbar. Da es aber offenbar mehrfach bearbeitet wurde und seine heutige Form kaum dem ursprünglichen Text entspricht, kann die gleichen Zuverlässigkeit nicht für alle anderen Angaben in der gleichen Weise vorausgesetzt werden (Zu seiner Bewertung s. Dettmer (1), S. 113). Doch selbst wenn man die Angaben für das ausgehende 13. Jahrhundert als zuverlässig annimmt, bleibt angesichts des großen zeitlichen Abstandes der Vergleich der Angaben beider Quellen fragwürdig. Weder ist die Grundlage bekannt, auf der die Zahlen ermittelt wurden, noch darf als sicher gelten, daß die Maßeinheiten bei gleicher Bezeichnung im Gehalt übereinstimmen (so sind auch die oben angegebenen, umgerechneten Werte in ha nur sehr grobe Näherungswerte). Abgesehen von solchen Einschränkungen gilt es schließlich auch zu berücksichtigen, daß auch die regionalen Unterschiede in der wirtschaftlichen und technischen Entwicklung in der Art und Weise des Landesausbaus in Erscheinung traten.

b) Die Formen der Kultivierung

Für das Kinai wird die Annahme gewiß zutreffen, daß bis zum 10./11. Jahrhundert die kultivierbaren Flächen weitgehend ausgeschöpft, neues Ackerland nur mit erheblich höherem technischen Aufwand zu erschließen war, zumal die *shōen* nicht über die Möglichkeit verfügten, Arbeitskräfte im gleichen Umfang wie der absolutistische Staat zu organisieren. Die Grenzen einzelner *shōen* überschreitende Unternehmungen wurden durch vorhandene Interessengegensätze verhindert. Hier betrieben daher die Verwalter der *shōen* und die *myōshu*, aber auch — ein deutliches Kennzeichen für die Veränderung der dörflichen Strukturen — die Angehörigen bäuerlicher Unterschichten die Kultivierung neuer Böden. Diese hatte einen geringen Umfang, sie machte besonders im 14. Jahrhundert in den meisten Fällen nur Flächen zwischen 10 und 20 a aus und überschritt selten 1 bis 2 ha (Beispiele s. bei Miyamoto (2), S. 29).

Stattdessen wurde hier der innere Landesausbau vorangetrieben. Dies betraf auf der einen Seite die Flächen, die bisher nicht regelmäßig bestellt, sondern nach zwei bis drei Jahren des Anbaus für zwei bis zehn Jahre ungenutzt blieben. Diese als jahresweise wüst, *nenkō*, bezeichneten Felder waren also stets nur teilweise unter Kultur, während der übrige Teil brach lag. Sie verschwanden aber alle bis zum beginnenden 14. Jahrhundert. Da sie indessen in ihrer gesamten Fläche zum Ackerland zählten, obgleich Erträge nur von den jeweils bebauten Teilen erwartet werden konnten, ist es denkbar, daß sie auch im gesamten Umfang in den Angaben des Wamyō ruijūshō enthalten sind. Die aus diesem Grunde von den Angaben des Wamyō ruijūshō abzuziehende Fläche beträgt nach der Annahme Fukutomi Terunaos 40 Prozent (Fukutomi S. 302). Sie wurde erst bis zum 14. Jahrhundert für eine ständige Bewirtschaftung erschlossen.

Bei der Häufigkeit der Taifune mit ihren umfangreichen Niederschlägen waren außerdem angesichts der noch äußerst unzureichenden Schutzanlagen die Folgen der Überschwemmungen verheerend. Felder wurden weggeschwemmt, Bewässerungsanlagen zerstört. So richtete sich das Augenmerk der *shōen*-Verwalter und Bauern häufig auf die Rekultivierung zerstörter Äcker, die oft genug viel Arbeit kostete, sich über mehrere Jahre erstreckte und vom Aufwand her häufig einer Neukultivierung gleichkam.

In den Randzonen des Kinai, wo die Gemengelage verschiedener *shōen* weniger häufig als im übrigen Kinai und wo das Land knapp war, läßt sich etwa mit der späten Kamakura-Zeit eine äußerst kleinflächige Kultivierung feststellen, die als Kennzeichen dafür gelten kann, daß die Böden in den Ebenen bereits weitgehend kultiviert waren. Sie entsprach zudem von den nötigen Bewässerungsanlagen wie von ihrem Umfang her besser den Möglichkeiten der Grundherren oder der Bauern. In den meist engen Tälern am Fuß des Berglandes wurde in der Tiefe des Tales eine Stauteich angelegt, von dem die talab auf meist steil abfallendem Gelände in schmalen Terrassen angelegten kleinen Felder bewässert wurden. Hōgetsu Keigo weist darauf hin, daß in dieser Zeit in den Provinzen Kii, Yamashiro, im Bergland von Yamato, in Izumi und Ōmi der Begriff *semachi* als Einheit für kleine Felder unter 1 *tan* Fläche auftauchte und bis in die Muromachi-Zeit häufig gebraucht wurde. Dies mag ein Hinweis darauf sein, daß mit dem Auftreten dieses Begriffes im 14. Jahrhundert die Kultivierung solcher sehr kleiner Felder ihren Anfang nahm (Hōgetsu S. 86).

Anders als in den zentralen Regionen war in den abgelegeneren Gebieten, allen voran in den östlichen Provinzen, in einem deutlichen Zusammenhang mit der verspäteten Entwicklung des *shōen*-Systems die Erschließung von Ackerland noch nicht soweit fortgeschritten und noch ein beträchtlicher Teil an Land unkultiviert geblieben. Hier lagen, auch unter dem gesellschaftlichen Aspekt einer noch starken Abhängigkeit der Bauern, die Schwerpunkte des umfangreichen Landesausbaus. Besonders im Kantō, wo das Kamakura-Shogunat seine Machtbasis hatte, gab dieses mehrfach seit dem ausgehenden 12. Jahrhundert den *jitō* den Befehl zur Neulandkultivierung; zum ersten Mal erging dieser Befehl durch Minamoto Yoritomo (1147-1199) schon 1189, noch vor der Errichtung des Shogunats.

In Kyūshū, wo die Verhältnisse ähnlich lagen, sind ebenso besonders im 13. Jahrhundert umfangreiche Flächen kultiviert worden, wobei auch durch Steuererlaß für das erste Jahr des Anbaus und durch allmähliche Anpassung an den endgültigen Steuersatz ein zusätzlicher Anreiz geschaffen wurde. Träger waren auch hier die *jitō*, Vasallen des Shogunats und große Kriegerfamilien.

c) Bewässerung

Während im Kantō und den anderen Gebieten entsprechend der großflächigen Kultivierung auch Bewässerungsanlagen in großem Maßstab erforderlich waren, wurde das Kinai mit der sehr kleinräumigen Erschließung neuen Ackerlandes zum Ausgangspunkt für die Veränderung der Bewässerungstechniken. Dabei galt es, ein doppeltes Problem zu lösen, nämlich die möglichst wirksame Nutzung des verfügbaren Wassers und die den unterschiedlichen Rechten der beteiligten Nutzer, der *shōen*, entsprechende, gerechte Verteilung des Wassers. So wurden im wesentlichen zwei Verteilungsverfahren entwickelt. Das eine beruhte auf der zeitlichen Zuteilung von Wasser, die nach den jeweiligen Wasserrechten länger oder kürzer dauerte und durch das Öffnen und Schließen der Bewässerungskanäle in einer festgelegten Reihenfolge erreicht wurde. Ein anderes Verfahren stützte sich auf die ständige Zuteilung durch Regelung der zufließenden Wassermenge. Dafür wurde an den Abzweigungen der Bewässerungskanäle ein Pegel gesetzt, an dem sich die Wassertiefe zur Regelung ablesen ließ. Auch die Anwendung einer Schleuse, deren Öffnung mit einem Laden verändert werden konnte, erlaubte die genaue Regulierung der abfließenden Wassermenge. Solche Schleusen sind beispielsweise aus dem Westen von Kyōto bekannt, wo am Katsura-Fluß auf einer Strecke von nur wenigen Kilometern 16 Wehre errichtet waren, die das Wasser aufstauten und so ein Ableiten des Wassers in Gräben und Rinnen ermöglichten.

Diese quer zum Fluß angelegten Wehre waren aus unbehauenen Steinen aufgeschichtet, vermutlich auch als eine Maßregel, mit der die Gefahr einer Zerstörung durch Hochwasser verringert werden sollte. In erster Linie aber wird dies als eine Verfahrensweise angesehen, die das völlige Aufstauen des Wassers verhindern sollte, da sonst die flußabwärts gelegenen Nutzer von der Wasserversorgung abgeschnitten wurden. Ein Wehr durfte aus diesem Grunde nicht mit Schlamm abgedichtet werden.

In der ersten Hälfte des 15. Jahrhunderts scheint auch das Wasserrad für die Förderung des Wassers in höher gelegene Felder aufgetreten zu sein. In solchen Fällen war es bislang üblich gewesen, zum Ausgleich des Höhenunterschiedes das Wasser weiter oberhalb aus dem Fluß abzuleiten und in einem Graben oder einer Holzrinne weiterzuführen. Schon 829 hatte die Zentralregierung versucht, das mit menschlicher oder tierischer Kraft angetriebene Wasserrad nach chinesischem Vorbild in Japan zu verbreiten und sogar Beihilfen für die Errichtung zugesichert (S. *Ruijū sandai kyaku*, Tenchō 6, KT 25, S. 323). Doch entsprachen Anlagen dieser Art nicht den Gegebenheiten in Japan mit seinen meist rasch fließenden Gewässern, wo man zudem das natürliche Gefälle ausnützen konnte. So konnte sich dieses Wasserrad nicht durchsetzen. Das Wasserrad, wie es nunmehr beispielsweise am Yodo- und Katsura-Fluß im Raum von Kyōto gebraucht und von dem koreanischen Gesandten Pak Sŏsaeng bei seinem Aufenthalt in Japan zwischen 1429 und 1440 gesehen und gerühmt wurde — er ließ sich angeblich sogar ein Modell anfertigen, um es nach Korea mitzunehmen (Hōgetsu S. 91) — nutzte die Wasserkraft des Flusses, aus dem es das Wasser förderte.

In welchem Umfang solche auch von einer Darstellung des Ishiyamadera engi emaki aus der Muromachi-Zeit bekannte Wasserräder tatsächlich verbreitet waren, läßt sich schwer abschätzen. Wie die bekannte Episode aus dem bis 1335 entstandenen Tsurezuregusa anzeigt, nach der ein Wasserrad gebaut werden sollte, um Wasser aus dem Ōi-Fluß in den Teich des Kameyama-Palastes zu heben, aber alle Versuche fehlschlugen, bis man jemanden aus dem Ort Uji herbeirief, der sich darauf verstand, ein Wasserrad zu bauen (vgl. Yoshida S. 130f.), war die Technik dazu in der Zeit des Tsurezuregusa selbst im Raum von Kyōto noch wenig bekannt. So dürfte das Gebiet, in dem es sich zur Muromachi-Zeit verbreitet hatte, nur wenig über das Kinai hinausgegangen sein.

3. *Ackerbau*

a) Die allgemeine Lage

Die schon im Zusammenhang mit dem Landesausbau erkennbare wachsende Intensivierung war für den Ackerbau das bestimmende Element. Nachdem die ursprünglich extensive Bewirtschaftung in der Zeit des absolutistischen Staates ihre Grenzen erreicht hatte, wurden die von den *shōen*-Grundherren und zunehmend von einer allgemeinen Nachfrage ausgehenden Anstöße im wesentlichen in der technischen Entwicklung des Ackerbaus wirksam, die angefangen in den zentralen Gebieten sich rasch über das ganze Land ausbreitete.

In ihrer Folge wurde mit dem frühen 14. Jahrhundert eine Steigerung der landwirtschaftlichen Produktion erzielt, die mit dem gesellschaftlichen Wandel in der bäuerlichen Bevölkerung, der schon geschilderten Beteiligung der bäuerlichen Unterschichten an der Kultivierung und dem Zerfall des Systems der Namensfelder einherging.

Ihren hervorragenden Ausdruck fand die technische Entwicklung in der Zweifachernte, heute *nimōsaku* genannt. Hier wirkten alle technischen Verfahren zusammen und erlaubten durch Zeitgewinn und Verbesserung der Fruchtbarkeit eine doppelte Nutzung des verfügbaren Bodens. Dies sicherte die Existenz der kleinen und kleinsten bäuerlichen Betriebe und ermöglichte es dem Ackerbau, den vermehrten Ansprüchen besser Rechnung zu tragen und neben der bäuerlichen Nahrung und den Abgaben für die durch das Hinzukommen der Krieger vergrößerte Schicht der Grundherren auch von der Nachfrage des Marktes geforderte Güter zu erzeugen.

b) Reis und Trockenfeldfrüchte

Beim Reis setzte sich die schon für das 11./12. Jahrhundert festgestellte Entwicklung fort. Neben den bereits genannten Vorteilen ist die offensichtliche Ausbreitung der Sorten mit unterschiedlicher Reifezeit nun insbesondere im Zusammenhang mit der Entwicklung der Zweifachernte zu sehen, bei der die Auswahl der Sorten mit geeigneter Reifezeit für den rechtzeitigen Anbau in der Abfolge der Feldfrüchte und damit für den wirtschaftlichen Erfolg entscheidend war. Aber auch die allgemeine Sortendifferenzierung hatte deutliche Fortschritte gemacht. Neben der Unterscheidung zwischen glutinfreiem und Klebereis sind unter den verschiedenen, nun auch mit ihren Namen überlieferten Reissorten, auch solche benannt, die als besonders geeignet für die Sakebrauerei angesehen wurden.

Wegen ihres großen Erfolges bei den Bauern verdient die Taitōmai oder Tōboshi genannte frühreifende Sorte hervorgehoben zu werden. Aus Annam stammend und über Sung-China nach Japan gelangt, zeichnete sie sich durch lange und schlanke Körner aus. Sie war gegen Schädlinge und Trockenheit wenig empfindlich und brachte äußerst reiche Erträge. Als weiterer Vorzug galt, daß ihre Körner beim Kochen stark aufquollen. Von den wesentlichen Nachteilen, einer hohen Windempfindlichkeit und unzulänglichem Geschmack, sprach in den Augen der Grundherren insbesondere der letztere gegen diese Sorte, und sie setzten daher ihren Wert bei den Abgaben geringer an als den von anderen Reissorten. Für die kleineren Bauern aber überwog der Vorzug, hohe Erträge und damit auch Überschüsse zu erzielen, da sie dadurch ihre Unabhängigkeit festigen konnten. Das dürfte der wichtigste Grund dafür gewesen sein, daß die Sorte Taitōmai besonders in Kyūshū, Shikoku und Chūgoku rasch weite Verbreitung fand.

Neben dem Reis nahmen unter den Bedingungen des Ackerbaus seit dem 12. Jahrhundert Gerste und Weizen eine wichtige Stellung ein. Ursprünglich von den bäuerlichen Oberschichten angebaut, wurden diese nun von der Regierung begünstigt und in wachsender Menge gezogen, um die Versorgung der Bevölkerung zu sichern. Mit der ersten Hälfte des 14. Jahrhunderts war der Anbau von Gerste und Weizen im ganzen Land verbreitet. Außerdem sind besonders verschiedene Bohnenarten wie Sojabohne, Mungobohne und Kuhbohne (*sasage*) zu nennen, die zusammen mit Buchweizen und den verschiedenen Hirsearten die bäuerliche Nahrung ausmachten. Vor allem durch die Existenz dieser Trockenfeldgewächse gewann die Zweifachernte die große Bedeutung, die ihre rasche Verbreitung in ganz Japan bewirkte.

Über den Anbau weiterer Feldfrüchte, insbesondere der Gemüse, wie sie für das frühe 10. Jahrhundert das Engishiki anführt, ist die Frage, in welchem Umfang sie bei den Bauern verbreitet waren, nicht zu beantworten. Auch für die folgenden Jahrhunderte gilt, daß zwar neben Reis und Getreide auch Gemüse und Pflanzen für gewerbliche Rohstoffe angebaut wurden, daß aber über Umfang und Einzelheiten nur spärliche Nachrichten zu erhalten sind. Unter den Abgaben der *shōen*, die direkt der Lebenshaltung der Grundherren dienten, befanden sich je nach den örtlichen Bedingungen auch gewerbliche Produkte oder gesammelte Gewächse und Früchte. Ebenso wurden in einem nicht geringen Umfang auch Gemüse als Abgaben für die Grundherren angebaut, während sie für die bäuerliche Nahrung keine Bedeutung hatten. Für die erste Hälfte des 14. Jahrhunderts nennen die Quellen besonders Melonen, Klettenwurzel, Aubergine, Sprossen von Süßkartoffeln, Rettich und Rüben, Zwiebeln, Möhren und Ingwer. Mit der Verselbständigung der Bauern und der wirtschaftlichen Entwicklung gelangten solche Gemüse auch auf die Märkte in den *shōen* und in den Städten. Das gilt besonders für die Provinzen in der Umgebung von Nara und Kyōto, wo etwa die Melonen aus Yamato, Yamashiro, Ōmi und Tamba zum Verkauf gelangten. Gleichsam als Vorläufer der Kommerzialisierung des Ackerbaus in der frühen Neuzeit veranlaßten schon jetzt die mit solchen Produkten zu erzielenden Einnahmen die Bauern, im Umland größerer Städte den Gemüseanbau zu bevorzugen. Für die erste Hälfte des 16. Jahrhunderts liegen Berichte aus der Umgebung von Kyōto vor, nach denen hier Bauern sogar statt des Reises Gemüse, Indigo und andere Marktgewächse auf den Naßfeldern zogen (vgl. Hōgetsu S. 104).

Auch gewerbliche Rohstoffe wie Hanf und Chinanessel, Indigo und Lack sowie Perilla für Lampenöl entwickelten sich so aus den Abgaben an die Grundherren zur Marktware. Hanf und Chinanessel, die aus klimatischen Gründen vor allem in Kantō und Hokuriku wuchsen, wurden dabei von einer Gilde von Kaufleuten nach Kyōto verfrachtet und dort verkauft. Auch Farbstoffe wie Indigo und chinesischer Flieder, Lack und Ölsaat wurden in einzelnen Gebieten schon frühzeitig für den Handel erzeugt. Der Tee schließlich, seit seiner erneuten Einführung in der Kamakura-Zeit in großem Umfang angebaut, fand eine wachsende Zahl von Liebhabern. Zu seinen wichtigsten Erzeugergebieten gehörten Yamashiro, Yamato, Iga, Suruga und Musashi. Als Artikel des anspruchsvollen Bedarfs gehörte er schon frühzeitig zu den Produkten, die für den Handel von Bedeutung waren.

c) Landwirtschaftliche Geräte

Bei den Feldgeräten sind keine besonderen Fortschritte zu verzeichnen. Hier muß vielmehr dank der allgemeinen gesellschaftlichen und handwerklichen Entwicklung die weite Verbreitung unter den Bauern als förderliches Element für die Entwicklung des Ackerbaus genannt werden. Schon im Zusammenhang mit der gewerblichen Produktion und ihrem Wachstum in der ausgehenden Heian-Zeit wurde erwähnt, daß Schmiede und Gießer sich in den *shōen* niederließen, Versorgungsfelder oder abgabefreie Äcker erhielten und dafür ihre Erzeugnisse, besonders Feldgeräte als Abgabe an die Grundherren lieferten. Mit der Ausbreitung des Geldes und der Geldwirtschaft auch auf dem Lande nahm die Kaufkraft der Bauern zu, während sich andererseits die in den *shōen* ansässigen Handwerker dem Einfluß der Grundherren entzogen und zum Verkauf ihrer Erzeugnisse übergingen. So wurden etwa um die Mitte des 13. Jahrhunderts Ackergeräte nicht mehr durch die Grundherren an die Bauern ausgeliehen, sondern von diesen gekauft. Für den Beginn des 14. Jahrhunderts wird sogar von einem Kaufmann aus Nara berichtet, der in der Provinz Shinano Hacken verkaufte (Hōgetsu S. 100).

Besondere Erwähnung verdient die weite Verbreitung von Pflug und Egge unter den Bauern, durch deren Einsatz die Bestellung der Felder beschleunigt und durch den damit erzielten Zeitgewinn auch die Zweifachernte begünstigt wurde. Auf die Tatsache, daß Rinder und Pferde als Zugtiere im Besitz der Bauern zu finden waren, wurde schon für das 11./12. Jahrhundert hingewiesen (vgl. o., S. 36). Die Meldungen darüber, in welchem Umfang Pferde und Rinder als Zugtiere für Egge und Pflug eingesetzt wurden, nehmen nunmehr deutlich zu und lassen erkennen, daß beide Geräte weitverbreitet im Besitz der Bauern zu finden waren. Das läßt sich besonders auch aus den häufigen Berichten des späten 13. und beginnenden 14. Jahrhunderts entnehmen, die davon handeln, daß Krieger und Grundherren den Bauern solche Ackergeräte sowie Rinder und Pferde gewaltsam wegnahmen[9].

d) Dünger

Der intensive Ackerbau des japanischen Mittelalters und insbesondere die Zweifachernte als dessen konzentrierteste Form setzten Verfahren voraus, die eine rasche Regeneration des Bodens ermöglichten. Hier gewann vor allem die Verwendung von Düngern an Bedeutung, die vom Engishiki im frühen 10. Jahrhundert für die Felder zur Versorgung der kaiserlichen Tafel geschildert wird und die nun allgemeine Verbreitung fand. Für das Ende des 13. und den Beginn des 14. Jahrhunderts sind

---

[9] S. z.B. für das Jahr Shōan 2, 1300, *Kōyasan monjo* 8, *Dainihon komonjo*, Iewake 1, S. 578 und *Iwashimizu monjo* 1, ebd. Iewake 4, S. 418 für das Jahr Kōan 1, 1278.

solche Dünger auch für das Kantō belegt. Am weitesten verbreitet war die Verwendung von Asche, die durch das Verbrennen von Pflanzen, Sträuchern und Bäumen gewonnen und in den Boden eingearbeitet wurde. Daneben wurde auch frisches Grün in Form von Laub und jungen Trieben von Sträuchern und Bäumen oder Gras in die Naßfelder eingestreut und im Schlamm festgetreten. Um die Mitte des 15. Jahrhunderts waren, wie einige Quellenhinweise vermuten lassen, auch Stallmist und Abtrittdünger gebräuchlich geworden (Vgl. Toyoda und Fukutomi S. 352f.)

Da die wichtigsten Stoffe, Pflanzenasche und Gründünger, vor allem aus dem Grasland und den Wäldern des Berglandes gewonnen wurden, hatten die Nutzungsrechte in diesen Gebieten für die Bauern erhebliche Bedeutung. Weil aber gleichzeitig die Wälder von den Grundherren mehr und mehr in privaten Besitz genommen wurden, die für die Bauern den bisher freien Zugang beschränkten und häufig mit einer Abgabe belegten, konnte der Bedarf an Düngern oft nicht ausreichend gedeckt werden. So häuften sich für diese Epoche neben den Auseinandersetzungen um das Wasser für die Bewässerungsanlagen auch die Streitigkeiten um die Nutzung von Wald und Grasland für die Düngergewinnung.

e) Die Zweifachernte

Das herausragende Phänomen im Ackerbau der Epoche war ohne Zweifel die Ausbreitung der Zweifachernte, bei der auf demselben Acker zwei Ernten pro Jahr erzielt wurden. Ihre Entwicklung hing nicht von neuen Agrartechniken ab, sondern vom Zusammenwirken verschiedener Verfahren des Ackerbaus, die in den vorausgegangenen Generationen allmählich entwickelt und verbessert worden waren und nun unter der Notwendigkeit der intensiven Bodennutzung und den Impulsen der Nachfrage im Zusammenhang mit den Möglichkeiten der Zweifachernte eine neue Bedeutung erhielten.

Die Anzucht der Reisschößlinge im Saatbeet beispielsweise, bislang im wesentlichen zur Einsparung von Saatgut und zum Schutz der Saat vor klimatischen Wechselfällen gebräuchlich, ließ nun unter dem Aspekt des Zeitgewinnes neue Vorzüge erkennen, da die Winterfrucht länger auf dem Feld verbleiben konnte, ohne die Erträge des danach angepflanzten Reises zu gefährden. Pflug und Egge halfen, die Feldvorbereitung zu beschleunigen und damit die Zeit zu verkürzen, in der das Feld ungenutzt lag. Die Möglichkeit der Sortenwahl beim Reis zeigte ihre Vorteile nicht nur in der schon erwähnten Anpassung der Reifezeit an den Gesamtablauf im Wirtschaftsjahr, sondern trug ebenso dazu bei, die Arbeitsbelastung in den Spitzenzeiten der sich überschneidenden Ernte und Neubestellung zeitlich zu strecken und so den verfügbaren Arbeitskräften anzupassen.

Die Anfänge der Zweifachernte werden in der Heian-Zeit angenommen (ausführlich dazu Kawane). So lassen sich beispielsweise einige Quellenangaben aus dem 12. Jahrhundert als Hinweise auf ihre Existenz verstehen, denn die hier genannten Erntezeiten für Soja- und Mungobohnen im Oktober/November erscheinen für eine Frühjahrsaussaat zu spät und legen die Annahme eine Aussaat im Sommer nahe. Dies entspräche dem später weithin vorherrschenden Grundmuster einer Abfolge von Weizen oder Gerste und Bohnen bei der Zweifachernte. Die Existenz von Registern für »Sommertrockenfelder«, *natsubata kenchūchō*, wird als Bekräftigung dieser Annahme angeführt, wiewohl die für diese Zeit festgestellte geringe Entwicklung der Anbauverfahren im Trockenfeld im Widerspruch zu der Annahme regelmäßiger Zweifachernten steht (vgl. dazu auch Ōishi, S. 196f.).

Ihre besondere Rolle aber und wohl auch die entsprechende Ausbreitung verdankte die Zweifachernte der starken Zunahme kleiner und kleinster Betriebe mit Flächen von weniger als 0,5 bis 0,9 ha Ackerland in der Kamakura-Zeit, die nur durch eine zweimalige Nutzung im Jahr ausreichend zu bewirtschaften waren. Dies gilt nicht nur für gute Böden, deren Fruchtbarkeit zusätzlich durch Dünger erhalten werden konnte, sondern auch für schlechte Böden. Denn selbst durch die stärkere Nutzung abnehmende Reiserträge wurden durch die Erträge der zweiten Ernte ausgeglichen, so daß sich absolut gesehen eine Ertragssteigerung ergab.

Wie ein Erlaß aus dem Jahre 1264 zeigt, wurde vom Shogunat in Kamakura die Zweifachernte vor allem als Möglichkeit gesehen, die Existenz der kleinbäuerlichen Familien zu sichern. Der Erlaß weist darauf hin, daß in verschiedenen Provinzen die Bauern auf den Naßfeldern, *ta*, nach der Reisernte Gerste oder Weizen, *mugi*, anbauten, die man daher als *tamugi* bezeichnete. Das Shogunat ordnete an, daß die Grundherren im Gegensatz zu ihrem bisherigen Brauch künftig von diesem *tamugi* keine Abgaben erheben, sondern seine Erträge den Bauern zu ihrer eigenen Versorgung lassen sollten. Obwohl sich der Erlaß auf die Provinzen Bizen und Bingo bezieht, lassen doch die Umstände erkennen, daß zumindest im gesamten Setonaikai-Gebiet und wohl auch darüber hinaus die Zweifachernte üblich war (zum Erlaß vgl. Satō und Ikeuchi S. 221, daneben Toyoda (5), S. 349).

Nach der zunehmenden Häufigkeit der Quellenhinweise breitete sich die Zweifachernte vom 13. bis ins 14. Jahrhundert soweit aus, daß sie überall üblich wurde, wo die Möglichkeit dazu bestand. Im Naßfeld wurde nach der Reisernte im Herbst Gerste oder Weizen angesät, die im

Frühsommer des folgenden Jahres geerntet werden konnten, bevor wieder Reis gesetzt wurde. Daneben gab es die Verbindung von Reis mit anderen Getreidearten. Als dritte Möglichkeit kam auch die Kombination von anderen Getreidearten untereinander vor, beispielsweise von Gerste oder Weizen mit Bohnen.

Im Trockenfeld war neben der schon erwähnten Abfolge von Gerste oder Weizen und Bohnen auch die von Bohnen und Buchweizen verbreitet. Erste Hinweise auf eine weitere Steigerung der Erträge durch die Dreifachernte stammen aus der Provinz Bizen vom Jahre 1476, wo von »Sommergerste, Herbstsojabohnen, Buchweizen« die Rede ist (Hōgetsu S. 98 nach Honrenji monjo). Dies ließe sich als die Kombination von Sommergerste mit Sojabohnen oder Buchweizen im Herbst erklären, ebenso aber ist, nach der Meinung von Hōgetsu Keigo, bei den klimatisch günstigen Bedingungen der Provinz Bingo die Deutung einer Abfolge von Gerste, Sojabohnen und Buchweizen denkbar, zumal der letztere eine äußerst kurze Reifezeit hat (Hōgetsu S. 98). Auch für Harima sind Hinweise auf eine mögliche Dreifachernte vorhanden. Als eindeutig belegt aber kann sie durch den Bericht des koreanischen Gesandten Song Huigyong zu Beginn der Muromachi-Zeit gelten, der die gleiche Abfolge von Gerste oder Weizen, Reis und Buchweizen als Dreifachernte in Amagasaki beschreibt (vgl. Pack S. 125).

Im Kantō-Gebiet war die Zweifachernte offenbar zuerst im Trockenfeld üblich, für das sie 1395 erstmals belegt ist, während sie für das Naßfeld erst in der zweiten Hälfte der Muromachi-Zeit allgemein verbreitet gewesen zu sein scheint.

4. *Der Handel*

a) Die allgemeine Entwicklung

Unter der Kontrolle des absolutistischen Staates war für Aktivitäten des Handels nur wenig Raum gewesen. Sieht man vom Tauschhandel auf ländlichen Märkten ab, dessen Umfang schwer abzuschätzen ist, der aber über direkt benötigte und selbst nicht herzustellende Güter wie beispielsweise Salz oder eisernes Werkzeug wenig hinausgegangen sein dürfte, so hatte sich der Handel im wesentlichen auf die beiden hauptstädtischen Märkte beschränkt. Deren Angebot aber wurde vor allem von dem bestimmt, was Verwaltung, Adelshäuser und Tempel feilhielten. Die gemeinsame Herkunft der Waren aus Steuern und Abgaben des staatlichen Systems bedingte darüber hinaus eine gewisse Einheitlichkeit des Angebotes und setzte diesem Grenzen.

Im 10./11. Jahrhundert wurde wirtschaftlich eine allmähliche Herauslösung der Adelsfamilien, Tempel und der ländlichen Grundherren aus dem System des Staates wirksam. Durch den Niedergang der staatlichen Gewalt beschleunigt, bildeten sie auf der Grundlage der von ihnen kontrollierten *shōen* eine Art Hauswirtschaft aus. Diese vervollständigte sich im 12. Jahrhundert mit dem Machtzuwachs der Krieger und der dadurch bedingten Notwendigkeit, eine unabhängige wirtschaftliche Basis zu sichern.

Da mit dem Niedergang des Staates auch die relative Einheitlichkeit der von den Provinzen als Ganzem zu liefernden Steuern verschwand und stattdessen die Abgaben der viel kleineren *shōen* sich nach deren besonderen Bedingungen richteten, nahm sowohl die Vielfalt der Waren, die von den *shōen*-Grundherren angeboten wurden, als auch die der von ihnen auf dem Markt gekauften Güter zu. So wurde die Struktur des Handels von der Seite des Angebotes wie der Nachfrage verändert.

Zugleich verbreiterte sich durch die Steigerung der landwirtschaftlichen Produktion und die Verselbständigung der bäuerlichen Schichten sowie des Handwerks die Grundlage des Handels und förderte die Aktivitäten. Insbesondere die Entwicklung der Gilden, *za*, ließ die ländlichen Märkte mit dem 14. Jahrhundert zunehmen. Die wachsende Neigung der *shōen*-Grundherren, Naturalabgaben durch Geld abzulösen, förderte neben der gesteigerten Produktion das Angebot auf den regionalen Märkten und beschleunigte auch hier die Ausdehnung des Geldverkehrs.

Auf der anderen Seite entwickelte sich durch die landsässigen Grundherren und Kriegerfamilien eine Nachfrage nach Gütern, die nicht in den ländlichen Gebieten produziert wurden. Der Wunsch, die regionale Kontrolle zu verstärken und die Notwendigkeit der Rüstung gegen Unruhen verstärkte die Nachfrage nach Waffen und Kriegsgütern, doch auch höherwertige Textilien und andere gewerbliche Erzeugnisse der zentralen Städte fanden einen wachsenden Kundenkreis. So erwuchs zwischen diesen Städten und den Regionen ein neuer Warenverkehr, dessen Träger in erster Linie die großstädtischen Kaufleute aus Kyōto und Sakai waren. Sie kauften die Steuernaturalien und die überschüssige Produktion auf und waren zugleich in der Lage, die Versorgung mit gewerblichen Produkten des städtischen Handwerks zu übernehmen. So konnte sich ein Handelsverkehr entfalten, der auch die ländlichen Märkte und die Umschlagstellen der Naturalabgaben auf dem Weg zwischen den *shōen* und den *shōen*-Grundherren in den Städten mit einbezog.

b) Der städtische Handel

Regierungsämter, Tennō-Haus und Adelsfamilien sowie die großen Tempel in Kyōto und Nara zogen ihre Einkünfte aus den *shōen*, an denen sie umfangreiche Rechte besaßen. So flossen in diesen beiden Städten große Mengen an Abgaben aus den Provinzen zusammen. Gleiches gilt für Kamakura als Sitz des Shogunats und der von diesem geförderten Tempel. Ihrer aller Wirtschaftsstruktur war im wesentlichen durch die zahlreiche Bevölkerung bestimmt, die von den Abgaben der *shōen* lebte und diesen Städten die Merkmale von Konsumzentren aufprägte.

Die wichtigsten in Kyōto gehandelten Waren umfaßten in und um Kyōto hergestellte oder aus den Regionen stammende Webwaren wie Seide, Seidendamast, Leinen, dazu die hochwertigen aus China eingeführten Textilien, weiter Salz, Fische und andere Meeresprodukte, Lampenöl, Eisenwaren und Waffen. Auch Reis und andere Getreide wurden gehandelt, doch spielten sie infolge der Versorgung aus den Abgaben der *shōen* für den Handel nicht die Rolle, die ihnen als Hauptnahrungsmittel zukam. Schließlich rundeten noch Spezereiwaren und Heilmittel das Angebot ab. Insgesamt wurde der Markt vor allem von den hohen Ansprüchen des Hofadels und der Tempel bestimmt, so daß es sich meist um ein Angebot von hoher Qualität handelte, das die Bedürfnisse stillte, die durch Abgaben aus den eigenen *shōen* nicht oder nicht in der gewünschten Qualität zu befriedigen waren.

Die Belebung des Handels und des Geldumlaufes ließ auch den Geldbedarf der *shōen*-Grundherren zunehmen. Neben den Abgaben, die sie von Kaufmanns- und Handwerkergilden erhoben, verschafften sie sich das benötigte Geld dadurch, daß sie den ihren Eigenbedarf übersteigenden Teil der Abgaben in Kyōto oder schon in den Regionen auf den Markt bringen ließen. Auch solche Waren, die in Kyōto im Handel ohnehin leicht erhältlich waren, wurden so nicht mehr erst in die Hauptstadt gebracht. Außerdem gingen die Grundherren mehr und mehr dazu über, die Naturalabgaben durch Geld abzulösen. Daß unter den so abgelösten Naturalien Textilien besonders häufig waren, ist bei dem Umfang verständlich, in dem in Kyōto selbst hergestellte oder aus China importierte Stoffe durch den Handel erhältlich waren. Auch andere Artikel, wie zum Beispiel Lampenöl, wurden durch organisierten Handel von spezialisierten und in Gilden zusammengefaßten Kaufleuten angeboten.

Die in Kyōto schon früher zu beobachtende Entwicklung des Ladenhandels erfuhr mit der Ausweitung des Angebotes neue Impulse. Insbesondere der Bereich der 4. Straße wurde mit dem Ende des 13. Jahrhunderts zu einem blühenden Kaufmannsviertel, ebenso wurden die 3. und 7. Straße zu Schwerpunkten des Ladenhandels. Naras wirtschaftlicher Rang wurde durch den Umstand begründet, daß hier zahlreiche Tempel als *shōen*-Grundherren Abgaben erhielten. Auch seine Stellung als wichtiger Wallfahrtsort trug zu seiner Bedeutung im Handel bei und verlieh ihm die typische Struktur eines mittelalterlichen *monzenmachi*, einer Tempelstadt, wo täglich Märkte abgehalten wurden. Hier begann sich mit der zweiten Hälfte des 15. Jahrhunderts der Ladenhandel zu entwickeln und den Markthandel abzulösen. Demgegenüber hatte in Kamakura die Entwicklung des Ladenhandels unter der Einwirkung des Kamakura-Shogunats schon verhältnismäßig früh eingesetzt.

c) Ländlicher Handel

Wie schon erwähnt wurde, bestanden auf dem Lande einzelne Märkte schon in der Vor-Taika-Zeit. In der Zeit des absolutistischen Staates wurden von den Provinzialverwaltungen und durch einzelne Grundherren in den *shōen* weitere Märkte eingerichtet. Dem 1063 gegründeten *uma no ichi* in Iwashimizu folgte dort nur wenige Jahre später der *ne no ichi*. Beide Märkte trugen Bezeichnungen, die darauf verweisen, daß sie jeweils am Tag des Pferdes (*uma*) und der Ratte (*ne*) des Kalenderzyklus abgehalten wurden. Andere Beispiele sind der vom Tōdaiji als Grundherren eingerichtete Markt von Minamigō, wo 1176 Waren für buddhistische Zeremonien gehandelt wurden, oder der 1142 erwähnte, dreimal im Monat abgehaltene Markt beim Daigoji auf dem Nordufer des Aeba-Flusses in der Provinz Ōmi (vgl. Sasaki Ginya (2), S. 176f. und Toyoda (1) S. 67).

Die zweite Hälfte des 13. Jahrhunderts darf für die ländlichen Gebiete als die Epoche angesehen werden, in der sich der Markthandel rasch entwickelte. Im Übergang von unregelmäßig abgehaltenen Märkten zu festen Markttagen setzte sich ein Schema durch, das schon bei dem oben erwähnten Daigoji-Markt deutlich wurde. So, wie hier an jedem Tag mit einer Neun, also dem 9., 19. und 29. Tag des Monats Markttag war, hatten viele Marktorte ihre festen Tage mit bestimmten Zahlen wie Drei, Fünf, Acht usw., die sich dann häufig auch in den Ortsnamen der so entstehenden Marktsiedlungen erhalten haben. Es ist jedoch nicht völlig sicher, ob an all diesen Tagen tatsächlich auch Märkte abgehalten wurden, da wenigstens für die Kamakura-Zeit die Belege dafür fehlen. Zumindest für die Märkte in den *shōen* wird stattdessen angenommen, daß diese Tage als mögliche Markttage anzusehen sind, die bei mangelndem Angebot nicht wahrgenommen wurden (Sasaki Ginya (1), S. 79). Erst später, nach Toyodas Meinung in der Nambokuchō-Zeit (1337-1392), wurde das Abhalten von Märkten dreimal im Monat allgemein üblich (Toyoda (1), S. 69).

Begünstigt durch die allgemeinen Verhältnisse begannen sich mit dem 12. Jahrhundert Märkte an wichtigen Orten der Regionen zu entwickeln, solche vor den Toren großer Tempel und Schreine, die nicht nur vom Bedarf der dort lebenden Bevölkerung, sondern ebenso von den Pilgern bestimmt wurden, an den Verwaltungsorten der *shōen* oder der staatlichen Besitzungen, dort, wo Abgaben und Steuern sich sammelten, verschifft, verfrachtet oder entladen wurden. Sie standen unter dem Schutz und der Kontrolle der Grundherren, dienten jedoch nicht nur ihren Bedürfnissen, sondern wurden auch von der bäuerlichen Bevölkerung aufgesucht und genutzt.

Durch Abstimmung der Markttage an benachbarten Orten konnte das Problem konkurrierender Märkte gelöst werden, und sowohl Kaufleute wie Käufer hatten die Möglichkeit, in einem gewissen Umkreis regelmäßig abgehaltene Märkte zu besuchen, die nach wirtschaftlicher Entwicklung und Bedarf in ständigem Wechsel stattfinden konnten. So wurde beispielsweise in Nara neben dem schon früher bestehenden Nordmarkt um 1289 der Südmarkt eingerichtet, dazu kam 1414 der Mittlere Markt, alle drei wurden alternierend abgehalten, bis, begünstigt durch die zentralere Lage, der Mittlere Markt die anderen beiden überflügelte. Doch auch er mußte seine Stellung schließlich dem Neuen Markt abtreten (vgl. Nagashima S. 179-181). Allmählich aber erfolgte die Entwicklung zu den an sechs Tagen im Monat abgehaltenen und deshalb so genannten *rokusai*-Märkten, für die erste Beispiele schon im 14. Jahrhundert erkennbar werden (Toyoda (1), S. 69), die aber insgesamt erst nach dem Ōnin-Krieg gegen Ende des 15. Jahrhunderts allgemein üblich wurden.

Auf den Märkten waren *kariya* genannte, feste Marktbuden errichtet, die während der Markttage genutzt wurden. Mit dem 14. Jahrhundert scheinen sie, nach der Größe zu urteilen, auch als Lager und Wohnung gedient zu haben. Gegen die Zahlung eines Platzgeldes konnten sich die Kaufleute einen festen Platz für ihren Handel mit besonderen Erzeugnissen wie Fisch, Sake, bestimmten Textilien oder Nahrungsmitteln sichern. Der dafür übliche Begriff, *zaseki*, bezeichnete später auch das Recht zum alleinigen Verkauf der jeweiligen Ware durch den Händler, der dafür die Gebühr entrichtet hatte. Die Kaufleute und besonders die Grundherren organisierten den Handel und sorgten durch Marktordnungen dafür, daß die Märkte in geordneten Verhältnissen abgehalten werden konnten. Ihre Regelungen zielten daneben zunehmend auch auf die Stärkung des Marktes selbst, sei es durch das Verbot von Aktivitäten außerhalb des Marktes, sei es durch die Steuerbefreiung von Kaufleuten auf den Märkten.

Neben dem Markthandel bildete sich vorwiegend als eine Saisonbeschäftigung mit dem 10. Jahrhundert der Wanderhandel weiter aus, dessen bekannteste Vertreter die Händler aus Ōmi waren. Zu ihrer Sicherheit meist in Gruppen reisend, betrieben sie ihr Gewerbe vor allem im Gebiet von Ise. Die Kōyahijiri, die Heiligen vom Kōya-Berg, waren ursprünglich Priester, die lehrend durch das Land zogen. Seit dem 14. Jahrhundert boten sie auch Heilkräuter aus Kii feil und wurden später als Händler für vielerlei Waren einschließlich Kleidung bekannt.

d) Die Anfänge des Großhandels

Eine besondere Entwicklung bahnte sich im Zusammenhang mit den Einrichtungen an, die zur Lagerung und Weiterverfrachtung der Abgaben an die *shōen*-Grundherren geschaffen waren. Sie trugen die Bezeichnung *toi*, in Häfen auch *tsuya*. An wichtigen Umschlagstellen des Transports hatten sich durch ihre Existenz Hafen- und Verkehrsorte gebildet, von denen Yodo am Yodo-Fluß, Kizu oder Katsura beispielsweise schon in der Heian-Zeit entstanden, zu denen auch Sakai an der Inlandsee, Sakamoto und Ōtsu am Biwasee, am Japanischen Meer Tsuruga und Obama und am Pazifik Ōminato gehörten. Die für die Verwaltung eingesetzten *toimaru* oder *toishiki* waren ursprünglich *shōen*-Beamte, die jedoch gegen Gebühr auch anderen Grundherren die Nutzung der Einrichtungen des Lagerhauses ermöglichen konnten. Mit der Zunahme der Überweisungen der *shōen*-Abgaben in Geld begannen sich die Verwalter der Lagerhäuser aus der Bindung an die Grundherren und *shōen* zu lösen. Über die von ihnen verwalteten Speicher wurde der Verkauf der Naturalabgaben ins Werk gesetzt und die Abgaben in Geld umgewandelt. Damit wurden die Verwalter zu Kaufleuten, die im Zusammenhang mit ihren Aufgaben auch Geldgeschäfte abzuwickeln begannen und bei ihrem Lagerhaus häufig Herbergen unterhielten.

Begünstigt durch die vorteilhaften Verkehrsverbindungen ihres Standortes wurden die *toimaru* daneben auch als Vermittler im Fernhandel tätig, und die durch solche Aktivitäten aufblühenden Hafen- und Verkehrsorte zogen auch Handwerker an, die das gewerbliche Leben bereicherten. In dem allmählich komplexer werdenden Handelssystem, in dem sich Unterschiede zwischen Aufkäufern, Maklern, Groß- und Einzelhändlern herauszubilden begannen, spielten sie, nun mehr und mehr als Großhändler, *tonya*, bezeichnet, eine wichtige Vermittlerrolle, die in Ansätzen schon die Funktionen ihrer späten Nachfahren, der Großhändler der Tokugawa-Zeit, erkennen läßt. Mit dieser Differenzierung des Handels nämlich, die aus der Verknüpfung der zentralen Städte mit den Regionen entstand, traten in der zweiten Hälfte des 15. Jahrhunderts in Kyōto erstmals solche *tonya* als Großhändler für Salz, Papier, Bauholz und, auf dem Reismarkt der 3. Straße, für Reis in Erscheinung. Ein Beispiel für ihre unterschiedlichen Funktionen bietet auch der Salzhandel in Nara. In Sakai wurde das aus dem Setonaikai-Gebiet eintreffende Salz von einem *toimaru* verfrachtet und durch Speditions-*tonya* an die Gilde der Salzhändler in Nara geliefert, die es zum Teil in ihren Läden feilboten, teilweise aber an die Straßen- und Markthändler weiterverkauften (vgl. dazu Sasaki Ginya (1), S. 132).

Obwohl sich auf diese Weise für verschiedene Handelswaren ein System von Großhandels-*tonya* herauszubilden begann, die sich zwischen dem Erzeugergebiet und den Konsumenten vermittelnd einschalteten, waren sie doch mit ihren Nachfahren in der zweiten Hälfte des 17. Jahrhunderts noch nicht identisch, die in den Funktionen von Aufkäufern, Verfrachtern und Übernahmekaufleuten auftraten und die Waren meist in Kommission verkauften.

e) Außenhandel

Die Unterbrechung des offiziellen Verkehrs mit China im 9. Jahrhundert und das Verbot der privaten Handelsschiffahrt ließen den japanischen Außenhandel deutlich zurückgehen. Auch die Zahl der chinesischen Schiffe, die Häfen auf Kyūshū anliefen, nahm erst im 10. Jahrhundert wieder zu, nachdem in China die Sung-Dynastie an die Macht gekommen war. Seit der ausgehenden Heian-Zeit beteiligten sich offenbar auch wieder japanische Schiffe am Handel mit China. Nach der Errichtung des Kamakura-bakufu gelangte dieser Handel unter die Kontrolle der Kriegerfamilien Shōni und Ōtomo, und eine wachsende Zahl von Schiffen unternahm die Reise teils im Auftrag des Shogunats, teils für Tempel und Adelsfamilien. Die Schiffe brachten vor allem Seidenstoffe wie Damast oder Brokat, Räucherwerk, Bücher, Heilmittel, Keramiken und dergleichen Luxusartikel nach Japan, seit dem 12. Jahrhundert außerdem Kupfermünzen in wachsender Menge. Sie wurden gegen Gold, Silber, Perlen, Schwefel, Quecksilber, Schwerter, Fächer und Lackwaren getauscht. Der Umstand, daß Gold aus Japan exportiert wurde, um Kupfermünzen zu erwerben, mag viel zu dem bis nach Europa gedrungenen Ruf Japans als Goldland beigetragen haben. Der Mangel an eigenen Kupfermünzen, für deren Ausgabe keine zentrale Autorität mehr bestand, machte jedoch diesen Handel für die japanischen Kaufleute und ihre Auftraggeber zu einem einträglichen Geschäft.

Die Bestrebungen des Shogunats, 1254 die Zahl der japanischen Schiffe auf fünf pro Jahr zu beschränken (Azuma kagami 3, S. 193 u.), hatten wenig Erfolg. Die Gewinne aus dem China-Handel im 13. Jahrhundert waren Antrieb genug, dieses Verbot zu umgehen. Ihre Höhe läßt sich auch daran ermessen, daß der Handel nicht nur den Untergang der Sung-Dynastie unbeschadet überstand, sondern unter den Mongolenherrschern selbst dann weiterblühte, als diese 1274 und 1281 versuchten, Japan zu erobern. 1325 führte das Shogunat mit dem angeblichen oder tatsächlichen Ziel, Geld für den Bau des Kenchōji in Kamakura zu beschaffen, 3 000 *kan* (3 Millionen Stück) Kupfermünzen ein, 1341 nahm Ashikaga Takauji (1305-1358) den Bau des Tenryūji in Kyōto zum Anlaß, um 5 000 *kan* zu importieren. Die sogenannten Tenryūji-Schiffe aber, die mit offizieller Erlaubnis des Shogun bis in die zweite

Hälfte des 14. Jahrhunderts im China-Handel aktiv waren, um Mittel für den Bau einer dem Gedächtnis des Go-Daigo Tennō geweihten Halle zu beschaffen, führten eine große Menge chinesischer Kupfermünzen nach Japan ein. Ihre Bedeutung für den wachsenden Handel in Japan ist hoch einzuschätzen.

Nach dem Sturz der Mongolen-Dynastie 1368 wurden die Handelsbeziehungen mit der nachfolgenden Ming-Dynastie durch deren Forderungen und Beschränkungen belastet. Die Ming strebten außenpolitisch die Wiederherstellung der chinesischen Hegemonie in Ostasien an und forderten die Anerkennung ihrer Oberhoheit durch Japan. Zum anderen wurden die sogenannten japanischen Seeräuber, *wakō*, zum Anlaß ständiger Beschwerden. Diese *wakō*, die Handel und Piraterie nebeneinander betrieben, pflegten die chinesischen und koreanischen Küstengebiete bis weit ins Landesinnere heimzusuchen und zu plündern. Daher forderten die Ming von Japan, das Treiben der *wakō* zu unterbinden. Allerdings machten sie dabei keinen Unterschied zwischen Piraterie und friedlichem Handel. Denn auch friedliche Kaufleute, die nur mit der Absicht des Handels chinesische Küsten ansteuerten, verstießen gegen die chinesischen Vorstellungen, die nur einen Tributhandel auf amtlicher Grundlage anerkannten, so daß schon solche friedlichen Kaufleute von den chinesischen Behörden als aufrührerische Banditen angesehen wurden. Auch der Umstand, daß es der koreanischen Yi-Dynastie gelang, die *wakō* mehr an friedlichem Handel zu interessieren als an Seeräuberei (vgl. Brown (4), S. 18f.), zeigt, daß in der Bewertung ihrer Aktivitäten ein deutlicher Spielraum vorhanden ist. Im übrigen war die Bezeichnung *wakō*, japanische Seeräuber, selbst irreführend, da längst nicht alle japanischer Herkunft waren. Vielmehr wird der Anteil der Chinesen unter ihnen als beträchtlich angesehen, es werden Zahlen von 20 bis 30 Prozent genannt; die offizielle Ming-Geschichte schreibt, von zehn *wakō* seien drei Japaner, sieben aber solche gewesen, »die den *wa* (Japanern) nachfolgten« (Ming shih, ch. 322; Jih-pen-ch'uan, ed. SPPY 51, S. 7b). Ob nun das diplomatische Vorgehen der koreanischen Yi der richtigere Weg war oder nur den Erfolg hatte, die Aktivitäten der *wakō* mehr auf Chinas Küsten zu lenken, muß dahingestellt bleiben. In den Augen der Ming stellten sie zweifellos ein beunruhigendes Element dar und blieben noch bis ins 16. Jahrhundert Gegenstand chinesischer Beschwerden. Für die Entwicklung des japanischen Handels freilich waren die Einfuhren der *wakō* an Kupfermünzen und Handelswaren insbesondere mit der Ausdehnung ihrer Aktivitäten nach Südostasien im 15./16. Jahrhundert ein belebendes Element.

Nachdem Ashikaga Yoshimitsu (1358-1408) 1401 durch die Annahme des Titels eines Königs von Japan und die Anwendung der Jahresdevisen der Ming im gegenseitigen Verkehr in chinesischen Augen den formalen Schritt der Anerkennung der chinesischen Oberhoheit vollzogen hatte, stimmten die Ming der Aufnahme offizieller Handelsbeziehungen zu. Diese waren allerdings auf die Entsendung von drei Schiffen innerhalb von zehn Jahren beschränkt. Die Schiffe hatten als Nachweis dafür, daß sie im Auftrag des Shogunats kamen, die Hälfte eines Dokumentes, *kangō*, mitzuführen, das zu der in China verbliebenen Hälfte passen mußte. So hatte der nach Yoshimitsus Tod auch ohne die formale Anerkennung der chinesischen Oberhoheit von den Ming weiter zugelassene Handel den Anstrich eines offiziellen Tributhandels, auch wenn er von Kaufleuten, insbesondere aus Sakai und Hakata, im Auftrag des Shogunats, einzelner Daimyō und verschiedener Tempel betrieben wurde. Vor allem die Daimyō-Häuser Ōuchi und Hosokawa, auf deren Gebiet Hakata und Sakai lagen, zeigten großes Interesse. Ihre daraus erwachsene Rivalität führte mehrfach zu gewaltsamen Auseinandersetzungen, so 1510 zu einem Zusammenstoß in Ningpo, den die chinesischen Behörden zum Anlaß nahmen, den Hafen für japanische Schiffe zu schließen und den Handel abzubrechen. Nach der Wiederaufnahme einige Jahre später beherrschten die Ōuchi den China-Handel, bis dieser nach ihrem Untergang 1551 abbrach.

Die Gewinne aus dem Handel mit China sollen für die Muromachi-Zeit das zwei- bis dreifache des Einsatzes betragen haben (Nakamura Kichiji, S. 57). Unter den aus Japan ausgeführten Waren nahmen noch immer die berühmten japanischen Schwerter eine hervorragende Stellung ein, ebenso war Schwefel in China gefragt, daneben kunstgewerbliche Artikel sowie Sappanholz als Färbemittel und andere aus Südostasien stammende Güter. Im 15. Jahrhundert kam, bei dem hohen Bedarf an Kupfermünzen in Japan etwas überraschend, Kupfer in beträchtlichen Mengen hinzu. Dies hing zum einen mit einer Produktionszunahme im Kupferbergbau zusammen, so daß beispielsweise 1439 898 500 *kin* und 1451 insgesamt 154 500 *kin* nach China ausgeführt wurden (Brown (4), S. 33; eine Umrechnung in westliche Einheiten ist infolge der unterschiedlichen Werte des *kin* zu dieser Zeit nicht möglich. Das moderne *kin* entspricht 600 g). Zugleich ist darin die Folge einer sinkenden Nachfrage nach japanischen Schwertern zu sehen. Schließlich ist auch die starke Beteiligung westjapanischer Daimyō am Handel mit China und Korea zu berücksichtigen, die die wichtigsten Abbaugebiete für Kupfer kontrollierten. Da um diese Zeit, spätestens aber im 16. Jahrhundert in China und Korea ein neues Verfahren entwickelt wurde, um Silber aus Kupfer zu raffinieren, war dies ein weiterer Grund für die große Nachfrage nach dem stark silberhaltigen japanischen Kupfer auf dem Festland (Brown (4), S. 33f.). Zu den Einfuhren gehörten Rohseide,

Seidengewebe, Eisen, Heilmittel und Lackwaren, doch blieben die Kupfermünzen das wichtigste Einfuhrgut.

Neben China wurde unter Vermittlung der Familie Sō, der Herren von Tsushima, seit dem 15. Jahrhundert auch mit Korea ein umfangreicher Austausch betrieben, in den sich Shogunat und Daimyō teilten. Außer Baumwolle, Ginseng und anderen Gütern war auch hier der Erwerb chinesischer Kupfermünzen ein Hauptanliegen, und obwohl die koreanische Regierung mehrfach Versuche unternahm, die Ausfuhr von Münzen zu unterbinden, wurden doch beträchtliche Mengen exportiert, die dazu beitrugen, den Geldumlauf in Japan zu erleichtern. Mit dem 16. Jahrhundert ist jedoch ein deutlicher Rückgang der aus Korea eingeführten Kupfermünzen festzustellen (Brown (4), S. 27). Zu den Ausfuhrgütern zählten Spezereiwaren, Schwefel, Holz von chinesischem Flieder (*murasaki hashidoi*, nordchin. Flieder, Syringa oblata) als Färbemittel, außerdem auch viele Waren aus Südostasien. Handelsverbindungen in diese Regionen bestanden über die Ryūkyū-Inseln. Sie erreichten in ihrem Umfang allerdings noch nicht das Ausmaß des Handels im 16. Jahrhundert und wurden hauptsächlich durch Seeleute der Ryūkyū-Inseln und durch *wakō* aufrechterhalten.

5. *Geld und Kredit*

a) Münzwesen

Nachdem schon in der Zeit des absolutistischen Staates die Ausgabe von Geld durch den Mangel an Kupfer behindert war, wurde sie mit dem Niedergang des Staates völlig unterbrochen, da es für die nächsten Jahrhunderte an einer zentralen Autorität fehlte. Im 11./12. Jahrhundert war der Handel noch nicht sonderlich ausgeprägt, so konnten Reis und auch Seide noch als Zahlungsmittel dienen. Daher war auch die Haltung der Regierung gegenüber dem seit der Errichtung der Sung-Dynastie in China von dort eingeführten Geld zunächst uneinheitlich. Nachdem 1179 Preise in chinesischen Münzen festgesetzt worden waren (Brown (4), S. 11), wurde 1193 mit dem Argument, sie würden die amtlich festgelegten Preise in Unordnung bringen, ihr Gebrauch verboten (Toyoda (1), S. 71). Die Zunahme des Handels indessen ließ Geld immer notwendiger werden, und das Verbot ließ sich nicht durchsetzen, zumal auch das Shogunat sich um die Einfuhr von Münzen bemühte. So nahm mit dem 13. Jahrhundert nicht nur der Umlauf chinesischer Kupfermünzen zu, sie wurden auch seit 1226 gleichsam als gesetzliches Zahlungsmittel behandelt. Abgaben, die etwa den Gilden und Pfandleihern auferlegt oder an den Zollschranken zu entrichten waren, wurden in diesen Münzen erhoben. 1241 wurde der *tansen* eingeführt, eine auf die in *tan* gemessene Größe der Felder bezogene und in Münzen, *sen*, zu bezahlende Abgabe für besondere Gelegenheiten. Der Tōdaiji schließlich zog im Jahre 1280 die Abgaben in Kupfergeld ein (Brown (4), S. 11).

Zusammen mit der raschen Ausbreitung des Gebrauchs von Geld, der Reis und Stoffe bei der Bezahlung endgültig zurückdrängte, wurde in der Besteuerung der Trockenfelder die *kandaka* üblich, eine Maßeinheit, bei der der Landbesitz in der davon zu bezahlenden Abgabe in *kan*, Geldschnüren zu 1 000 Münzen, angegeben wurde, im Gegensatz zur *kokudaka* des 16. Jahrhunderts, die das Ackerland nach der in *koku* (180 l) veranschlagten Ertragshöhe bemaß. Seit der Nambokuchō-Zeit (1337-1392) wurde das *kandaka*-System auf Naß- und Trockenfelder angewandt. Damit wird erkennbar, daß der Geldverkehr einen beträchtlichen Umfang erreicht haben muß. Gold und Silber traten zwar als Geschenk und gelegentlich beim Tausch in Erscheinung, doch waren sie ungemünzt und nicht als Zahlungsmittel gebräuchlich. Dies änderte sich erst gegen die Mitte des 16. Jahrhunderts.

Da es bis in diese Zeit keine zentrale Macht gab, die regulierend in das Währungswesen eingegriffen oder gar eigene Münzen ausgegeben hätte, blieb es bei der Übung, daß Kupfermünzen zur Ergänzung der Geldmenge aus China und Korea eingeführt wurden. Es hat nicht den Anschein, daß die Zurückhaltung des Shogunats bei regulierenden Eingriffen sich negativ ausgewirkt hätte. Nachdem aber die Einfuhren von Kupfergeld über eine so lange Zeit und während mehrerer chinesischer Dynastien ungehindert andauerte und durch das Fehlen gesetzlicher Regelungen und Kontrollen der Münzgebrauch weitgehend frei war, gelangten in der Zeit nicht nur unterschiedliche Stücke in den Verkehr, sondern ebenso nahm die Zahl schlechter Münzen zu. Zu diesen wurden solche gerechnet, deren Legende durch langen Gebrauch abgegriffen war, die *bitarisen*, ebenso aber auch in Japan privat hergestellte oder chinesischen Münzen nachgemachte. So kam es dazu, daß im Geldverkehr bestimmten Münzen gegenüber ein besonderes Vertrauen entstand. Vor allem für die nach der chinesischen Legende Yung-lo t'ung-pao japanisch *eirakusen* genannten Münzen, die 1408 erstmals gegossen worden waren, entwickelte sich eine besondere Vorliebe, während andere Münzen abgelehnt wurden. Diese besonders seit dem letzten Viertel des 15. Jahrhunderts auftretende, *erizeni* genannte Bevorzugung bestimmter Geldstücke machte schließlich obrigkeitliche Regelungen unumgänglich, so daß Shogunat und Daimyō festlegten, welche Münzen als gutes oder schlechtes Geld anzusehen seien. Aufgrund solcher Vorschriften, die mit dem Ende des 15. Jahrhunderts immer häufiger auch japanische Münzen für gutes Geld erklärten und schließlich entsprechend der Bewertung durch den Markt auch Wechselkurse festlegten, läßt sich annehmen, daß mit dieser Zeit die Menge der in Japan hergestellten Münzen beträchtlich anstieg, was mit der Zunahme der Kupferproduktion im japanischen Bergbau übereinstimmen würde.

Mit der Ausgabe der Tenshō koban durch Toyotomi Hideyoshi (1536-1598) im Jahre 1588 wurde die Vereinheitlichung des Geldwesens eingeleitet, die, im 17. Jahrhundert vollendet, der Münzvielfalt ein Ende bereitete (vgl. Brown (4), S. 39). Vorher freilich waren die Sengoku-Daimyō noch mit eigenen Gold- und Silbermünzen hervorgetreten, unter denen die von Takeda Shingen (1521-1573) erstmals ausgegebenen *kōshūkin*, Goldmünzen aus der Provinz Kai, zu den bekanntesten zählen.

b) Geldverkehr und Kredit

Die gegen Ende des 8. Jahrhunderts einem Erlaß der Regierung zu entnehmende Feststellung, daß die Bauern das Geld horteten, das deshalb in der Hauptstadt fehlte (vgl. oben, S. 43), läßt sich für die Zeit des 13. Jahrhunderts keinesfalls treffen. Vielmehr hatten die Ausweitung des Handels und der Geldbedarf zur Folge, daß angesammeltes Kapital aus verschiedenen Quellen nunmehr in der Form von Krediten in den Geldverkehr einbezogen wurde. Die bisher vorwiegend aus Reis bestehenden Darlehen wurden so von Krediten in Geld abgelöst und die schon zur Zeit des absolutistischen Staates vorhandenen Aktivitäten der Tempel und privater Darlehensgeber nahmen zu. Unter diesen Geldverleihern traten die Pfandleiher besonders hervor, für die sich die Bezeichnung *dosō* einbürgerte. Sie gaben hochverzinsliche Darlehen, für die sie als Sicherheit Pfänder an fahrender Habe und Immobilien nahmen, ebenso aber Rechtstitel wie *jitō-* oder *daikanshiki* von den Vögten und ihren lokalen Stellvertretern. Mit dem 13. Jahrhundert wuchs offensichtlich der Geldbedarf bei Kriegern wie Bauern, das Gewerbe der Geldverleiher blühte und ihre Zahl nahm zu.

Die finanziell mißliche Lage des Kriegerstandes nach den Mongoleneinfällen hatte zur Folge, daß sich immer mehr Gefolgsleute des Shogunats bei den Geldverleihern hoch verschuldeten und damit oft ihre als Sicherheit verpfändeten Lehen verloren. Um die damit verbundene Gefahr für den Kriegerstand abzuwenden, griff das Shogunat schließlich im Jahre 1279 zu dem zwar nicht neuen, aber in dieser Form erstmals angewandten Mittel des Schuldenerlasses, *tokusei* (vgl. Brown (3) und Hori). Ausgenommen von dieser Maßnahme waren in diesem Fall allerdings die bei den Pfandleihern aufgenommenen Schulden, ein Umstand, der damit erklärt wird, daß die von den Pfandleihern aufgebrachten Steuern an das Shogunat eine bedeutende Einnahmequelle darstellten, die man durch solche Maßnahmen nicht zum Versiegen bringen wollte.

Die wirtschaftliche Bedeutung der Pfandleiher erfuhr im 14. Jahrhundert durch die Ashikaga eine Anerkennung, als im Kemmu shikimoku ausdrücklich die Förderung der Pfandleiher verfügt und ihr allgemeiner Nutzen unterstrichen wurde (vgl. *Kemmu shikimoku* S. 34 u., übersetzt bei Brown (4), S. 12), auch dies wohl in Anerkennung der von ihnen an das Shogunat geleisteten Abgaben und der Funktion als Finanzagenten der Ashikaga. Für das Volk freilich wurden die Schulden und besonders die hohen Zinsen zu einer mit Unwillen getragenen Last. Die *tokusei ikki*, Aufstände für einen Schuldenerlaß, im 15. Jahrhundert lassen die zunehmende Unzufriedenheit erkennen. Obwohl es vor allem die ländliche Bevölkerung war, die an diesen Aufständen teilnahm (s. beispielsweise die Schilderung des Aufstandes von 1428 bei Brown (4), S. 47f.), scheinen doch zumindest in einzelnen Fällen auch Krieger und Angehörige des Hofadels in Kyōto beteiligt gewesen zu sein, da zum Beispiel der Aufstand von 1441, wohl der schwerste dieser Art, erst endete, als auch für diese Gruppen ein Schuldenerlaß verkündet war (vgl. Davis S. 227f.). Die Häufigkeit solcher Aufstände läßt Rückschlüsse auf die Ausweitung der Tätigkeit der Pfandleiher zu und verdeutlicht, daß die hohen Zinsen, die auf die Kredite gefordert wurden, eine Rückzahlung der Darlehen fast unmöglich machten. Umgekehrt versuchten die Pfandleiher in den hohen Zinsen einen Ausgleich für die häufige Praxis des Schuldenerlasses und die dadurch bedingten Verluste zu schaffen. Es gelang ihnen so, sich durch verschiedene Maßnahmen zu schützen und ihre Stellung in Wirtschaft und Gesellschaft auszubauen.

Die Beteiligung der Tempel am Kreditgeschäft wurde schon in dem Erlaß von 784 deutlich, der ihre ungesetzlichen Praktiken rügte (vgl. oben, S. 47). Im 15. Jahrhundert wuchs die Zahl der Tempel und Schreine, die sich diesem Geschäft zuwandten, da ihre Kredite zu dieser Zeit von den Schuldenerlassen ausdrücklich ausgenommen waren, solange sie, wie eine solche Verfügung von 1454 festlegte (Brown (4), S. 52), nicht mehr als 2 Prozent Zinsen pro Monat forderten. Trotz dieser niedrigen Zinssätze, die der Pfandleiher überstiegen um diese Zeit häufig 100 Prozent im Jahr (dies läßt ein Erlaß von 1466 erkennen, der dies rügt; vgl. Brown (4) S. 49), waren die oft hohe Summen umfassenden Kredite der Tempel eine einträgliche Verdienstquelle. Obwohl von einzelnen Priestern abgelehnt, wurden sie auch weiter genutzt, als im 16. Jahrhundert die Praxis der Schuldenerlasse außer Gebrauch kam.

Ihre Fertigkeiten in Finanzangelegenheiten dokumentierte die Geistlichkeit auch auf dem Gebiet des Geldverkehrs in der Verwendung des etwa im 13. Jahrhundert aufgekommenen Wechsels. Zumindest läßt dies das erste erhaltene Exemplar eines Wechsels annehmen, der vom Kōyasan-Tempel für einen nach Kamakura reisenden Mönch ausgestellt ist (Brown (4), S. 13). Diese Art des Geldverkehrs entwickelte sich zu einem häufig genutzten Mittel, zumal auch der Wechsel von dem Schuldenerlaß des Jahres 1297 ausgenommen blieb; allerdings durften keine Zinsen erhoben werden, um dieses Schutzes teilhaftig zu werden — eine Bedingung, die sich auch umgehen ließ.

Die Vorteile, insbesondere die Sicherheit bei Geldüberweisungen, die der Wechsel mit sich brachte, waren wohl auch der Hauptantrieb für seine rasche Ausbreitung. Im 14. Jahrhundert erfolgten auch die Überweisung von Steuern durch Gefolgsleute an das *Shogunat* in Muromachi oder Überweisungen zwischen Tempeln und ihren Besitzungen oder Zweigtempeln im allgemeinen mit dem Wechsel. Besonders die Tempel beherrschten diese Form des Finanzgeschäftes. Mit dem 14. Jahrhundert beteiligten sich auch die *toimaru*, die ursprünglich als Verwalter der *shōen*-Lagerhäuser tätigen Kaufleute am Wechselgeschäft (vgl. Teikin ōrai S. 620). Sowohl ihre ursprüngliche Aufgabe, die auch die Vermarktung der Naturalabgaben aus den *shōen* und die Überweisung der Erlöse an die *shōen*-Grundherren umfaßte als auch, in Ausweitung ihrer Tätigkeit, die Beteiligung am Handel und die Verbindungen zum Fernhandel begründeten, ihr Interesse an diesem Instrument des Geldverkehrs. Das teilweise umfangreiche Kapital, das sie durch ihre Geschäfte erworben hatten, gab ihnen die Möglichkeit, sich hier mit großem Erfolg zu betätigen und zur Hauptkonkurrenz der Tempel im Wechselgeschäft zu werden. Gesamtwirtschaftlich gesehen aber fand die japanische Wirtschaft mit dem Wechsel ein Mittel, das dazu beitrug, die Münzknappheit auszugleichen.

6. *Transport und Verkehr*

Das Verkehrswesen des absolutistischen Staates war im wesentlichen von den Erfordernissen der Verwaltung geprägt, seine Ziele waren die direkte und sichere Verbindung von der Zentrale zu den Regionalverwaltungen und der Transport der Steuern aus den Provinzen in die Hauptstadt. Mit dem Verfall seiner Macht aber löste sich auch der von ihm kontrollierte Teil des Verkehrssystems, insbesondere die Organisation der Relaisstationen auf. Das Ausmaß, in dem unter der nachfolgenden Kriegerherrschaft das Verkehrswesen reguliert und organisiert wurde, läßt sehr deutlich den Prozeß des inneren Zerfalls und, in der zweiten Hälfte des 16. Jahrhunderts, der erneuten Einigung erkennen.

Für das Kamakura-Shogunat waren politische und militärische Gründe beim Ausbau und der Sicherung der Verkehrsverbindungen ausschlaggebend. Schon die räumliche Trennung zwischen Kyōto und Kamakura machte eine rasche Verbindung beider Orte unumgänglich.

Der Umstand, daß Gefolgsleute des Shogunats in allen Provinzen verstreut lebten, erforderte darüber hinaus die Neugestaltung des bislang nur auf Kyōto ausgerichteten Verkehrsnetzes, um für die im Falle kriegerischer Verwicklungen lebensnotwendigen Verbindungen zwischen Kamakura und den Provinzen vorzusorgen. Diese wurden in Friedenszeiten auch für die zur Wahrnehmung ihrer Verpflichtungen nach Kamakura reisenden Gefolgsleute und für den Transport von Abgaben benötigt. So wurde schon 1185 durch eine Regelung der Verkehrswege für Unterkünfte, Wechselpferde bei Dienstreisen, für Grenzstationen und den Schiffs- und Fährverkehr Sorge getragen. Die Zeit, in der ein Bote die Strecke zwischen Kamakura und Kyōto zurücklegte, wurde 1187 mit sieben Tagen festgelegt und konnte notfalls auf vier Tage verkürzt werden; sie betrug gemeinhin 14 Tage (Nakamura Kichiji S. 65). Nach dem ersten Mongoleneinfall wurde diese Verbindung über Kyōto hinaus bis nach Hakata auf Kyūshū ausgebaut (vgl. Toyoda und Kodama (1), S. 59). So konnte beim zweiten Mongolenangriff 1281 die Übermittlungsdauer der Nachricht von 16 auf 12 Tage verkürzt werden (die Entfernung beträgt nach Bahnkilometern mehr als 1100 km.).

Das Muromachi-Shogunat bemühte sich demgegenüber nicht um Regelungen des Verkehrswesens, und erst mit dem Aufkommen der Daimyō setzten auf einer dezentralisierten Basis neue Bestrebungen ein, den Verkehr zumindest in den eigenen Territorien zu organisieren. Das bedeutet jedoch nicht, daß damit das Verkehrswesen bis zu dieser Zeit völlig zusammengebrochen gewesen wäre. Der Transport von Abgaben aus den *shōen* stellte gleichsam die private Fortsetzung der Steuertransporte dar, die ebenso wie die Ausweitung des Handels als Anstoß für die Festigung des Verkehrswesens wirkte. Das gilt auch für den Transport zu Wasser, der, insbesondere auf dem Meer, aber auch auf Flüssen oder Seen wie dem Biwa-See, vor allem für die Beförderung von Reis und anderen Getreiden eine wichtige Rolle spielte. Die Lagerhäuser der *shōen*, *toi* und *tsuya*, wurden in den Hafenorten und an wichtigen Verkehrspunkten zu Zentren des Handels. Neben den *toimaru*, die zu Kaufleuten wurden, konzentrierte sich hier im 15. Jahrhundert auch das Transportgewerbe, Schiffsführer, Pferdeverleiher, die mit ihren Pferden Lasten transportierten, auch Wagenverleiher, die jedoch schon wegen der ungünstigen Struktur des Landes nur eine unbedeutende, auf kleine Entfernungen beschränkte Rolle spielten.

Soweit das äußerst spärliche Quellenmaterial überhaupt Rückschlüsse zuläßt, sind trotz der Zunahme des Schiffsverkehrs sonderliche Fortschritte in Schiffsbau und Navigation nicht festzustellen. Gegenüber dem immer noch sehr einfachen Schiffstyp für den innerjapanischen Verkehr scheinen für die Fahrten nach China und Korea Dschunken gebräuchlich gewesen zu sein, wiewohl auch hierüber keine zuverlässigen Aussagen möglich sind (Toyoda und Kodama (1), S. 81). Die *wakō* benützten zunächst kleinere Schiffe japanischer Bauart mit 70 bis 80 Mann Besatzung. Wie aus chinesischen Beschreibungen hervorgeht (vgl. Asahi shimbunsha S. 604), gebrauchten sie beim Bau ihrer Schiffe keine Nägel, sondern Krampen, mit denen sie die sehr großen Planken zusammenfügten. Die Behauptung, die Schiffe seien mit »Gräsern«, *kusa*, abgedichtet worden, ist wohl auf die Verwendung von Werg zurückzuführen, wie es in Japan zur Abdichtung gebräuchlich war (Asahi shimbunsha S. 604). Die Schiffe hatten keinen Kiel, waren also besonders bei hohem Seegang nicht sonderlich manövrierfähig, sondern, ihrer Herkunft von japanischen Schiffen entsprechend, eher für flache Küstengewässer geeignet. Mit der Ausweitung ihrer Aktivitäten übernahmen die *wakō* Dschunken mit etwa 300 Mann Besatzung.

Das gesteigerte Verkehrsaufkommen führte sehr bald dazu, daß die Grundherren zur Befriedigung ihres Geldbedarfs damit begannen, Zollschranken zu errichten, an denen von Personen und auf Waren ein Zoll, *sekisen*, von manchmal spürbarer Höhe erhoben wurde. Sie kamen seit der Mitte des 13. Jahrhunderts in größerer Menge auf und erreichten um die Mitte des 15. Jahrhunderts eine weite Verbreitung. Vor allem in den zentralen Gebieten, wo Handel und Transport von Gütern besonders umfangreich waren, wuchsen sie sich zu einer schwerwiegenden Behinderung aus. Am Yodo-Fluß soll ihre Zahl auf einer Strecke von knapp 40 Kilometern 380 betragen haben (Nakamura Kichiji S. 68; vgl. auch Toyoda und Kodama (1), S. 78). Auch in den Häfen wurden Zölle erhoben. So verwundert es nicht, daß die Zollschranken, besonders dort, wo hohe Zölle zu zahlen waren, zum Anlaß für Aufstände wurden, bei denen das Volk die Schranken zerstörte. Erst die Daimyō beseitigten innerhalb ihrer Territorien die Zollschranken und erleichterten den Verkehr.

7. *Bergbau*

a) Gold und Silber

Die eigentliche Blütezeit des japanischen Bergbaus begann mit dem 16. Jahrhundert, als durch verbesserte Abbauverfahren die Ausbeute beträchtlich gesteigert werden konnte. Doch auch in den vorausgegangenen Epochen wurde Gold, Silber und Kupfer neben Eisen für viele Zwecke abgebaut, für die Herstellung eigener Münzen ebenso wie für die zahlreichen buddhistischen Bildwerke und Kultgegenstände und für den Handel mit China und Korea. Angaben über die Fördermengen sind nicht überliefert, doch lassen die Probleme im Zusammenhang mit der Ausgabe neuer Münzen zur Zeit des absolutistischen Staates erkennen, daß die Förderung ausreichender Mengen an Kupfer nicht möglich war.

Die ersten Funde für Silber werden aus dem Jahre 674 von Tsushima gemeldet, wo 698 auch Gold festgestellt wurde. Etwa zur gleichen Zeit wurde in Inaba und Suō Kupfer entdeckt. Als wichtigstes Produktionsgebiet für Gold galt jedoch die Provinz Mutsu, deren erste Ausbeute von 749 zur Errichtung des Großen Buddha von Nara verwandt wurde. Etwa mit dem 12. Jahrhundert gehörte Gold in größeren Mengen auch zu den Abgaben vereinzelter *shōen*, und unter den Abgaben des im Norden, in der heutigen Präfektur Miyagi gelegenen Distriktes Kesen an Taira Shigemori (1138-1179) befanden sich 1 300 *ryo* Gold[10]. In diesen wie in allen anderen Fällen handelte es sich um Goldstaub, der aus der Erdoberfläche oder oberflächennahen Schichten gewonnen wurde.

Aber zur gleichen Zeit begannen auch Kaufleute die Ausbeute in den Fundorten aufzukaufen. Denn als 1187 nach der Zerstörung des Großen Buddha von Nara eine Abgabe von 30 000 *ryō* Goldstaub befohlen wurde, kam die Antwort, daß in letzter Zeit viele Kaufleute Goldstaub aufgekauft hätten und damit die Vorräte erschöpft seien (Kujō, Bd. 3, Bunji 3/9/29, S. 414). Das Kamakura-Shogunat nahm die Gebiete von Mutsu, in denen Gold gefördert wurde, unter seine direkte Kontrolle, und so gelangten sie in den Besitz der Familie Hōjō.

b) Kupfer und andere Bergbauprodukte

Nagato und Suō sind für das Altertum als die wichtigsten Herkunftsorte für Kupfer bekannt, aus Nagato wurden beispielsweise 885 mit dem Kupferbergbau und der Läuterung vertraute Arbeiter nach Bungo gesandt, die dort die erforderlichen Verfahren bekanntmachen sollten. Für die Zeit vom 12. bis zum 15./16. Jahrhundert sind jedoch die näheren Umstände des Kupferbergbaus weitgehend unklar. So werden zwar einige Kupfer hervorbringende Orte genannt, doch sind sie in der Mehrzahl nicht verbürgt. Mit Sicherheit bestand dagegen eine Kupfermine im Distrikt Nose der Provinz Settsu, wo 1037 mit dem Abbau begonnen wurde und Nachrichten bis ins ausgehende 16. Jahrhundert vorliegen. Hier wurde außer Kupfer auch Grünspan und Ultramarin gewonnen (Toyoda (5), S. 377). Ebenso wurde Kupfer im Bergland von Chūgoku gefunden. Die vier hier gelegenen Provinzen Mimasaka, Bizen, Tajima

---

[10] Vgl. *Gempei seisuiki* 11, S. 362. Für den bei Toyoda (5), S. 375 ebenfalls genannten Distrikt Motoyoshi finden sich hier keine Hinweise, auch Kobata (3), S. 88 erwähnt ihn nicht.

und Bitchū waren die Gebiete, aus denen das im Jahre 1434 nach China verschiffte Kupfer stammte. Während weder die Sung- noch die Yüan-Dynastie mit japanischem Kupfer beliefert worden war, setzte dank der Zunahme der japanischen Kupfererzeugung im 15. Jahrhundert zusammen mit der Aufnahme des Verkehrs mit Ming-China im Jahre 1433 der Verkauf von Kupfer nach China ein. Da man inzwischen auf dem Kontinent durch neue Verfahren gelernt hatte, aus dem Kupfer Silber zu raffinieren, interessierte sich auch Korea für japanisches Kupfer.

Im Handel mit Sung- und Ming-China spielte auch der Schwefel eine wichtige Rolle als japanisches Ausfuhrgut, der hauptsächlich in den Provinzen Shimotsuke, Izu, Bungo und Satsuma abgebaut wurde. Unter den weiteren Bergbauerzeugnissen, zu denen auch Achat und Schmirgel gehörten, kam dem Quecksilber besonderes Gewicht zu, das für unterschiedliche, auch medizinische Zwecke, ebenso aber für das Schminkweiß aus Ise in großem Umfang Verwendung fand. Es wurde in der Silbergrube von Nyū in Ise gewonnen. Nach dem Rückgang der Produktion um die Mitte des 15. Jahrhunderts wurde das dann auch für die Silberläuterung benötigte Quecksilber mehr und mehr eingeführt.

c) Eisen

Eisen wurde in Japan seit dem Altertum bis in die Neuzeit als Eisensand gewonnen. Durch den wachsenden Bedarf an Waffen und Feldgeräten nahm seine Produktion ständig zu. Dabei bildete auch für die Eisengewinnung die Gebirgskette von Chūgoku ein wichtiges Zentrum, das Teikin ōrai nennt das Eisen der hier gelegenen Provinz Bitchū in seiner Aufzählung der berühmten Produkte der japanischen Provinzen (vgl. Teikin ōrai, S. 620). Einen ähnlichen Ruf genoß auch das Eisen von Izumo; weitere Produktionsstätten lagen in Bingo, Mimasaka, Aki, Hōki und Iwami.

Das hier hergestellte Eisen war wegen seines hohen Gehalts an Phosphor und Titanoxyd von minderer Güte, doch wurde die bessere Qualität des als *masago* bekannten und vom Westen der Provinz Hōki über Izumo bis in den Osten von Iwami erzeugten Eisens mit einem geringeren Phosphorgehalt wohl erst um die Mitte des 16. Jahrhunderts allgemein erkannt. Immerhin brachten die 1488 auf Befehl des Ashikaga-Shogunats in die Hauptstadt gekommenen Schwertschmiede aus Osafune in Bizen 20 Pferdelasten Eisen aus dem Dorf Chigusa in der Provinz Harima mit (Toyoda (5), S. 378), das später, als gegen die Mitte des 16. Jahrhunderts mit dem neuen *keraoshi*-Verfahren unter Verwendung von *masago*-Erzen Schmiedestähle hergestellt wurden, neben Izuwa in der Provinz Iwami für die Qualität seines Stahles bekannt wurde.

Schon in der zweiten Hälfte des 13. Jahrhunderts war ausgehend von Sugaya in der Provinz Izumo der einfache, offene und als Feld-*tatara* bezeichnete Herd mit eingetieftem und festgestampftem Boden, wo Eisen mit Holzkohle erschmolzen wurde, durch einen aus Lehm gebauten Schmelzofen ersetzt worden, der sich im 14. bis 16. Jahrhundert in der gesamten Chūgoku-Region verbreitete. Erst durch die bevorzugte Verwendung von *masago*-Eisensand und den Einsatz neuer, besserer Verfahren aber wandelte sich die Qualität des japanischen Eisens nachhaltig. Das zeigte sich auch an der unterschiedlichen Beurteilung durch fremde Reisende im 16. und 17. Jahrhundert. Während der Chinese Cheng Shun-kung das japanische Eisen als spröde bezeichnete und berichtete, es sei für die Herstellung von Schußwaffen ungeeignet, vielmehr müßten die Rohstoffe dafür aus Siam und China importiert werden, gelangt der zu Beginn des 17. Jahrhunderts nach Japan gekommene Richard Cocks (?-1624) zu der Ansicht, japanisches Eisen komme an Qualität dem englischen gleich, vermutlich, weil er das mittlerweile in allen Gebieten mit den verbesserten Verfahren hergestellte Material kennenlernte (vgl. Hora s. 134f.).

Diese Verfahren waren die schon genannte *keraoshi*-Methode und die *zukuoshi*-Methode. Bei der ersteren wurde Sandeisen als Rohstoff eingesetzt, um im Schmelzofen direkt Stahl herzustellen, der von den Schwertschmieden weiterverarbeitet werden konnte. Bei der letzteren wurde aus Sandeisen hauptsächlich für den Eisenguß geeignetes Eisen erschmolzen.

8. *Gewerbliche Produktion*

a) Die Entwicklung in den Metropolen

Im Handwerk und der gewerblichen Produktion der Epoche setzte sich als die wichtigste Tendenz die Verselbständigung fort, begleitet von einer durch die Anforderungen des Marktes und des zunehmenden Handels bewirkten Produktionssteigerung. Kyōto und Nara mit ihrer seit alters technisch führenden handwerklichen Produktion behielten als Sammelplatz der Abgaben aus den *shōen* wie durch die Nachfrage ihrer Bevölkerung ihre bedeutende Stellung im Gewerbe. Verwaltungsbehörden, Adelshäuser und Schreine und Tempel verfügten auch nach dem Niedergang des absolutistischen Staates über eine sichere Rohstoffversorgung aus ihren Besitzungen aber auch durch Fischer und Bauern in der Funktion von *kugonin* und *tsukute* an wichtigen Fischereiorten und in Gebieten, die Rohstoffe für die gewerbliche Verarbeitung erzeugten[11].

[11] Die *kugonin* waren ursprünglich für die Versorgung der kaiserlichen Tafel und später der Adelshäuser mit bestimmten Lebensmitteln zuständig. *Tsukute* werden in ähnlicher Funktion erstmals wohl im *Engishiki* beim *naizōryō* und beim *kamonryō* genannt, vgl. *Engishiki*, KT 26, S. 354 und 355.

Sie konnten damit in ihren Werkstätten die benötigten Güter herstellen lassen. So blieben beide Städte auch weiterhin Zentren, wo sich die fähigsten Handwerker sammelten. Die umfangreiche Nachfrage stärkte auch die gewerbliche Produktion von Verbrauchsgütern wie Öl und anderen Waren des täglichen Bedarfs, die sich hier oder in der unmittelbaren Nachbarschaft etablierte. Diese Stellung blieb auch nach dem Niedergang der alten Führungsschicht im 14. Jahrhundert durch die Bedürfnisse des in Kyōto residierenden Kriegeradels des Muromachi-Shogunats erhalten.

b) Die ländliche Produktion

Auf der anderen Seite wirkte die Verfügbarkeit der Rohstoffe, die ländliche Nachfrage und die Lieferung besonderer Erzeugnisse vom Land in die beiden großen Städte als Anstoß für die ländliche Produktion und für die Lösung des Handwerks vom Ackerbau. Dies war in den *shōen* der Fall, wo die Verwalter zur Erfüllung der Lieferverpflichtungen an die *shōen*-Grundherren die gewerbliche Verarbeitung von Rohstoffen förderten und durch die Einrichtung von Märkten die Gelegenheit schufen, handwerkliche Erzeugnisse auch für die Bedürfnisse der ländlichen Bevölkerung anzubieten. Die landsässigen Grundherren waren die Ursache dafür, daß sich die Nachfrage über landwirtschaftliche Geräte und Gebrauchsgüter hinaus bei Schmieden und Gießern, Töpfern, Lederhandwerkern, Papiermachern erweiterte, wenngleich der technische Standard mit dem der hauptstädtischen Handwerker nicht zu vergleichen war.

Der Umstand, daß in den *shōen* neben den für ihre Dienste mit Versorgungsfeldern ausgestatteten Handwerkern solche vorhanden waren, die auch eigene Felder, *myōden*, besaßen, läßt ihre Herkunft aus dem Bauernstand erkennen und macht den Prozeß der sozialen Differenzierung deutlich. Auch die nicht in *shōen* eingegliederten Ländereien waren in diesen Vorgang einbezogen. Die hier tätigen Provinzialverwaltungen verfügten zum einen über angegliederte Werkstätten zur handwerklichen Produktion, *saikudokoro*, ließen aber durch geschickte Bauern Produkte anfertigen und hielten überdies Märkte ab, auf denen solche Erzeugnisse verkauft werden konnten.

c) Lokale Schwerpunkte

Besondere örtliche Gegebenheiten, Rohstoffvorkommen oder auch spezielle Nachfrage waren die Ursache für Spezialisierung in den einzelnen Gebieten. So wurde Sake in Gegenden mit gutem Wasser gebraut, wo man über geeignete Binsen oder Schilf verfügte, wurden Matten und Vorhänge hergestellt, die Vorkommen von Sandeisen ließen das Gewerbe der Schmiede und Eisengießer erblühen. Im Kantō-Gebiet waren die Bedürfnisse der in Kamakura lebenden Krieger Anlaß dafür, daß sich hier unterschiedliche Gewerbe entwickelten, nicht nur die Schwertschmiede, die sich in der Umgebung der Stadt niederließen, auch Metallgießer, die Kamakura-Bauhandwerker und die Hersteller des noch heute für Kamakura berühmten Kamakurabori, einer vereinfachten Art des Schnitzlackes, sammelten sich hier.

Die *shugo*, Militärgouverneure, und *jitō*, Vögte, folgten mit der Ausweitung ihrer Macht in der Förderung des Handwerks dem vorgegebenen Muster. Sie zogen Handwerker in ihre Nähe und statteten sie mit Feldern aus. Ihr Interesse galt vor allem auch den Gewerbezweigen, die mit der Herstellung von Waffen und Kriegsgerät ihren besonderen Bedürfnissen entsprachen. Aber auch nach ihrem Übergang auf eine frühe Stufe der Territorialherrschaft als *shugo*-Daimyō oder als *kokujin* blieben sie neben der Nutzung der Märkte bei dieser Form, sich die Dienste der Handwerker nutzbar zu machen, ohne sich, wie nach ihnen die Sengoku-Daimyō, um eine systematische Ordnung der Gewerbe zu bemühen.

Mit den jeweiligen regionalen Bedingungen der Nachfrage und entsprechend den einzelnen Handwerkszweigen setzte mit der Ablösung vom Ackerbau auch die Entwicklung unterschiedlicher Produktionsformen ein. Während das Bauhandwerk naturgemäß an die Baustelle gebunden blieb, schritten andere Zweige vom im 12./13. Jahrhundert verbreiteten Lohnwerk zur Stufe des Preiswerks fort, die im 15. Jahrhundert erreicht wurde. Wo beim ersteren am Ort des Bestellers oder in der eigenen Werkstatt vom Kunden gelieferte Rohstoffe mit eigenem Werkzeug bearbeitet wurden, bestand das letztere in der selbständigen Verarbeitung eigener Rohstoffe für einen bestimmten Kunden oder zunehmend auch auf Vorrat für den Markt. Herstellung und Verkauf aber waren unter diesen Umständen noch nicht getrennt. Natürlich bestanden in der Technik zwischen den ländlichen Handwerkern und denen der Städte, insbesondere in Nara und Kyōto erhebliche Unterschiede. Hier bot sich bei besonderen Bedürfnissen die Möglichkeit, durch den Einkauf von Produkten mit besonderer Qualität, etwa bei Textilien, den höheren technischen Stand anderer Gebiete zu nutzen. Wo dies, wie im Bauhandwerk, nicht möglich war, konnte man sich die technischen Fähigkeiten fremder Handwerker dadurch zunutze machen, daß man sie für ein geplantes Vorhaben herbeirief und die Leitung und Überwachung der vorhandenen Handwerker übernehmen ließ oder sie überhaupt zur Niederlassung veranlaßte. Handwerker verschiedener

Gewerbe, die sich aus der Abhängigkeit von einem bestimmten Auftraggeber beispielsweise in der Hauptstadt lösten und auch von anderer Seite Aufträge annahmen, wanderten so über beträchtliche Entfernungen. Sie ließen sich, wie das Beispiel der Schmiede und Gießer in Kamakura zeigt, in den Regionen nieder, um dort Aufträge anzunehmen. Auf diese Weise wirkte die Wanderung von Handwerkern, die über hochentwickelte Technik verfügten, als ein Instrument des Ausgleiches, durch den auch die ländlichen Regionen mit den entwickelteren Techniken aus den zentralen Gebieten versorgt wurden.

9. *Die Gilden*

In den Gilden, *za*, fanden Kaufleute und Handwerker unter den Bedingungen der wirtschaftlichen Expansion eine Organisationsform, die ihnen Schutz und Entwicklungsmöglichkeiten bot. Einer ihrer wichtigsten Ursprünge in der Zeit des absolutistischen Staates lag in der Bindung von Handwerkern und Bediensteten an Familien des Hofadels und religiöse Institutionen, denen sie zur Lieferung ihrer Produkte oder zu Dienstleistungen verpflichtet waren. Der Schutz, den ihnen diese Abhängigkeit gleichzeitig bot, und den etwa auch die Markthändler in Heian-kyō genutzt hatten, um sich der Kontrolle durch die Marktämter zu entziehen (vgl. oben, S. 50), erlaubte ihnen mit der wachsenden Nachfrage eine Ausdehnung ihrer wirtschaftlichen Aktivitäten. Das Ansehen ihres Schutzherren verschaffte den Mitgliedern einer Gilde Befreiung von Steuern, Marktabgaben und insbesondere von den oft hohen Zöllen in Häfen und an Zollschranken. Zugleich genossen sie im Einflußbereich ihres Patrons Monopolrechte für den Aufkauf von Rohstoffen, die Ausübung ihres Gewerbes und den Verkauf ihrer Waren.

So konnten sich im wirtschaftlichen Zentrum des Landes, in Kyōto und seiner Umgebung, schon frühzeitig Gilden herausbilden, die den Handel und die Lieferung von Rohstoffen ebenso kontrollierten wie deren Weiterverarbeitung. Auf dem Lande wandelte sich mit dem Vordringen der landsässigen Grundherren aus dem Kriegerstand im 13. Jahrhundert die Bindung zwischen den *shōen*-Grundherren und den Handwerkern, die sie zu ihrer Versorgung in den *shōen* angesiedelt und mit Feldern ausgestattet hatten. Während die Versorgungsfelder verlorengingen, fanden die Handwerker in der Nachfrage durch die landsässigen Grundherren, die kleinen Landbesitzer und Bauernfamilien auf den lokalen Märkten neue Entwicklungsmöglichkeiten, die ihnen die Lösung vom Ackerbau erlaubten. Zur Sicherung ihrer Verselbständigung verbanden sich auch hier die Angehörigen des gleichen Gewerbes in Gilden. Sie unterstellten sich auch auf dem Land den *shōen*-Grundherren als

Schutzherren, die zwar durch die landsässigen Grundherren die direkte Kontrolle ihrer *shōen* verloren hatten, deren Einfluß im übrigen aber ungebrochen war und damit die erwünschten Monopolrechte, Abgabenfreiheit und andere Privilegien sichern konnte. Umgekehrt wurden die von den Gilden an die Schutzherren in Naturalien und in Geld geleisteten Abgaben für diese zu einer wichtigen Einnahmequelle, nachdem die landsässigen Grundherren ihre Einkünfte aus den *shōen* minderten.

Die Zahl der Gilden war naturgemäß in Kyōto, Nara und ihrem Umland besonders groß. So wurden in Nara auf dem Südlichen Markt, angefangen bei den Gilden der Salz-, Fisch- und Reishändler, 1407 mehr als 30 Gilden gezählt (Nagashima S. 185f.). Durch die besseren Techniken und Verfahren wie durch ihre Wirtschaftskraft waren sie den allmählich aufkommenden ländlichen Gilden gegenüber im Vorteil. Aber auch die Zahl ihrer Mitglieder war, dank der vielfältigen Nachfrage, deutlich höher als bei den Gilden auf dem Land, wo sie oft nur zwei oder drei, im Durchschnitt zehn betrug.

Im allgemeinen gehörten den Gilden Produzenten und Händler gemeinsam an, da bei den meisten handwerklichen Erzeugnissen eine reinliche Scheidung zwischen beiden Funktionen noch nicht möglich, sondern der Verkauf durch den Hersteller das Übliche war. Nur bei Lebensmitteln und Waren des täglichen Bedarfs, in Bereichen mit einer breiten und stetigen Nachfrage also, setzte die Differenzierung schon frühzeitig ein. Nach den teilweise heftigen Konkurrenzkämpfen vor allem zwischen ländlichen Gilden und denen der Hauptstadt und des Kinai seit dem 14. Jahrhundert, ordneten die Sengoku-Daimyō in der Durchsetzung ihrer eigenen Territorialpolitik das Gildenwesen in ihren Gebieten. Mit den gewandelten politischen und wirtschaftlichen Umständen im 16. Jahrhundert wurde durch die Politik der *rakuza*, der freien Gilden, das Gildensystem schließlich aufgelöst.

10. *Die Städte*

a) Die allgemeine Entwicklung

Unter den Impulsen des wirtschaftlichen Lebens, bevölkert von den Handwerkern und Kaufleuten, die sich von der bäuerlichen Gesellschaft gelöst hatten, begannen sich die Städte zu entwickeln. So, wie sich an den Umschlagplätzen der Abgaben aus den *shōen* um die Lagerhäuser Kaufleute und Handwerker niederließen, zogen vor allem die bedeutenderen Verwaltungssitze, Markt- und Verkehrsorte eine wachsende Bevölkerung an, und auch die großen Tempel und Wallfahrtsstätten gehörten zu den Plätzen, wo sich eine größere Menschenmenge zu sammeln pflegte, die durch Handwerk und Handel zu versorgen war und durch gleichmäßige Nachfrage Anreize für deren Niederlassung bot. Denn aus welchem Anlaß auch der Ort seine Bedeutung erlangt hatte, stets waren es die Handwerker und Kaufleute, die ihn bevölkerten und ihm den Charakter einer Stadt verliehen. So kam es, daß zu den schon bestehenden Städten wie Kyōto, das als Sitz des kaiserlichen Hofes und zahlreicher Grundherren Zentrum des Landes war, Nara, wo sich um die großen Tempel ein *monzenmachi*, eine »Stadt vor den Tempeltoren« entwickelt hatte, und Kamakura, der Residenz des Shogunats, eine ganze Reihe neuer Städte entstand, deren Zahl etwa 350 betragen haben soll, von denen 70 bis 80 Tempelstädte, *monzen-* oder *jinaimachi*, 50 bis 60 Hafenstädte und etwa 100 Verwaltungsstädte waren (Nakamura Kichiji S. 59). Über die Bevölkerung sind keine ausführlichen Angaben möglich, sie bestand neben der Mehrzahl an Gewerbetreibenden teilweise aus Kriegern, ebenso lebten hier auch Bauern, die, anders als unter dem Tokugawa-Shogunat, von der Stadt aus ihre Felder bestellen durften. In den Tempelstädten und an Wallfahrtsorten machten die Priesterschaft und die Tempeldiener einen großen Anteil der Bevölkerung aus, während Gaukler, Wahrsager, Zauberkünstler und Dirnen in allen Städten Gelegenheit für leichten Verdienst suchten und auch fanden. An vielen Orten entwickelten sich mit dem Übergang vom Markt zum Ladenhandel Ladenviertel, in denen Kaufleute und Händler beisammenlebten, doch kann ähnliches nicht unbedingt auch von den Handwerkern gesagt werden, die im allgemeinen noch nicht nach Gewerben geordnet in Stadtvierteln zusammen wohnten.

b) Städtische Selbstverwaltung

Das Verhältnis zwischen den Städtern und den Stadtherren ist immer anders als zwischen Bauern und Grundherren. Da mit der Entwicklung der Städte der Handel untrennbar verbunden und damit der Landbesitz zwar noch nicht entwertet war, der Grund- oder Territorialherr indessen in die sich so entwickelnde Geldwirtschaft immer verstrickt war, wird sich sein Verhältnis zu den auf seinem Gebiet gelegenen Städten entsprechend gestaltet haben, denn dort sammelte sich das Geld, das er benötigte. Aber damit es sich sammeln konnte, war ein gewisses Maß an Selbständigkeit zumindest der Kaufleute notwendig. Dies gilt es zu bedenken, wenn von den sogenannten freien Städten in Japan die Rede ist.

So wie Kyōto nach der Errichtung des Kamakura-bakufu der Kontrolle der Krieger unterstellt wurde, waren alle Städte einer Herrschaft unterworfen, auch wenn sie in vielen Fragen die Möglichkeit einer eigenständigen Verwaltung hatten. Gerade die großen Städte und die wichtigsten Hafen- und Handelsorte, bei Kyōto und Nara angefangen, Hakata und Sakai als prominente Beispiele, dazu Kuwana, Atsuta, Amagasaki, Ōminato und Hirano als Häfen, daneben schließlich auch Städte wie Ujiminato als Tempelort des Ise-Schreins, sie alle werden als freie Städte mit einer teilweise sehr umfangreichen Selbstverwaltung angeführt.

Diese Selbständigkeit stand in einem direkten Zusammenhang mit der Ausbreitung der Geldwirtschaft, als die Kaufleute, Pfandleiher und Sakebrauer, durch ihre lebhafte Tätigkeit zu Reichtum gelangt, dem *Shogunat*, den *shōen*-Grundherren und den Kriegerfamilien bis hin zu den *shugo*-Daimyō Geld liehen. So machten sie, durch ihre Wirtschaftskraft gestärkt, ihre Interessen auch in der Stadtpolitik geltend. Das Fehlen einer zentralen Macht und die Abhängigkeit der Grundherren von ihrem wirtschaftlichen Einfluß führten zwangsläufig dazu, daß ihnen Rechte in der Verwaltung der Städte eingeräumt wurden. So praktizierte beispielsweise die Einwohnerschaft von Kyōto im 15. Jahrhundert schon vor dem Ōnin-Krieg eine städtische Selbstverwaltung, die nach diesem Krieg durch den Machtverfall des Shogunats noch gestärkt wurde. Hier entwickelten sich in der Oberen und Unteren Hauptstadt, Kamigyō und Shimogyō, zwei selbständige Verwaltungseinheiten, die aufbauend auf einer Selbstverwaltung der Viertel umfangreiche Befugnisse wahrnahmen (hierzu und zu weiteren Beispiele s. Wakita Haruko/Hanley).

Indessen wird zu Recht darauf verwiesen, daß in der Behauptung der Selbstverwaltung ein tatsächlicher Gegensatz zwischen Stadtbürgern und Grundherren in den japanischen Städten nicht bestand. Vielmehr waren ungeachtet der wirtschaftlichen Macht der ersteren die Beziehungen zwischen beiden in ein gegenseitiges Abhängigkeitsverhältnis eingebunden, da die Existenz der Grundherren als Konsumenten der von den Stadtbürgern hergestellten oder verkauften Güter eine Voraussetzung für deren wirtschaftliche Macht und für die Entwicklung einer Selbstverwaltung war (so z.B. Miyamoto (2), S. 35f.). Es ist ebenso bemerkenswert, daß die Höhepunkte städtischer Freiheit in einer Zeit der Dezentralisation erreicht wurden, als die Krieger mit den Kämpfen der Sengoku-Zeit beschäftigt waren und dafür des Geldes bedurften, das sich in den Städten ansammelte. Mit dem Ende dieser Kämpfe begannen die nun aufgetretenen Territorialherren, die Daimyō, fremde Rechte in ihrem Machtbereich zu beseitigen. Zwar waren sie zur Sicherung ihrer Interessen gegenüber den Kaufleuten und Handwerkern zu Zugeständnissen genötigt, doch unterschieden sich die nun von ihnen kontrollierten Städte mit der Burgstadt als vorherrschendem Typ deutlich von den vorwiegend im wirtschaftlich führenden Kinai gelegenen, selbstverwalteten Städten. Doch auch deren Freiheit fand durch die fortschreitende Reichseinigung im ausgehenden 16. Jahrhundert ein Ende.

KAPITEL IV

TERRITORIALWIRTSCHAFT UND GESAMTJAPANISCHER MARKT IN DER FRÜHEN NEUZEIT

1. *Das Bild der Epoche*

a) Die überlieferten Vorstellungen

Die frühe Neuzeit in Japan, *kinsei*, hat weitgehend eine unverdient negative Beurteilung erfahren. In der Beschreibung der allgemeinen Verhältnisse hält sich noch heute die Vorstellung eines despotischen Feudalismus, wiewohl inzwischen genügend Darstellungen Anlaß für eine differenziertere Betrachtung geben[1]. Die Beweggründe für die seit der zweiten Hälfte des 19. Jahrhunderts entstandene kritische Beurteilung brachten es mit sich, daß insbesondere die wirtschaftlichen Verhältnisse eine abfällige Darstellung erfuhren. Das Trauma der gewaltsamen Öffnung Japans durch den Westen und dessen darin dokumentierte Überlegenheit wurden zum Anstoß für eine emotional bestimmte Beschäftigung mit der eigenen Vergangenheit, in der man vor allem die Gründe dafür suchte, daß in Japan eine Entwicklung zu den als Vorbild gesehenen kapitalistischen Verhältnissen des Westens nicht oder nur unzulänglich stattfinden konnte. Als Grund für diese Verzögerung einer als allgemeine Gesetzmäßigkeit verstandenen gesellschaftlichen und wirtschaftlichen Entwicklung nach westlichem Muster wurde zum einen die Unterdrückung durch das Tokugawa-Regime gesehen, zum anderen die politisch-gesellschaftliche Indifferenz eines Kaufmannsstandes, der sich aus Gewinnsucht mit dem Feudalismus verbündet hatte, anstatt ihn seiner historischen Rolle gemäß in einer bürgerlichen Revolution zu überwinden. So wurde die Meiji-Restauration gerne als die längst fällige Revolution betrachtet, mit der die Kräfte der Moderne das alte, verrottete Feudalsystem beseitigten.

Die Wirtschaft der Tokugawa-Zeit wurde aus diesem Blickwinkel als von der Ausbeutung durch die Feudalherren und Kaufleute bestimmt gesehen, die das in eine enge Standeshierarchie gepresste Volk unterdrückten[2]. Diese abfällige Beurteilung wurde unterstützt durch die pessi-

---

[1] So hat John W. Hall in seinem Artikel *The New Look of Tokugawa History* schon 1968 darauf verwiesen, daß die europäischen Zeitgenossen im 16./17. Jahrhundert Japan in einem sehr viel vorteilhafteren Licht sahen.

[2] Daß die Kaufleute in diesem Standessystem den untersten Rang einnahmen, wurde wohl als Widerspruch gesehen, aber mit ihrem politischen Desinteresse erklärt, das sie im Gewinn und im luxuriösen Leben — ein Hauptpunkt konfuzianischer Kritik! — eine Entschädigung finden ließ.

mistische Weltsicht der konfuzianisch gebildeten Autoren der Tokugawa-Zeit, die schon aus ihrem Verständnis von Zeit und Entwicklung die eigene Ära als Epoche des Verfalls verstanden und — in ihrer Mehrheit Angehörige des benachteiligten Kriegerstandes — wenig Anlaß fanden, die wirtschaftlichen Verhältnisse unvoreingenommen zu beurteilen, zumal diese die als natürlich interpretierte Gesellschaftsordnung unter der Führung des Kriegerstandes gefährdeten[3].

Auch die Schilderungen aus Zeiten der Mißernten und des Hungers haben die Vorstellung einer stagnierenden Wirtschaft mit unzureichender Versorgung und allgemeiner Not gefestigt. Indessen sind Hungersnöte Erscheinungen, die jeder vormodernen Gesellschaft vertraut sind und auch im Westen nicht selten waren. Es ist nur weithin in Vergessenheit geraten, daß, abgesehen von den Zeiten des Ersten und Zweiten Weltkrieges erst 1846/47 die letzten Hungerjahre in Mitteleuropa waren. Solche auch in Japan regelmäßigen Katastrophen müssen jedoch bei der Beurteilung ausgenommen werden, wenn man nicht das Bild der Epoche verfälschen will.

b) Die neuen Ansätze

Seit etwa dreißig Jahren mehren sich indessen die Untersuchungen, mit denen japanische und westliche Wirtschaftshistoriker dazu beitragen, die Vorstellungen von der Wirtschaft der Tokugawa-Zeit grundlegend zu revidieren. Neben einer weniger voreingenommenen Sicht und einer allgemeinen Verbesserung des methodischen und theoretischen Ansatzes steht die Dynamik, die dieser Vorgang gewann, in deutlichem Zusammenhang auch mit den Einflüssen der New Economic History, die sich als Schule der quantifizierenden Geschichtswissenschaft in den USA entwickelt hat und deren Methoden mehr und mehr auf Fragestellungen der japanischen Wirtschaftsgeschichte angewandt wurden. Seit 1971 besteht in Japan mit der *Sūryō keizaishi kenyūkai* eine eigene »Studiengruppe für quantitative Wirtschaftsgeschichte«, die in Symposien und durch eine eigene Schriftenreihe, die *Sūryō keizaishi ronshū*, zu der Entwicklung beiträgt. Durch den Gebrauch quantifizierender Methoden hat die Geschichtsschreibung für die Wirtschaftsgeschichte der frühen Neuzeit in Japan ein Instrument gefunden, das in seiner Anwendbarkeit gewiß nicht universal ist, das aber als ein Korrektiv zur Überprüfung der qualitativen Quellenaussagen geeignet ist, unsere Vorstellungen zu berichti-

[3] Vgl. etwa die Kritik Yamashita Kōnais in seiner Denkschrift von 1721, daß ein Krieger, der an einen wohlhabenden Kaufmann schreibe, diesen wie eine hochstehende Person anrede; bei einer Begegnung würden beide sich mit *dono*, Herr, titulieren, sie benähmen sich wie Gleichgestellte (Yamashita S. 281).

gen. Dieses revidierte Bild hat inzwischen unter den japanischen Wirtschaftshistorikern allgemeine Anerkennung gefunden (für westl. Leser haben Hanley und Yamamura (1) schon 1971 auf diesen Wandel hingewiesen). Bislang ist es jedoch, wie Hanley und Yamamura feststellen, nicht gelungen, über diesen Kreis hinaus die herkömmliche Meinung zu erschüttern (vgl. Hanley und Yamamura (2), S. 6).

Es sind die Ergebnisse dieser wirtschaftshistorischen Forschungen, von denen die nachfolgende Darstellung weitgehend bestimmt wird. Sie zeigen, daß Japan vom 17. bis zum frühen 19. Jahrhundert eine unter den Bedingungen einer vorindustriellen Gesellschaft vorteilhafte Wirtschaftsentwicklung erlebte. Das Wachstum des Handels und der von diesem angeregten Produktion wie die steigenden Löhne waren die Ursache dafür, daß anders als es die herkömmlichen Darstellungen überliefern, auch das einfache Volk am wirtschaftlichen Wachstum und der Steigerung des Lebensstandards teilhaben konnte. Warum aber demgegenüber ausgerechnet die Führungsschicht, der Kriegerstand, benachteiligt war (vgl. dazu bes. Yamamura (3) und unten, S. 199-200) und ihre Interessen nicht genügend durchsetzen konnte, ist eine Frage, die über den hier gegebenen Rahmen hinausführt und in einem anderen Zusammenhang diskutiert werden muß. Es ist zu erwarten, daß die Antwort zu einem nicht geringen Teil in den konfuzianischen Vorstellungen zu finden sein wird. Sie weisen dem Herrscher die Aufgabe des Führers zu, der durch sein Beispiel wirkt, und sehen in einer Unordnung der Gesellschaft die Folgen einer schlechten Regierung. Dies mußte sich — zumal unter der kritischen Kontrolle eines auf Ruhe und Ordnung bedachten Tokugawa-Shogunats — zum Nachteil des Herrschers, des Daimyō, auswirken, wenn etwa die Bauern seines Territoriums sich im Protest gegen eine mißliebige Maßnahme, wie es Steuererhöhungen immer sind, zusammenrotteten, um Abhilfe zu fordern — und oft genug zu erhalten.

2. *Die Anfänge der Territorialwirtschaft*

a) Die Sengoku-Daimyō als Landesherren

In der zweiten Hälfte der Muromachi-Zeit (1338-1573) bahnte sich für Japan der Übergang in eine neue Epoche seiner Geschichte an, die politisch durch das Aufkommen einer neuen Führungsschicht, politisch wie wirtschaftlich durch die Territorialherrschaft, wirtschaftlich und gesellschaftlich durch die Auflösung des vorhandenen Gefüges und die Ausbildung neuer Strukturen gekennzeichnet ist, wie dies in der Verselbständigung der Kleinbauern oder in der Umformung der Märkte und des Handels deutlich wird.

Einer der wichtigsten Augenblicke dieses allmählichen Wandels war das Auftreten der Sengoku-Daimyō. Sie schufen mit der Ausbildung ihres Territorialbesitzes die Grundstruktur des politischen Systems, das dann unter der Herrschaft der Tokugawa, durch die Überordnung des *bakufu* (Shogunats) als des zentralen Elementes, zu dem durch die Spannung von Zentrale und Territorien in ein Gleichgewicht gebrachten, von den Historikern so bezeichneten *bakuhan*-System wurde.

Was sich hier in den politischen Verhältnissen schon andeutet, die enge Verknüpfung der Sengoku-Daimyō mit denen der nachfolgenden Tokugawa-Zeit, wird unter dem Aspekt der wirtschaftlichen Entwicklung noch offenkundiger und legt eine nicht ganz dem Herkommen entsprechende Epocheneinteilung nahe, die den Zeitraum seit der Mitte des 16. Jahrhunderts in die frühe Neuzeit, kinsei, einbezieht[4]. Den Sengoku-Daimyō kommt als ersten die Bezeichnung von Landes- oder Territorialherren zu. Das hängt natürlich auch mit der Größe der von ihnen beherrschten Territorien zusammen, die sie von allen bisherigen Mächten unterscheidet. Aber nicht nur durch die Größe des Besitzes haben sie sich aus den immer noch durch das *shōen*-System vorgegebenen Bedingungen gelöst, denen noch ihre Vorläufer, die *shugo*-Daimyō und *kokujin*, lokale Kriegsherren, verhaftet waren, sondern ebenso durch ihr Handeln als Landesherren. Sie begnügten sich nicht damit, von den Bewohnern ihrers Besitzes Abgaben und Leistungen zu erheben, sondern um ihre Einkünfte aus dem Territorium zu sichern und zu mehren, griffen sie selbst gestaltend in die Verhältnisse ein. Dies beschränkte sich nicht auf politisches Handeln, etwa im Ordnen von Markt und Handel, sondern äußerte sich beispielsweise auch in der Durchführung technischer Maßnahmen im Wasserbau, um ausreichende Bewässerung zu sichern und neuangelegte Felder vor Hochwasser zu schützen. Wiewohl sie ihre Territorien im Kampf erwarben und durch ihre Bedürfnisse beim Burgenbau und in der Waffentechnik, besonders im Zusammenhang mit den durch die Portugiesen eingeführten Feuerwaffen neue Impulse gaben (diese Zusammenhänge behandelt Brown (1)), waren sie doch nicht nur Kriegsherren. Die wirtschaftliche Bedeutung ihres Handelns in der Errichtung von Bewässerungsanlagen und Hochwasserschutzbauten und

---

[4] Wo in der japanischen Geschichtsschreibung übergreifende Epochen nach dem Vorbild der europäischen Geschichte, also *kodai*, Altertum, *chūsei*, Mittelalter, *kinsei*, frühe Neuzeit, verwandt werden, setzt man den Beginn der letzteren in der Regel mit dem Anfang der Tokugawa-Zeit (1600 oder 1603) oder unter Einschluß der Zeit der unbeschränkten Macht Toyotomi Hideyoshis mit dem Jahr 1590 an. Trotzdem ist die in der vorliegenden Darstellung abweichende Einbeziehung der Epoche der Sengoku-Daimyō nicht ohne Vorbild. Hall, Nagahara und Yamamura lassen im Untertitel ihrer Aufsatzsammlung *Japan Before Tokugawa. Political Consolidation and Economic Growth, 1500 to 1650* ein ähnliches Verständnis erkennen, das auch in den einzelnen Beiträgen deutlich wird.

in der Anlage der Burgstädte gilt mit Recht als wichtiger und dauerhafter.

b) Landesausbau

Die Größe der Territorien und die größere Wirtschaftskraft erlaubten in vielen Gebieten umfangreiche Kultivierungsvorhaben. Von den 118 bekannten, zwischen 781 und 1867 durchgeführten größeren Erschließungsvorhaben wurden gegen 34 Prozent zwischen 1550 und 1650 verwirklicht (vgl. Yamamura (5) S. 329f. nach den Angaben von Nihon Gakushiin). Aber es war nicht nur die große Zahl, die ins Gewicht fiel, sondern bedeutender waren die neuen technischen Verfahren, die genutzt wurden. Damit konnte die Neulandkultivierung erstmals in Gebiete ausgedehnt werden, für die bislang die technischen Möglichkeiten nicht ausgereicht hatten. Nicht mehr den Tälern des Hügellandes mit den kleinen Flächen galten nun die Aktivitäten, sondern Gebieten im Schwemmland am Mittel- und Unterlauf der großen Flüsse, wo sich nun nach und nach große Ländereien kultivieren ließen. Um 1600 betrug die Fläche der Naßfelder in Japan 1,635 Millionen *chō*, etwa 1,62 Millionen ha. Selbst wenn man die aus dem Vergleich mit den Zahlen des Shūgaishō erkennbare Zunahme von mehr als 670 000 chō in Anbetracht der oben dargestellten Vorbehalte hinsichtlich der Zuverlässigkeit älterer Zahlenangaben und der Einheitlichkeit der Maße mit Vorsicht betrachtet, läßt sich doch eine beträchtliche Steigerung erkennen (vgl. oben S. 70; zu den Zahlen vgl. Ōishi Shinzaburō (1), S. 28, sie finden sich auch bei Yamamura (5) S. 334). Vorhaben, wie sie unter den Sengoku-Daimyō durchgeführt wurden, erforderten nicht nur politischen Einfluß, um die nötigen Arbeitskräfte und die spätere Nutzung der gewonnenen Ackerfläche zu organisieren, sondern ebenso erhebliche finanzielle Aufwendungen, nicht zu reden davon, daß es sich um Investitionen handelte, deren Nutzen erst in der ferneren Zukunft zu erhoffen war (zu den förderlichen Bedingungen s. ausf. Yamamura (5), S. 334f.)[5].

Neben solchen Aktivitäten entwickelten die Sengoku-Daimyō umfangreiches Wirken in vielen Bereichen. Der Bau von Burgen, mit denen die erworbenen Territorien und die wichtigsten Zugangsstraßen gesichert wurden, zwischen Hautptburg und den von zuverlässigen Vasallen besetzten Nebenburgen die Anlage von Verbindungsstraßen, an denen oft Relaisstationen mit Herbergen und Möglichkeit zum Pferdewechsel

[5] Die umfangreiche Flächenvergrößerung durch Neulanderschließung bot auch Möglichkeiten zur Förderung der Kleinbauern, die hier angesiedelt werden konnten. Um Bauern für die neuen Felder zu gewinnen, boten die Daimyo in der Regel Steuervorteile, die in der Tokugawa-Zeit bis zum mehrjährigen Steuererlaß gehen konnten.

eingerichtet waren, schließlich der Bau der Burgstädte, dies alles machte beträchtliche Ausgaben notwendig, die durch den Bedarf an Rüstung und durch Kriegszüge noch vermehrt wurden. Da diese Kämpfe um den Besitz des Landes geführt wurden, verbot es sich, durch Raub und Plünderung seine wirtschaftlichen Grundlagen zu zerstören. Vielmehr legten es die Umstände nahe, durch eine kluge Politik die Landeswirtschaft zu fördern, Bauern in die neuerschlossenen Gebiete zu ziehen, Kaufleute und Handwerker in den Burgstädten anzusiedeln und alles zu unternehmen, um die Wirtschaftskraft des Territoriums zu stärken.

c) Die Handelspolitik

Unter dieser Zielsetzung nahm der mittlerweile neben dem Kinai auch in den Regionen aufblühende Handel eine zentrale Stellung in der Politik der Sengoku-Daimyō ein. Anders als bei den *shōen-* und den landsässigen Grundherren waren es aber nicht mehr die Einnahmen aus gewährten Vorrechten, denen das Hauptinteresse galt, sondern die Gestaltung des Handels in der Form, die den Interessen der Daimyō am besten diente. Angesichts der starken Zunahme der Geldwirtschaft und der Bedürfnisse der Sengoku-Daimyō boten sich die Besteuerung der Kaufleute und Pfandleiher, dazu Exportsteuern auf besondere Produkte, Abgaben an den Zollschranken und Transportsteuern als Möglichkeiten der Einkommensverbesserung an, die mit Hilfe beauftragter Kaufleute genutzt wurden. Freilich war die Erhebung solcher Steuern in Form und Umfang noch unterschiedlich und ungeordnet, ein Umstand, der mit der Unkenntnis der darin liegenden Möglichkeiten zu erklären ist (vgl. Sasaki/Hauser S. 137). Überdies standen diese Verfahren einer Besteuerung des Handels teilweise im Widerspruch zu anderen Zielen und wurden daher wie die Zölle oder Marktabgaben später wieder aufgegeben.

Denn neben solchen Einnahmen mußte die Aufmerksamkeit der Daimyō in besonderem Maße der eigenen Versorgung mit allen benötigten Waren gelten. Weit entfernt von einer Unabhängigkeit war in vielen Gebieten selbst die Reiserzeugung noch ungenügend und mußte durch Einfuhr aus anderen Regionen ergänzt werden. Dazu kam noch eine Vielzahl von Gütern, die aufgrund klimatischer Bedingungen oder fehlender Rohstoffvorkommen nicht im eigenen Territorium beschafft werden konnten. Salz, Fisch und andere Meeresprodukte mußten in den im Inland gelegenen Gegenden eingeführt werden, die Herstellung von Feuerwaffen erforderte eine Eisenproduktion von ausreichender Qualität und die technischen Fertigkeiten der Handwerker, wie sie in vielen Landstrichen nicht vorzufinden waren. Hier wie beim Reis war die ausreichende Versorgung auch eine Frage der militärischen Sicherheit, da im Konfliktfall die wirtschaftliche Blockade, *nidome*, zu den Mitteln gehörte, mit denen man versuchte, den Gegner in die Knie zu zwingen.

So war ungeachtet des Bemühens um die Gestaltung des eigenen Besitzes zu einer eigenen, möglichst geschlossenen Wirtschaftssphäre die Förderung des Fernhandels ein notwendiger Bestandteil der Handelspolitik, die jedoch zur Sicherung der eigenen Interessen mit Maßnahmen zur Kontrolle verbunden sein mußte. Kaufleute im Fernhandel wurden, auch wenn sie aus anderen Regionen kamen, von Zöllen und Steuern befreit, und ihre Sicherheit garantiert, die einflußreichen Gilden im eigenen Besitz mit besonderen Rechten ausgestattet. Zugleich aber wurden privilegierte Kaufleute neben ihrer Tätigkeit als Handelsagenten der Daimyō auch zur Kontrolle des Fernhandels eingesetzt.

Das galt besonders für die Ausfuhren aus dem eigenen Territorium. Denn um für die erforderlichen Einfuhren das nötige Geld zu erhalten, mußten überschüssige Produkte und spezielle Erzeugnisse auf die Märkte außerhalb verkauft werden, sei es nach Kyōto und in die anderen zentralen Städte, sei es in andere Landesteile. Die direkte oder indirekte Besteuerung solcher Exporte durch Ausfuhrzölle auf den Waren oder Transportzölle, die auf Lastpferde oder das Gewicht der Ladung erhoben wurden, eröffnete den Daimyō eine wichtige Einnahmequelle. Dazu galt es allerdings die Exporte zu kontrollieren und von einer Ausfuhrgenehmigung abhängig zu machen, die gegen Erlegung der Zollgebühren von beauftragten Kaufleuten erteilt wurde.

Ungeachtet der Notwendigkeit solcher Exporte forderte aber die Sicherheit des eigenen Gebietes eine Kontrolle nicht nur, um Zölle zu erheben, sondern auch, um den unerwünschten Abfluß von Waren zu verhindern, die im Territorium selbst benötigt wurden. Zu diesem Zweck bedienten sich die Sengoku-Daimyō des Instruments der Exportsperre, *nidome*. In den frühen Jahrzehnten des 17. Jahrhunderts hauptsächlich aus wirtschaftlichen Gründen verhängt, konnte sie im 16. Jahrhundert neben der eigenen Versorgung etwa als Wirtschaftsblockade des Gegners auch militärische Ziele verfolgen. Sie galt häufig der Ausfuhr von Reis, Meeresprodukten oder Salz, das Daimyō-Haus Chōsokabe in Tosa auf Shikoku verhängte eine Exportsperre für Pferde. Als strategische Maßnahme wurde die Exportsperre mit der Befriedung des Landes überflüssig, als handelspolitisches Instrument diente sie der von den Daimyō angestrebten Ausgestaltung ihres Territoriums zu einer autarken Wirtschaftssphäre.

d) Die Politik wirtschaftlicher Eigenständigkeit

Für die Festigung eines solchen das gesamte Territorium umfassenden Wirtschaftssystems stellte die Gestaltung und Regelung des Markthandels und der damit befaßten Gilden eine wichtige Maßnahme dar, um die Wirtschaft im Territorium zu beleben. Die Förderung der Märkte sollte den Bauern die Gelegenheit geben, ihre Produkte zu verkaufen und damit Geld für die Bezahlung der Steuern zu erhalten. In anderen Gebieten jedoch waren die rokusai-Märkte wohl eingerichtet, um neben den Bauern, die hier ihre Überschüsse veräußern konnten, auch dem Daimyō die Möglichkeit zum Absatz des als Steuer gelieferten Reises zu verschaffen[6]. In solchen Fällen waren es vor allem auswärtige Kaufleute, die den Reis aufkauften.

Zur Förderung der Märkte gehörte ebenso der Marktzwang, den die Daimyō einrichteten. Er verbot den Handel in einem Umkreis von drei *ri*, ca. 12 Kilometern, um den Marktort und nötigte fremde Kaufleute, ihre Waren auf dem Markt anzubieten, wo sie gleichzeitig von allen Marktsteuern befreit wurden. Um aber Handwerker und Kaufleute zu veranlassen, sich im eigenen Territorium in den Burgstädten niederzulassen, wurden ihnen allerlei Vergünstigungen gewährt, zu denen auch die Befreiung von der Grundsteuer und die Verleihung von Sonderrechten gehörten. Die Abschaffung der alten Gilden mit ihren Privilegien und Monopolrechten durch die Errichtung der *rakuza*, der freien Gilden, löste die Bindung zwischen Kaufleuten oder Handwerkern und ihren alten Schutzherren aus dem *shōen*-System. Sie kann insofern gleichzeitig als ein Schritt zur Abschaffung konkurrierender Rechte innerhalb der Territorien angesehen werden. Dies war gleicherweise bei der Einrichtung der *rakuichi*, der freien Märkte, der Fall, auf denen Abgaben und Privilegien abgeschafft waren, wie sie auf den von lokalen Grundherren kontrollierten Märkten üblich waren. Als erstes bekanntes Beispiel eines solchen freien Marktes wird der durch die Familie Rokkaku eingerichtete neue Ishidera-Markt von 1549 genannt[7].

Gerade die Aktivitäten von Tempeln, örtlich einflußreichen Grundbesitzern und Kriegerfamilien stellten ein wesentliches Hindernis für die Handelspolitik der Daimyō dar. Da sie aus eigenem Recht Kaufleute und Märkte besteuerten und Zollschranken errichteten, störten sie den freien Warenstrom innerhalb des Gebietes und waren der Vereinheitlichung der Wirtschaft im Wege. Die Bestrebungen der Daimyō, solche Rechte aufzuheben, die betroffenen Märkte der Kontrolle der Kaufleute zu unterstellen und die Zollschranken abzuschaffen, waren jedoch nicht

[6] Dies war vermutlich im Gebiet der Hōjō der Fall, wo die Einrichtung von rokusai-Märkten erst nach der Umstellung der Steuer auf Reis erfolgte, vgl. Toyoda (6), S. 95.

[7] Zur Datierung vgl, Sasaki Ginya (2), S. 140; Miyamoto (1), S. 149 schreibt versehentlich Tenshō statt Tembun 18. Jahr. Er verweist jedoch ebd. auf den Umstand, daß in Ushikubo, Provinz Mikawa, in den Kyōroku-Jahren (1528-1531) jährlich im 4. Monat vom 8. bis zum 15. Tag ein Pferdemarkt als freier Markt abgehalten wurde (vgl. Ushikubo-ki, GR 21 o., Tōkyō 1926, S. 118 u.).

überall durchzusetzen. In vielen Fällen mußten die Daimyō in Verhandlungen eine Lösung suchen. In diesen Umständen wird ein wesentlicher Unterschied zwischen den Sengoku-Daimyō und ihren Nachfolgern unter dem Tokugawa-*bakufu* deutlich. Mit der Ansiedlung der Krieger in den Städten und mit ihrer Loslösung vom Landbesitz als ihrer Machtbasis, die mit der Landvermessung und der Schwertjagd unter Toyotomi Hideyoshi eingeleitet wurde, war die volle Verfügungsgewalt der Daimyō über ihre Besitzungen hergestellt[8]. Das Fehlen einer starken Zentralgewalt, die dies ermöglichte, machte sich in der Sengoku-Zeit in vielfältiger Weise bemerkbar, nicht zuletzt in den eingeschränkten Möglichkeiten des ungehinderten Fernhandels. Durch die Reichseinigung und die Errichtung des *bakufu* wurde dieser Mangel behoben und die Voraussetzung zur weiteren Entwicklung des von den Sengoku-Daimyō begründeten Systems geschaffen.

e) Das Kinai und die Anfänge der Zentralisierung

Anders als in den Regionen entwickelten sich die Verhältnisse im Kinai, wo das wirtschaftliche Zentrum des Landes, die Städte Kyōto, Sakai, Nara und ihr Umland von dieser Politik der Sengoku-Daimyō unberührt blieben. Hier befand sich noch immer der Umschlagplatz für alle Güter des Fernhandels, auf diesen zentralen Markt waren auch die Sengoku-Daimyō angewiesen, wenn sie Produkte ihrer Territorien veräußern ließen, es war die Region, wo die meisten der im Außenhandel mit China, Korea, den südostasiatischen Gebieten und nicht zuletzt mit den Europäern befaßten Kaufleute ansässig waren, wo Gewerbe mit technisch hochentwickelter Produktion sich sammelten und mächtige Gilden das Wirtschaftsleben kontrollierten.

Die wirtschaftliche Führungsstellung dieses Gebietes, der große Reichtum, der hier angehäuft wurde und die Vielzahl widerstreitender Interessen schufen hier die Bedingungen, die verhinderten, daß eine einzelne militärische Macht die Herrschaft an sich zog und die Verhältnisse nach ihrem Willen umformte. Sie gaben vielmehr Raum für eine breite Selbstverwaltung und bestimmten das Klima, in dem sich die ersten Ansätze zu einer nationalen Wirtschaft entwickeln konnten. Die Beständigkeit der alten Strukturen, das Fortbestehen der herkömmlichen Gilden mit ihren Privilegien ist ein Ausdruck dieser besonderen Situation, die andauerte, als sich die Anfänge einer neuen zentralen Macht bildeten

---

[8] Dieser Umstand begünstigte die Konzentration auf die Agrarpolitik, während in den deutschen Territorien, beispielsweise Preußen, die Rechte des niederen Grundadels denen der Landesherren entgegenstanden und damit eine wirksame Agrarpolitik zur Sicherung der Einkünfte behinderten. Diese wurden somit sehr viel stärker auf die Gewerbepolitik verwiesen, die bei den Daimyō lange im Schatten der Agrarpolitik stand.

und die bis in die Tokugawa-Zeit hinein erkennbar blieb. Der Prozeß, in dem die Städte der Region, darunter zahlreiche Orte unter dem Schutz mächtiger Tempel, insbesondere aber Kyōto und Sakai allmählich in ihrer Selbständigkeit eingeschränkt wurden, spiegelt die fortschreitende Reichseinigung unter Oda Nobunaga (1534-1582), Toyotomi Hideyoshi (1536-1598) bis hin zu Tokugawa Ieyasu (1542-1616) wider.

Zunächst handelten die beiden erstgenannten in der für Sengoku-Daimyō typischen Weise. Sie setzten in den von ihnen beherrschten Gebieten im Handel, gegenüber den Gilden und in der Abschaffung der Zollschranken ihre eigenen Interessen im Wirtschaftsleben durch. Anders in den zentralen Gebieten. Nobunaga, der noch deutlicher die Gestalt eines Sengoku-Daimyō verkörperte und nie eine vollständige Herrschaft über das ganze Land etablieren konnte, traf hier auf die höfischen Familien und religiösen Institutionen, deren Macht in diesem Raum noch beträchtlich war und deren Rechte und Interessen er berücksichtigen mußte. So ließ er die Strukturen des Handels in den zentralen Gebieten unbehelligt, ließ auch den von Hofadel und Tempeln geschützten Gilden ihren Handlungsspielraum in ganz Japan, hatte aber über sie auch die Möglichkeit, seine eigenen Bedürfnisse zu befriedigen.

Auch Hideyoshi, in dem sich schon mehr die Gestalt des »modernen« Daimyō der Tokugawa-Zeit abzuzeichnen begann, und der durch seine Ernennung zum Regenten, *kampaku*, im Jahre 1585 den Status eines nationalen Führers sehr viel stärker zur Geltung bringen konnte, begann ähnlich wie Nobunaga mit seiner Wirtschaftspolitik in den eigenen Gebieten. Er errichtete freie Märkte und freie Gilden, schaffte die Zollschranken ab und suchte Handwerker und Kaufleute in seine Territorien zu ziehen. Gegenüber den Institutionen des zentralen Marktes im Kinai zeigte er anfangs etwa in der Bestätigung der Gilden 1583 und 1584 eine entgegenkommende Haltung. Doch nicht viel später begann er damit, gegen die Monopolrechte und die Kontrolle des Handels durch Hofadel und Tempel vorzugehen. Er verbot 1585 Hofadligen, Tempeln und reichen Kaufleuten, für Schutz und Förderung Abgaben zu erheben und befahl erstmals die Abschaffung der Gilden (vgl. *Hideyoshi jiki*, Tenshō 13, in: *Sengoku shiryō sōsho* 1, Taikō shiryōshū, S. 100). Ziel seiner Politik war die direkte Kontrolle über Handel und Gewerbe auch in den zentralen Gebieten unter Ausschaltung der hergebrachten Rechte von Hofadel und religiösen Einrichtungen.

In vielfältiger Weise verstärkte und verbesserte Hideyoshi so Maßnahmen zur wirtschaftlichen Vereinheitlichung des Landes, deren Anfänge von Nobunaga gesetzt worden waren, in der Landaufnahme, der Durchsetzung des *Kyō-* oder *jūgōmasu*, eines Hohlmaßes zu zehn (*jū*) *gō*, wie es in Kyōto gebräuchlich war, und in den Anfängen zur Vereinheitlichung des Münzwesens durch die Regelung von Wechselkursen. Hier wurden mit den Goldmünzen von 1587/88 durch Hideyoshi erstmals wieder offizielle Münzen ausgegeben. Nobunaga hatte auch darin durch seine *han-kin* ein Beispiel gesetzt, doch waren diese für das Währungswesen unbedeutend. Auch Hideyoshis *ōban-kin* fanden nur in begrenztem Ausmaß für umfangreiche Transaktionen oder Geschenke und Tribute Verwendung. Daß nur wenig später 1595 die Tokugawa durch die Ausgabe kleinerer Goldstücke, *koban*, eine gängigere Münze in den Verkehr brachten, erscheint symptomatisch für die Rolle Tokugawa Ieyasus, der in allen Bereichen das Gebäude nach seinen Vorstellungen vollendete, dessen Fundamente von Oda Nobunaga und Toyotomi Hideyoshi gelegt waren.

3. *Die wirtschaftlichen Grundlagen der Tokugawa-Herrschaft*

a) Der Landbesitz des Shogunats

Der Vorzug, den das von Tokugawa Ieyasu geschaffene *bakuhan*-System vor den ihm vorangegangenen Verwaltungsformen der Kriegerherrschaft hatte, lag darin, daß das Shogunat nicht von Einkünften abhing, die durch Vasallen als Abgaben geleistet werden mußten. Stattdessen verfügte es über eigene Territorien, die von Angehörigen des Kriegerstandes in einer Beamtenfunktion verwaltet wurden, ohne daß sie ihnen — mit Ausnahme der *hatamoto*, Bannerleute, als direkten Vasallen des Shoguns zum Lehen gegeben worden wären[9]. Die von Tokugawa Ieyasu und seinen Nachfolgern betriebene Politik der direkten Kontrolle des Shogunats über eigene Gebiete hatte durchaus doppelte Funktion. Sie diente der Balance der militärischen Kräfte und zugleich der wirtschaftlichen Sicherung des Shogunats. Vergleicht man auf einer Karte die Verteilung der Besitzungen der Daimyō und des Shogunats und seiner direkten Vasallen zu Beginn des 17. Jahrhunderts mit dem Zustand an dessen Ende, so läßt sich der Prozeß der militärischen Sicherung an der Verteilung solcher direkt kontrollierten Gebiete und der der Vasallen oder Fudai-Daimyō über das ganze Land nachvollziehen. In dieser durch Umsetzung von Daimyō und Einziehung von Territorien bis ins späte 17. Jahrhundert vom Shogunat betriebenen Umverteilung aber wurde

[9] Diese Struktur verweist auf die Ursprünge der Tokugawa-Herrschaft aus der eines Sengoku-Daimyō. Gleichzeitig aber ist eine Übereinstimmung mit dem bei Hicks theoretisch formulierten Prozeß unübersehbar, die in dem Bestreben liegt, die im Feudalismus gegebene Abhängigkeit des Oberherren von den Gefolgsleuten bei der Weiterleitung der Abgaben und deren Verselbständigung zu verhindern, die letztlich zur Dezentralisierung in der Muromachi-Zeit geführt hatte; vgl. Hicks S. 18f.

auch der Besitz des Shogunats abgerundet, da ein Teil der dabei freigewordenen Gebiete, meist der mit den besten Böden, nicht wieder vergeben wurde.

Unmittelbar nach Errichtung des Tokugawa-Shogunats betrug sein Territorialbesitz nach der gebräuchlichen Angabe in geschätzter Ertragshöhe, *kokudaka*, 2,4 Millionen *koku*, bei einer geschätzten Ertragshöhe für ganz Japan von rund 20 Millionen *koku* also 12 Prozent. Am Ende des 17. Jahrhunderts war der Besitz auf eine Größe von etwa 4 Millionen *koku* angewachsen. Rechnet man die an die direkten Vasallen, *hatamoto*, gegebenen Lehen von etwa 3 Millionen *koku* dazu, so war der Anteil bei einer veranschlagten Gesamtertragshöhe von nunmehr etwa 30 Millionen *koku* für ganz Japan auf über 23 Prozent angestiegen. Damit war das Shogunat zum größten Grundherren in Japan geworden, wenngleich die Summe des im Besitz aller Daimyō befindlichen Landes den des Shogunats weit überschritt. Indessen waren die Daimyō mit einem Besitz von 300 000 *koku* und mehr in der Minderheit, sie machten nicht ganz 10 Prozent aller Daimyō aus. Die meisten verfügten über ein Territorium von bis zu 50 000 *koku* veranschlagter Ertragshöhe, das von Kaga wies als größtes eine solche von 1,02 Millionen *koku* auf[10].

b) Wirtschaftliche Kontrolle

Bei der Festlegung der unter der direkten Kontrolle des Shogunats stehenden Gebiete galt das Augenmerk jedoch nicht nur der Sicherung der Einkünfte aus der Steuer, auch durch die Herrschaft über die wichtigsten Städte, die Verkehrswege und den Bergbau wurden die politischen und wirtschaftlichen Ziele zur Sicherung der Tokugawa-Hegemonie verfolgt. Neben Edo als dem ursprünglichen Zentrum des Besitzes Ieyasus im Kantō und als Sitz des Shogunats legte dieser seine Hand auch auf andere Städte, allen voran auf Kyōto, daneben auf die Schwerpunkte des Außenhandels, Nagasaki und Sakai, 1619 wurde auch Ōsaka unter die direkten Gebiete des Shogunats aufgenommen.

In Edo wurde unter Ausbau des vorhandenen, den Bedürfnissen der Tokugawa dienenden Handelssystems die Versorgung des Shogunats und der in der Stadt lebenden Kriegerbevölkerung mit allen benötigen Waren gesichert. Hier bildete die Aussicht auf gute Absatzmöglichkeiten auch für Handelshäuser aus dem Kinai genug Anreize, um in Edo Zweiggeschäfte zu errichten. Für die Lieferung von Reis wurde auf die Abgaben aus den Territorien des Shogunats im Kantō, daneben auf sol-

---

[10] Berechnungen dieser Art finden sich bei zahlreichen Autoren, die hier wiedergegebenen entstammen Sakasai u.a., S. 164f.

che seiner Vasallen und der Fudai-Daimyō in diesem Gebiet zurückgegriffen.

Galt die Zielsetzung der Maßnahmen im Raum um Edo vor allem der Sicherung der Versorgung mit den wesentlichen Nahrungsmitteln, so waren es in Kyōto und später in Ōsaka vor allem die Lieferung zusätzlicher Güter, dazu die hochwertige Technik und die zunächst in Kyōto noch mehr als in Ōsaka entwickelten Institutionen in Handel und Gewerbe, die organisiert und damit kontrollierbar gemacht wurden. Hier hatte im Handel das Haus Chaya aus Kyōto schon seit dem 16. Jahrhundert für die Tokugawa wichtige Dienste geleistet[11]. Für das Baugewerbe konnte Ieyasu sich auf Nakai Masakiyo (?-1619) stützen, der im Außenhandel, im Pfand- und Sake-Geschäft tätige Kaufmann Suminokura Ryōi (1554-1614) wurde mit der Aufgabe betraut, den Ōi- und den Takase-Fluß schiffbar zu machen und so eine Transportverbindung zwischen der Provinz Tamba und Kyōto sowie zwischen Ōsaka, Fushimi und Kyōto herzustellen.

Ōsaka, das nach Auslöschung der Familie Toyotomi den Matsudaira zugeteilt worden war, erfuhr nach seiner Unterstellung unter das Shogunat neben der Organisation der Verwaltung eine nachdrückliche Förderung, zu der auch der Ausbau der Transport- und Verkehrsverbindungen durch Kanäle und durch die Verbesserung der Anbindung an den Yodo-Fluß gehörte. Damit wurde Ōsaka zu einem Schwerpunkt im Wassertransport des Kinai und der benachbarten Provinzen. Bei all diesen Maßnahmen sind die beiden Ziele einer Kontrolle von Handel und Gewerbe und die Sicherung des Shogunats unabhängig von Leistungen der Daimyō eng miteinander verbunden. Dies wird ebenso beim Bergbau ersichtlich, wo Tokugawa Ieyasu die wichtigsten Gold- und Silbergruben dem direkten Besitz des Shogunats eingliederte und ein eigenes Bergrecht schuf. Der Betrieb der wichtigsten Anlagen, etwa auf Sado und in den Provinzen Izu, Iwami und Ikuno, deren Bergwerke gerade im ersten Jahrzehnt des 17. Jahrhunderts besonders ertragreich waren, unterstellte er einem Beamten des Shogunats, dem *kinginzan no bugyō*.

4. *Die Bevölkerungsentwicklung*

a) Die Grundlagen der Ermittlung

Die Anfänge der Volkszählung in Japan werden nach den Auskünften des Nihon shoki auf das Jahr 86 v.Chr. in der Regierungszeit des Sujin

---

[11] Die Chefs des Hauses Chaya nahmen über mehrere Generationen bei der Übernahme der Geschäftsführung den Namen Shirōjirō an; Shirōjirō I: 1542-1596, Shirōjirō II: ?-1622; Shirōjirō III: ?-1615.

Tennō (Kaiser 97-30 v.Chr.) datiert (s. *Nihonshoki*, Sujin 12, KT 1o., S. 167; Sekiyama (2), S. 1 schreibt 85 v.Chr., Florenz S. 251 nennt das Jahr 86 v.Chr.), eine Angabe, die wenig glaubhaft wirkt, doch wurden spätestens im 7. Jahrhundert Haushaltsregister für Steuerzwecke geführt, denen einige Angaben zur Bevölkerung entnommen werden können. Indessen sind von diesen Registern nur wenige erhalten, so daß eine zuverlässige Schätzung von Bevölkerungszahlen unmöglich ist. Dies bleibt bis in die Tokugawa-Zeit hinein der Fall. Zwar haben einzelne Sengoku-Daimyō in dem Bestreben, die wirtschaftlichen Verhältnisse ihres Territorialbesitzes zu erfassen, neben der Landaufnahme auch Zählungen durchgeführt, doch blieben diese Versuche vereinzelt und geben keine Möglichkeit, auf eine Gesamtbevölkerung für ganz Japan zu schließen. Das Bestreben, die eigene Macht zu festigen und die Steuereinkünfte auf eine feste Basis zu stellen, darf auch als das Motiv für die von Toyotomi Hideyoshi im Jahr 1591 angeordnete Erhebung des gesamten gemeinen Volkes angesehen werden, in der Haushalte und Einzelpersonen nach Stand, Geschlecht und Alter erfaßt werden sollten (vgl. dazu Sekiyama (1), hier bes. S. 5; eine neuere, wichtige Studie zu diesem Thema ist Hanley und Yamamura (2)). Allerdings wurde auch diese Zählung nicht in allen Landstrichen durchgeführt, doch folgten diesem Versuch seit dem frühen 17. Jahrhundert einige Daimyō, für deren Territorien uns Zahlen erhalten blieben (vgl. dazu Hayami (3)). Solche Zählungen wurden in der zweiten Hälfte des 17. Jahrhunderts in allen Territorien üblich. Die Methoden der Datenerhebung waren indessen nicht einheitlich, und auch die Unterschiede, etwa bei der Altersgrenze für die Zählung von Kindern erschweren die Arbeit mit diesen Zahlen.

Eine weitere für die Ermittlung der Bevölkerungsentwicklung in Japan wichtige Quellengruppe geht auf die Maßnahmen zur Kontrolle des Christentums zurück. Aus der Verpflichtung für alle Einwohner des Landes, sich zu diesem Zweck bei einem Tempel als Gläubige oder Gemeindemitglieder eintragen zu lassen, entwickelten sich entsprechende Register, *shūmon aratame ninbetsu chō*, die bis etwa 1670 in allen Territorien üblich und bis zur Aufhebung des Verbots des Christentums 1872 geführt wurden. Diese Register weisen jedoch die gleichen methodischen Probleme auf wie die für die Erhebungen in den Territorien, die *ninbetsu aratame* oder *jinchiku aratame*, berichteten, mit denen sie später meist vereinigt wurden. Zudem bieten sie für das wegen der allgemeinen wirtschaftlichen Entwicklung besonders wichtige 17. Jahrhundert keine hinreichende Grundlage. Schätzungen, wie sie 1721 auf Verlangen des Shogunats von einigen Daimyō vorgenommen wurden, lassen für dieses Jahrhundert ein starkes Wachstum annehmen, das aber bei der Unklarheit der Methoden, mit denen die Zahlen ermittelt wurden, angezweifelt wird (vgl.. Taeuber S. 20f.).

b) Verschiedene Berechnungsversuche

Trotzdem wurden mehrfach Versuche unternommen, einen Überblick über Größe und Entwicklung der japanischen Bevölkerung im 17. Jahrhundert zu erhalten. So hat Yoshida Tōgo (1864-1918) auf der Grundlage der veranschlagten Reisproduktion, *kokudaka*, eine Bevölkerung von 18,5 Millionen für das Jahr 1600 angenommen, indem er nach einer schon in der Tokugawa-Zeit gebräuchlichen Faustregel den Jahresbedarf einer Person mit 1 *koku* (180 l) Reis ansetzte. Die erste gesamtjapanische Volkszählung von 1721 schien dies zu bestätigen, da ihr Ergebnis mit 26 Millionen Einwohnern der veranschlagten Ertragshöhe von 26 Millionen *koku* Reis entsprach. Einem geschätzten Ertrag von 18,5 Millionen *koku* Reis im Jahre 1600 hätte demnach eine Bevölkerung von etwa 18,5 Millionen gegenübergestanden. Allerdings birgt diese für lange Zeit unwidersprochene Berechnung einige Unsicherheiten. So muß der Ansatz von einem *koku* Reis pro Person und Jahr in Frage gestellt werden und die Ertragsschätzung von 18,5 Millionen *koku* für das Jahr 1600 ist selbst zweifelhaft. Auch die Schätzungen, die Hayami Akira durchführte und die mit unterschiedlichen Zahlen ein starkes Wachstum vermuten lassen, basieren auf zu unsicheren Annahmen, um als zuverlässig gelten zu können (Hayami (3); zu weiteren Schätzungen neueren Datums s. Shimbō, Hayami und Nishikawa S. 47ff.). Ein Hinweis, der gegen das in allen Fällen festgestellte starke Wachstum spricht, liegt nach Hanley und Yamamura in dem Umstand, daß dieses starke Wachstum gerade zu dem Zeitpunkt abbricht, als die erste nationale Zählung durchgeführt wurde, also zuverlässigeres Material verfügbar wird (Hanley und Yamamura (2), S. 45). Immerhin gibt es in den Quellen ausreichende Hinweise darauf, daß die japanische Bevölkerung im 17. Jahrhundert zunahm, auch wenn über das Ausmaß des Wachstums gegenwärtig keine Aussage möglich ist.

Im Jahre 1721 wurden auf Befehl des Shogun Tokugawa Yoshimune (8. Shogun, 1716-1745) für alle Territorien in Japan die Zahlen aller Einwohner mit Ausnahme der Samurai berichtet (also einschließlich der eta und hinin). Diese Zählungen wurden einschließlich der von 1846 insgesamt zehnmal wiederholt. Das Bild, das sich auf dieser Grundlage ergibt, ist das der Stagnation. Von 26 065 425 Einwohnern im Jahre 1721 fiel ihre Zahl in der Temmei-Hungersnot auf 25 086 466 im Jahre 1786, stieg 1828 auf 27 201 400, um 1846 auf 26 907 625 zu fallen — eine Folge der Tempō-Hungersnot. Diese Zahlen haben für die Bewertung der japanischen Wirtschaft in der Tokugawa-Zeit eine erhebliche Rolle gespielt. Sie waren ein Argument für deren negative Einschätzung.

Auch bei diesen Erhebungen wurden indessen Zweifel laut. Der auffälligste Widerspruch wird darin gesehen, daß zwischen dem Ergebnis der letzten Zählung 1846 und dem der ersten in der Meiji-Zeit von 1872 mit 33 110 796 Einwohnern eine Differenz von mehr als 6 Millionen liegt, die weder mit dem Umstand, daß nun auch die Samurai mit Familienangehörigen und Gefolgschaft erfaßt wurden, noch mit einer sprunghaften Bevölkerungszunahme befriedigend zu erklären sind, so daß man für die Tokugawa-Zeit eine Berichterstattung für die einzelnen Territorien annehmen muß, die die realen Zahlen erheblich unterschritt.

Unter Berücksichtigung der Vorbehalte, die gegenüber den offiziellen Statistiken der Tokugawa-Zeit angebracht sind und unter Einbeziehung der für die einzelnen Provinzen — nicht Territorien! — festgestellten Veränderungen haben Susan B. Hanley und Kozo Yamamura versucht, zuverlässige Aussagen über die Tendenzen der Bevölkerungsentwicklung in der Tokugawa-Zeit zu erhalten. Dabei kommen sie zu dem Ergebnis, daß die gesamtjapanische Bevölkerung zwischen 1721 und 1872 deutlich zunehmende Tendenzen zeigte, die sich in einer jährlichen Wachstumsrate von 0,16 Prozent niederschlugen. Bleiben die Zahlen für die Zeiten der schweren Hungersnöte und der Sprung von mehr als 6 Millionen zwischen 1846 und 1872 als Ausnahmefälle unberücksichtigt, liegt diese jährliche Wachstumsrate knapp unter 0,2 Prozent. Diese Tendenz bestätigt sich auch aus den Daten der Volkszählungen, wenn man den Sprung zwischen 1846 und 1872 als Ergebnis zu niedriger Angaben während der Tokugawa-Zeit interpretiert und entsprechend für die Gesamtrechnung berücksichtigt.

Die durch die Erhebungen abgegrenzten zehn Epochen zwischen 1721 und 1872 untermauern das Ergebnis eines generellen Wachstums. Zwar haben die großen Hungersnöte durch eine klare Bevölkerungsabnahme deutlich ihre Spuren hinterlassen, doch sind nur in vier der zehn Zeitabschnitte die Zahlen negativ, demgegenüber weisen die übrigen sechs Epochen Wachstumsraten auf, die deutlich höher liegen als die vier negativen Raten (vgl. dazu die ausführl. Diskussion bei Hanley und Yamamura (2), S. 50-68). Eine nach den zehn Großregionen geordnete Aufstellung schließlich zeigt, daß mit Ausnahme des Tōhoku das Wachstum in den 125 Jahren von 1721 bis 1846 zwischen knapp 7 und fast 27 Prozent betrug, wenn man die Regionen mit der größten städtischen Bevölkerung wegen deren komplexen Wanderungsbewegungen und der höheren Sterblichkeitsrate unberücksichtigt läßt[12].

---

[12] Hanley und Yamamura (2), S. 66f.; die Verfasser weisen auch darauf hin, daß die Frage noch ungeklärt ist, ob die drei Großstädte Kyōto, Edo und Ōsaka überhaupt in den Zahlen des Shogunats für die entsprechenden Provinzen berücksichtigt sind. Auch die Tatsache, daß in den Städten eine große Zahl unregistrierter Zuwanderer vermutet werden muß, gilt es zu berücksichtigen.

Ungeachtet der Tatsache, daß die Bevölkerungszunahme im 18. und 19. Jahrhundert vermutlich geringer war als im 17., ergibt sich aus diesen Untersuchungen für die gesamte Tokugawa-Zeit doch eine klare Tendenz zum Wachstum, die im Widerspruch zu den bisher überwiegenden Aussagen steht. Es bleibt zu fragen, wie sich dies in das Gesamtbild der japanischen Wirtschaftsentwicklung der Epoche einfügt.

5. *Die Städte der frühen Neuzeit*

a) Die Entstehung der Burgstadt

Gegen das letzte Viertel des 16. Jahrhunderts setzte in Japan ein Prozeß ein, der für die Wirtschaft vom 17. Jahrhundert an grundlegende Bedeutung gewinnen sollte und der, betrachtet man das heutige Japan, als der Beginn der eigentlichen japanischen Modernisierung betrachtet werden könnte: die Entwicklung der Burgstadt als des Typs der japanischen Stadt in der frühen Neuzeit. 25 der wichtigsten Burgstädte sind in den dreißig Jahren zwischen 1580 und 1610 entstanden, ein Vorgang, der nach Halls Worten in der Weltgeschichte wohl einmalig ist (Hall (1), S. 176; s. dort auch die Liste der 25 Burgstädte).

Mit der Ausbildung ihres Territorialbesitzes begannen die Sengoku-Daimyō, ihre Burgen aus den unzugänglichen Gebieten in die Ebenen zu verlegen, wo sie Schutz und Kontrolle der beherrschten Landstriche sicherten. Zugleich setzte die Konzentration der Kräfte auf einen zentralen Ort ein, die unterschiedlichen Motiven folgte. Unter ihnen spielte die Zusammenziehung und Lagerung der Ressourcen an einer Stelle eine wichtige Rolle, wo sie durch die umfangreicheren Befestigungen besser geschützt waren, da die neuen, größeren Burgen durch Anlage wie Ausdehnung den Auswirkungen der Feuerwaffen besser angepaßt waren. Zum anderen wurde die Ansiedlung der Vasallen und Gefolgsleute im umliegenden Burgbereich und in vorgelagerten Wohnvierteln üblich, ein Vorgang, der in der Ausdehnung des Vorfeldes für die Verteidigung strategischen Überlegungen folgte, der zugleich aber die Lösung der Vasallen von ihrer wirtschaftlichen Basis, dem Grundbesitz auf dem Lande, bezweckte, damit ihre Abhängigkeit von den Daimyō verstärkte und diesen erlaubte, von fremden Rechten unbehelligt ihre Macht als Territorialherren durchzusetzen. Die von Hideyoshi in ganz Japan durchgeführte Entwaffnung der Bauern und Bindung der Krieger an einen Gefolgschaftsherren, die als Schwertjagd, *katanagari*, bekannt ist, diente dem gleichen Ziel.

Als wirtschaftliche Maßnahme schließlich erfolgte die schon erwähnte Ansiedlung von Handwerkern und Kaufleuten in Wohnvierteln unterhalb der Burg, um sich ihre Dienste zu sichern und auch, um die Entwicklung ihrer Aktivitäten zu kontrollieren und vom dörflichen Leben getrennt zu halten. Zugleich übten die Vorteile, die mit der Niederlassung in der Burgstadt verbunden waren, auf Handwerker und Kaufleute große Anziehungskraft aus. Die Sicherheit im Schutz der Burg, die Möglichkeiten eines durch Gildenvorrechte nicht behinderten freien Marktes und die durch die wachsende Bevölkerung gesicherte Nachfrage sprachen in ihren Augen für die Stadt und machten einen besonderen Nachdruck von seiten der Daimyō meist unnötig.

So bildete sich zu Beginn der frühen Neuzeit die Burgstadt als die neue Stadtform heraus. Sie folgte in ihrer Anlage einem deutlichen Schema, nach dem auf dem eigentlichen Burggelände um den zentralen Turm, der dem Daimyō als Wohnsitz diente und zugleich letzte Zuflucht im Verteidigungsfall war, die wichtigsten Vasallen wohnten, außerhalb der Burg die Handwerker und Kaufleute und, deren Wohnviertel umschließend, die niedrigen Gefolgsleute ihre Wohngebiete hatten. Tempel und Schreine in den Außenbezirken ermöglichten eine Kontrolle der Zugangswege und markierten die äußerste, meist nur schwach befestigte Verteidigungslinie[13].

Wo sie sich durch ihre Lage anboten, nützten die Daimyō bereits bestehende Städte oder größere Siedlungen, die sie nach ihren Bedürfnissen umformten, doch entstand eine große Zahl solcher Burgstädte auch aus unbedeutenden Dörfern oder aus wilder Wurzel. Das bedeutet nicht, daß die bereits in früheren Zeiten entstandenen Städte untergingen. An wichtigen Verkehrspunkten, bei Tempeln und Wallfahrtsorten blieben solche Städte ebenso bestehen wie an den bedeutenden Hafenorten, von denen besonders Hakata, Sakai und Nagasaki blühten, bis die Einschränkung des Außenhandels ihre Bedeutung schwächte. Auch sie mußten indessen die Herrschaft des Shogunats oder der Daimyō auf sich nehmen. Das Gesicht Japans aber wurde durch die Burgstädte bestimmt, von denen Toyoda Takeshi für 1813 eine Zahl von 121 nennt, wobei er sich aber auf Territorien mit mehr als 50 000 koku veranschlagter Ertragshöhe beschränkt (vgl. Toyoda (4), S. 302f.).

b) Die städtische Bevölkerung

Was bereits für die Bevölkerungszahlen des 17. Jahrhunderts allgemein gesagt wurde, muß für die städtische Bevölkerung in noch viel stärkerem

---

[13] In vielen Städten sind solche Strukturen noch erhalten. Die heute häufig überdachten Einkaufsstraßen weisen auf die alten Wohnviertel der Kaufleute hin. Auch die heute meist als breite Straße ausgebildete Achse zwischen Burg und heutigem Bahnhof ist vielen Burgstädten, etwa Himeji und Hikone, gemeinsam. Die Tempel in den Außenbezirken dagegen sind heute häufig von neuen Vierteln eingeschlossen.

Maße berücksichtigt werden, daß nämlich zuverlässige Zahlen für ihre Entwicklung nicht zu erhalten sind. Da sich in den Burgstädten die Angehörigen des Kriegerstandes konzentrierten, die in den zeitgenössischen Statistiken nirgends erfaßt sind, werden Versuche, genauere Zahlen zu ermitteln, vollends zum Glücksspiel. Im allgemeinen gilt, daß die Angehörigen des Kriegerstandes etwa 50 Prozent der gesamten Bevölkerung einer Burgstadt ausmachten, daß sie häufig sogar einen höheren Anteil erreichten, so in Sendai 70 Prozent, in Kagoshima 80 Prozent (vgl. Sekiyama (2), S. 122f., Toyoda (4), S. 147-154; Hall (1), S. 178). Zugleich sind die ermittelten Zahlen auch deshalb fragwürdig, weil viele Zuwanderer, durch die Verdienstmöglichkeiten der Städte angelockt, sich der Registrierung entzogen und damit in den Statistiken nicht berücksichtigt sind. Über die Größenordnung dieser Dunkelziffer sind keine Angaben möglich. Dies gilt es zu berücksichtigen, wenn man die angegebenen Zahlen betrachtet. Immerhin ist die rasche Zunahme der Städte an Zahl und Größe wohl das auffälligste Merkmal für die Entwicklung im Japan der frühen Neuzeit.

Kanazawa und Nagoya dürften an die Zahl von 100 000 Einwohnern herangekommen sein, doch sind, da die Größe der Burgstädte von den Ausmaßen ihres Territoriums abhing, solche mit mehr als 50 000 Einwohnern selten. Die Durchschnittsgröße wird unter Einschluß der Krieger bei 20 bis 30 000 gelegen haben, Sekiyama nennt daneben sieben Städte, die 30 bis 40 000 Einwohner beherbergt haben (Okayama, Kumamoto, Tokushima, Fukui, Sendai, Hiroshima und Akita; alle Zahlen gelten für die Mitte bis Ende des 17. Jahrhunderts. Sekiyama (2), S. 122f.). Für Edo werden 1693 ohne Samurai 353 588 und 1732 553 000 Einwohner angegeben, so daß es insgesamt etwa 1 bis 1,1 Million Einwohner zählte und wohl damals die volkreichste Stadt der Welt war. Die umfangreiche Bautätigkeit im Kinai auf der Wende vom 16. zum 17. Jahrhundert wird als Grund dafür angegeben, daß Kyōto und Ōsaka um 1634 eine Einwohnerschaft von mehr als 400 000 zählten, die dann mit nachlassender Baukonjunktur zurückging (vgl. Wakita Osamu/McClain S. 243f.), so daß Ōsaka 1692 345 524 und 1716 365 380 Einwohner hatte und für Kyōto 1715 358 987 Einwohner jeweils ohne Krieger genannt werden (Sekiyama (2), S. 118ff.).

Die übrigen Städte, Handels-, Gewerbe- und Hafenorte, Städte an Verkehrspunkten, bei Tempeln und Wallfahrtsorten, hatten meist keine oder nur wenige Krieger unter den Einwohnern, sie gingen im allgemeinen nicht über 10 000 Einwohner hinaus; von den größeren Städten werden Nagasaki und Sakai mit 50 bis 60 000, Hakata und Hyōgo mit etwa 20 000 Einwohnern angegeben (Sekiyama (2), S. 128). Insgesamt aber machte so die städtische Bevölkerung im ausgehenden 17. Jahrhundert insbesondere in Anbetracht der kurzen Entwicklungszeit der Städte einen eindrucksvollen Anteil an der Gesamtbevölkerung aus. Nach Sekiyamas Rechnung waren es einschließlich der Krieger und ihres Anhanges zu Beginn des 18. Jahrhunderts mit 3,7 bis 3,8 Millionen etwa 12 Prozent der Gesamtbevölkerung Japans[14]. Es muß wohl nicht sonderlich hervorgehoben werden, daß in diesem raschen Wachstum der Bevölkerung in den Städten eine wirtschaftliche Dynamik von erheblichem Ausmaß lag.

c) Die Anziehungskraft der Städte

Es waren nicht nur Krieger, Kaufleute und Handwerker, die sich in diesen Städten niederließen und so ihr rasches Wachstum bewirkten, sondern ebenso Angehörige des Bauernstandes, nachgeborene Söhne von Bauernfamilien, Pächter oder Gesinde, die ihren Beruf aufgaben, um in der Stadt nach Arbeit zu suchen. Denn natürlich übten die Städte mit ihrer Nachfrage nach Arbeitskräften eine große Anziehungskraft auf alle die aus, deren Aussichten in der Dorfgemeinschaft nur gering waren und die in der Stadt raschen Gewinn oder doch von der städtischen Lohnarbeit zumindest ein besseres Auskommen erhofften. Schon 1591 verbot Toyotomi Hideyoshi in einem Erlaß den Bauern, die Felder im Stich zu lassen und zum Handel oder zur Lohnarbeit davonzulaufen — ein wenig wirksames Verbot, wie seine häufige Wiederholung annehmen läßt (zu dem Erlaß vgl. Kodama (3), S. 40f.). In der Genroku-Zeit wurden nicht weniger als drei Dörfer in der Nachbarschaft der Stadt Sakai von allen Pächtern verlassen (vgl. Mihashi (1), S. 65), und man darf vermuten, daß sie zumindest zum Teil von den Verdienstmöglichkeiten der nahen Stadt angezogen wurden. Denn wie auch im vormodernen Europa lebten die japanischen Städte von der Zuwanderung von außen, ihre Geburtenrate reichte nicht aus, um die Bevölkerungszahl zu halten, geschweige denn wachsen zu lassen.

Diese Anziehungskraft der Städte hing in besonderem Maße mit der Geldwirtschaft zusammen, die nun einmal unlösbar mit der städtischen Wirtschaft verbunden ist. Deren Entwicklung wurde durch die Maßnahmen der Daimyō zur Konzentration der Krieger in den Burgstädten noch beschleunigt. Denn damit lösten die Daimyō die Krieger nicht nur von ihrer wirtschaftlichen Basis, dem Landbesitz, um sie zu Gehaltsempfängern zu machen, sie zwangen sie auch, ihre täglichen Erfordernisse

---

[14] Rozman S. 6 weist darauf hin, daß in Japan im späten 18. Jahrhundert bei einem Anteil von drei Prozent an der Weltbevölkerung über acht Prozent der Einwohner in Städten mit mehr als 10 000 Einwohnern lebten.

auf dem Markt zu besorgen. Was immer an Bedürfnissen entstand, die über den Reis hinausgingen, den sie als Gehalt empfingen, mußte von den Kriegern erworben werden, alle Dienstleistungen, die vordem von den eigenen Leuten erbracht worden waren, mußten nun erkauft werden. Auch die japanische Burgstadt war ein Zentrum der Dienstleistungsgewerbe, von den Trägern und Pferdetreibern angefangen bis hin zu den Vergnügungsvierteln. In seinem Honchō nijūfukō von 1686 stellt Ihara Saikaku (1642-1693) eine eindrucksvolle Liste der Möglichkeiten auf, in der Stadt ein Auskommen zu finden (vgl. Nihon koten bungaku zenshū 39, S. 189f.; eine Übersetzung gibt Hibbet, S. 45-48). Hier bot sich vielen Lohn und Brot, sei es, daß man in ein festes Dienstverhältnis trat und dann auch in den städtischen Registern erschien, oder daß man versuchte, als Tagelöhner von der ständigen Nachfrage nach Arbeitskraft zu profitieren. Für die Samurai war es in der Tat ein Leben wie im Gasthaus, wie die bekannte Klage Ogyū Sorais lautete, da sie für jede Sach- und Dienstleistung bezahlen mußten. Für die einfachen Menschen lag darin die Attraktion der Stadt.

d) Die Stadt als Konsumzentrum

Mit ihrem erheblichen Anteil an nichtproduktiver Bevölkerung, der für Agrarerzeugnisse 100 Prozent betrug, da der Ackerbau von der Stadt aus grundsätzlich verboten war, fielen die Burgstädte auch als Konsumzentren ins Gewicht. Dieser Umstand, daß nämlich alles, was an Nahrungsmitteln und gewerblichen Rohstoffen benötigt wurde, vom Land in die Stadt geliefert werden mußte, hatte auf den Ackerbau Auswirkungen, die in ihrem Umfang kaum abzusehen sind. Zwar versuchten in manchen Burgstädten die Samurai-Familien im frühen 17. Jahrhundert selbst Gemüse anzubauen, weil die Versorgung vom Lande noch unzureichend war, doch stellten sich die Bauern der stadtnahen Gebiete rasch um und lieferten alles, was der Markt verlangte (vgl. unten, S. 138ff.). So vollzog sich der Übergang von der Selbstversorgung zum kommerziellen Ackerbau. Das läßt sich beispielsweise am Aizu nōsho erkennen, einer bäuerlichen Schrift zur Agrartechnik, die 1684 von Sase Yojiemon aus dem Dorf Makinouchi verfaßt wurde. Von Aizu Wakamatsu im Nordosten Japans etwas mehr als zwei Kilometer entfernt hatte sich in diesem Dorf der Ackerbau offenbar ganz auf die Bedürfnisse des nahen Marktes eingestellt. Die Verwendung gekaufter Dünger und insbesondere die Art der Feldfrüchte, der hohe Anteil an Gemüse, lassen dies am deutlichsten erkennen, und auch, daß das Aizu nōsho Ansätze zu einer Betriebsrechnung enthält, gehört in diesen Zusammenhang (vgl. dazu unten, S. 141f.). Bedenkt man, daß in allen Regionen Japans Burgstädte entstanden waren, läßt sich vorstellen, welche Auswirkungen durch ihren Bedarf auf die umliegenden Dörfer ausgingen. Der Ackerbau entwickelte sich nach einem Muster, in dem man unschwer das Modell der Thünenschen Kreise erkennen kann. Damit wurden die Einflüsse der Geldwirtschaft auch in den Dörfern wirksam. Selbst wenn die Regionalität in der wirtschaftlichen Entwicklung Japans bis ins 19. Jahrhundert erhalten blieb, die Dörfer in abgelegenen Gebieten sich also weiterhin langsamer entwickelten, galt doch für eine zunehmende Zahl der Dörfer bereits für das ausgehende 17. Jahrhundert, daß sie von der Kommerzialisierung erfaßt waren — oder, wie das Minkan seiyō es beschreibt, daß Hinz und Kunz — Schiffsknechte und Sänftenträger — über Goldmünzen verfügten, wo noch 70 Jahre vorher die Menschen aus den Nachbardörfern zusammengelaufen waren, wenn jemand nur ein Goldstück besaß (Tanaka Kyūgu S. 329).

Dies war wohl die einschneidendste Wirkung der Burgstadt, weil sie sich auf das ganze Umland erstreckte und in kurzer Zeit die Wirtschaft des Landes umformte. Bei der fast regelmäßigen Verteilung der Burgstädte über das ganze Land mußte dies von nachhaltigem Einfluß sein. Aizu Wakamatsu, das oben im Zusammenhang mit dem Aizu nōsho erwähnt wurde und das im weniger entwickelten Norden lag, ist ein deutliches Beispiel dafür. Mit dem Ende des 17. Jahrhunderts waren praktisch alle Regionen, wenn auch in unterschiedlichem Ausmaß, mit der Geldwirtschaft in Berührung gekommen. Ebenso bedeutsam waren auch die Folgen für den Fernhandel. Was an Bedürfnissen nicht aus dem eigenen Territorium zu befriedigen war, mußte durch die Kaufleute beschafft werden. Luxusartikel, für die Repräsentation der Daimyō und ihrer Vasallen benötigte Waren, hochwertige Gewänder beispielsweise, aus Brokat und Seidenstoffen, für deren Herstellung die schon damals in Kyōto im Nishijin-Quartier ansässigen Weber über die erforderliche Technik verfügten, die Rohseide dafür wurde meist aus China eingeführt, dies alles und ebenso von den Stadtbürgen gekaufte Waren gelangte durch den Fernhandel in die Burgstädte, dessen Netzwerk sich auf diese Weise vergrößerte und festigte.

Das *sankin kōtai*, die Verpflichtung für die Daimyō, in stetigem Wechsel Aufenthalt in Edo zu nehmen, um dann wieder in das eigene Territorium zurückzukehren, sorgte dafür, daß die großstädtischen Moden sich rasch über das Land verbreiteten und auch in den fernen Burgstädten Bedarf an modischen Neuerungen geweckt wurde. Dazu kam die Konsumfreude der Stadtbewohner, wie sie schon von Saikaku geschildert wurde. Die Regennachtlaternen, mit denen einer seiner Helden sein Vermögen machte, sind ein anschauliches Beispiel dafür (vgl. Ihara Saikaku, Saikaku oridome, NKBT 48, S. 364; May (2), S. 29). Die Muße, ebenfalls ein Merkmal, durch das sich das städtische Leben von dem auf dem Dorf unterscheidet, war ein weiterer wirtschaftlicher Faktor, sei es durch das Leben in den Vergnügungsvierteln — man denke allein an den Bedarf an Lampenöl — sei es durch die Nachfrage nach mancherlei Delikatessen und Genußmitteln. Aber auch der Buchhandel zog Nutzen aus dieser Muße. Zwischen 1624 und 1644 zählte man in Kyōto 67 Verlagsbuchhändler (vgl. May (1), S. 37)[15]. Wenn auch hier wie bei den Vergnügungsvierteln nicht jede Burgstadt mit Kyōto zu vergleichen ist, erlebte doch der Buchhandel in Japan einen frühen und beispiellosen Aufschwung, der als ein wichtiger Hinweis auf die vielfältigen Impulse städtischen Lebens auf die wirtschaftliche Entwicklung Japans unter der Pax Tokugawa verstanden werden kann.

6. *Die steuerliche Belastung der Bauern*

a) Die Praxis der Besteuerung

Das rasche Wachstum der Städte darf als Hinweis darauf gewertet werden, daß die landwirtschaftliche Produktion mit dem zunehmenden Bedarf Schritt halten konnte. Dies wirft indessen die Frage nach den Triebkräften auf, die diese Produktionssteigerung bewirkten. Die Umstände legen die Annahme nahe, daß die wachsende städtische Nachfrage von den Bauern als eine Gelegenheit genützt wurde, ihre Einkünfte zu mehren. Dies hat indessen zur Voraussetzung, daß nicht eine Steuerpolitik durch Abschöpfung der Gewinne die Impulse zunichte machte und steht damit im Widerspruch zu der verbreiteten Annahme einer erdrückenden Besteuerung. Berücksichtigt man die Abhängigkeit des gesamten Kriegerstandes von den Steuereinnahmen aus dem Ackerbau, erscheint die im Zusammenhang mit der Geschichte der Tokugawa-Zeit häufig wiederkehrende Feststellung einleuchtend, daß die Bauern hart und unnachsichtig besteuert worden seien. Andererseits stehen die regelmäßigen Erlasse des Shogunats zu diesem Bild im Widerspruch, mit denen der angebliche Luxus der Bauern kritisiert wurde, verbunden mit der Ermahnung, vom Genuß von Sake, Tee und Tabak abzulassen, keine Seidengewänder zu tragen und auch den Reis nur in Ausnahmefällen zu verzehren (vgl. z.B. das bei Sansom (1) Bd. 3, S. 99 teilweise wiedergebene *Keian ofuregaki*). Der Verdacht, daß diese Vorhaltungen vergeblich waren, wird durch ihre häufige Wiederholung bestärkt, und

[15] Neben dieser Zahl, die für andere Städte zu dieser Zeit noch nicht gilt (vgl. die Tabelle bei May (1), S. 39), überrascht auch die hohe Auflagenzahl. So werden für das Kiyomizu-monogatari von 1638, das neokonfuzianisches Gedankengut propagierte, Verkaufszahlen von zwei- bis dreitausend Exemplaren genannt (vgl. May (3), S. 4).

das gerne zitierte Wort, man müsse die Bauern auspressen wie Sesamsaat bei der Ölgewinnung, fügt sich nicht bruchlos in die Vorstellung von Bauern, denen die Obrigkeit ein Leben im Luxus vorhält.

Diese Divergenz wird zum einen gewiß erklärbar durch die gesellschaftlichen Unterschiede innerhalb des Bauernstandes, dem ja die wohlhabenden Bauern mit umfangreichem Landbesitz ebenso angehörten wie landlose Pächter oder Arbeitskräfte. Auch der unterschiedliche regionale Entwicklungsstand, der mit den äußeren wirtschaftlichen Impulsen zusammenhing, darf als eine der Ursachen dafür gelten, daß arm und reich im Bauernstand nebeneinander existierten, nicht zu reden von der Not, die von Mißernten, Verschuldung und anderen äußeren Einflüssen herrührte.

Es gibt indessen einige Zeichen, die darauf hindeuten, daß die Besteuerung einen geringeren Teil an der Belastung der Bauern hatte, als früher angenommen, daß sie vielmehr diejenigen unter den Bauern begünstigte, die durch die Bewirtschaftung ihres Landes Gewinne anstrebten. Auch auf der Seite der Krieger scheint die Besteuerung zumindest teilweise in einem anderen Licht gesehen worden zu sein. So schrieb im Jahre 1612 Honda Masanobu im Honsaroku, man solle die Bauern den Bedarf eines Jahres an Saatgut und Nahrung zurückbehalten lassen und was darüber hinausgehe als Steuer nehmen (Honda, S. 19). Dieses maßvolle und auch unter dem Aspekt der Erhaltung der bäuerlichen Leistungsfähigkeit vernünftige Prinzip wird durch die Erkenntnisse des Wirtschaftshistorikers Nishikawa Shunsaku bestätigt, der die Behauptung, die Steuer sei von 40 auf 50 Prozent und sogar auf 60 Prozent gestiegen, zurückweist und zeigt, daß der Steuersatz in den Besitzungen des Shogunats nominell 40 Prozent betragen habe und ein effektiver Satz von 30 Prozent vorherrschte (vgl. Shimbō, Hayami und Nishikawa, S. 16). Er bestätigt damit auch eine von Thomas C. Smith auf der Grundlage der Steuerregister aus elf Dörfern angestellte Untersuchung, die schon 1958 zu dem Ergebnis kam, daß die Besteuerung der Bauern seit dem ausgehenden 17. Jahrhundert und über das Jahr 1850 hinaus sich nicht gravierend veränderte (vgl. Thomas C. Smith (5); die folgende Darstellung stützt sich im wesentlichen auf Smith).

Für alle Berechnungen der steuerlichen Belastung der Bauern in der Tokugawa-Zeit ist es von Bedeutung, daß der den Dörfern von der Verwaltung übermittelte Steuerbescheid auf der veranschlagten Ertragshöhe, *kokudaka*, beruhte. Diese setzte sich zusammen aus der durch Vermessung ermittelten Gesamtackerfläche des Dorfes und einer Meßzahl als Faktor, die den Durchschnittsertrag eines normalen Jahres angab. Die von Smith überprüften Steuerregister der elf über ganz Japan verteilten Dörfer ergaben, daß sich die veranschlagte Ertragshöhe im untersuchten Zeitraum nicht oder nur unwesentlich veränderte, daß also keine neue Festlegung stattfand, vielmehr 150 Jahre lang mit Meßzahlen operiert wurde, die wohl schon zu Beginn des 18. Jahrhunderts nicht mehr überall korrekt waren. So wurden Ertragssteigerungen, die auf intensivem Anbau durch verbesserte Verfahren und nicht auf Vergrößerung der Ackerfläche durch Neulanderschließung beruhten, von der veranschlagten Ertragshöhe nicht berücksichtigt. Allein das Wachstum der Städte aber, der aufblühende Markt und die zahlreichen Luxuserlasse machen eine Ertragssteigerung deutlich. Smith weist darauf hin, daß in einzelnen Feldern, für die Daten überliefert sind, diese Steigerung in 50 Jahren bis zu 112 Prozent betragen habe (Thomas C. Smith (5), S. 284). Wenn die veranschlagte Ertragshöhe als Grundmeßzahl unverändert blieb, dann bestand die einzige Möglichkeit, Ertragssteigerungen in der Besteuerung zu erfassen, in der Erhöhung der Steuerrate. Aber auch hier zeigte es sich, daß eine Anhebung nach 1700 die Ausnahme war und auch in solchen Fällen die Steuerrate später wieder absank. Die Gegenprobe anhand der Unterlagen für das Territorium Kaga bestätigte diese allgemeine Tendenz.

Selbst wenn die Zahl von elf Dörfern natürlich für eine auf ganz Japan bezogene Aussage sehr gering ist, kommt diesem Ergebnis doch durch die Streuung der benutzten Beispiele über das ganze Land eine nicht geringe Bedeutung zu, sie repräsentieren eine Grundform, die mit hoher Wahrscheinlichkeit für eine große Zahl japanischer Dörfer in der gleichen Weise gilt. Zudem haben in der Zwischenzeit neuere Untersuchungen die von Smith gemachten Befunde erhärtet (vgl. z.B. Naitō S. 120f.).

b) Die wirtschaftliche Bedeutung der Steuerpraxis

Mit dieser Form der Besteuerung verbanden sich bedeutende volkswirtschaftliche Folgen. Der Nutzen kam nicht gleichmäßig allen Bauern zugute, manche Bauern waren durch die Steuern erheblich schwerer belastet als andere. Selbst wenn man die Besteuerung im ganzen nicht als existenzbedrohend ansieht, konnte sie, verbunden mit Verschuldung, ungünstigen gesamtwirtschaftlichen Entwicklungen wie etwa Preisstürzen beim Reis und anderen Faktoren zur Verarmung der Bauern führen. Die allgemeine schwere Not bei Mißernten, für die etwa Honda Toshiaki (1744-1820) von der Hungersnot im Jahre 1786 einen ergreifenden Bericht gibt (vgl. die Übersetzung bei Keene S. 213-218), wurde von diesen Umständen ohnehin nicht berührt.

Die Bedeutung dieser Besteuerung aber liegt vor allem in dem Umstand, daß sie in erster Linie die Bauern begünstigte, die willens und in der Lage waren, die Bewirtschaftung ihrer Felder durch verbesserte

Anbautechniken zu intensivieren und so die Erträge zu steigern[16]. Auch ihnen blieb häufig kein großer Gewinn, zumal in der frühen Tokugawa-Zeit, vermehrte Einkünfte wurden vielmehr reinvestiert, um etwa durch Zukauf besserer Dünger Erträge und Qualität weiter zu steigern. Natürlich waren es vor allem die wohlhabenden Bauern, die auf diese Weise Vorteile hatten, aber der Nutzen blieb nicht auf sie beschränkt, auch kleinbäuerliche Betriebe vor allem in den wirtschaftlich führenden Gebieten hatten daran Anteil.

Über den Umstand hinaus, daß auf diese Weise für eine große Zahl von bäuerlichen Familien der Ackerbau auskömmliche Lebensverhältnise ermöglichte, für einige sogar einträglich wurde, fällt der Impuls ins Gewicht, der mit der Ertragssteigerung im Ackerbau auf die gesamtwirtschaftlichen Verhältnisse in der Tokugawa-Zeit wirkte. Zum einen wurden Handel und Gewerbe angeregt, der Lebensstandard verbessert. Zum anderen hatte die Steigerung der landwirtschaftlichen Einkommen zur Folge, daß die wohlhabenden Bauern nach einer Phase der Thesaurierung oder der Verwendung für Darlehen gegen Zinsen schließlich in ländlichen Gewerben wie der Sakebrauerei, der Herstellung von Sojasoße oder eingelegten Gemüsen oder in der ländlichen Textilindustrie investierten und damit eine tiefgreifende Strukturveränderung herbeiführten. Auch im Zusammenhang mit der Tatsache, daß es die reichen Bauern waren, die schließlich im Verein mit den niederen Samurai in der Meiji-Reform eine aktive Rolle spielten, sind diese Umstände hervorzuheben.

7. *Die bäuerlichen Betriebsformen*

a) Die Grundlagen im 17. Jahrhundert

Für alle Aussagen über die bäuerlichen Betriebe in der ersten Hälfte der Tokugawa-Zeit gilt es, eine regionale Unterscheidung zu treffen, die auf den schon in den voraufgegangenen Jahrhunderten bestehenden Unterschied zwischen den wirtschaftlich entwickelteren Gebieten, wie sie besonders durch das Kinai repräsentiert werden, und den in der wirtschaftlichen Entwicklung zurückgebliebenen Regionen im Nordosten wie dem Kantō und dem Tōhoku zurückgehen. Ungeachtet der Tatsache, daß seit dem ausgehenden 16. Jahrhundert auch in den abgelegeneren Regionen Burgstädte errichtet worden waren und von daher wirtschaftliche Impulse auf den Ackerbau der umliegenden Gebiete einzuwirken begannen, blieb doch der regionale Unterschied noch lange

[16] Daß reiche Bauernfamilien ihren Besitz verloren, weil sie die Anpassung an die Kommerzialisierung nicht bewältigten, hat schon Thomas C. Smith (1), S. 173 berichtet.

wirksam und trat insbesondere in der ersten Hälfte der Tokugawa-Zeit in Struktur und wirtschaftlicher Zielsetzung der Betriebe deutlich zutage. Er sollte sich auch in der zweiten Hälfte dieser Epoche nicht vollständig verlieren.

Daneben gilt es ebenso, die sozialen Unterschiede zu berücksichtigen, die im japanischen Dorf schon vor der Tokugawa-Zeit vorhanden waren und auch durch die Schaffung eines Bauernstandes im Vier-Stände-System keineswegs aufgehoben waren. Es lassen sich im wesentlichen drei Schichten unterscheiden: Die wohlhabenden Bauern, wegen ihres größeren Landbesitzes häufig auch als Landbesitzer bezeichnet, die sich von den angesehenen Familien mit Kriegerstatus in der mittelalterlichen Dorfgesellschaft herleiteten, den Kleinbauern mit geringem eigenen Landbesitz und den Pächtern und Landarbeitern, die meist in einem langdauernden Abhängigkeitsverhältnis von patriarchalischer Prägung zu den wohlhabenden Bauern standen. So wies die Form des Landbesitzes und der bäuerlichen Betriebe in der Tokugawa-Zeit durchaus ein einheitliches Grundmuster auf, mit einer größeren Zahl von Kleinbetrieben, einigen mittelgroßen und oft nur ein oder zwei Großbetrieben pro Dorf, die den Besitz eines Kleinbetriebes um ein Vielfaches übertrafen, trotzdem aber mit den landwirtschaftlichen Großbetrieben dieser Zeit in Europa keinesfalls vergleichbar sind — ein Grund dafür, daß der Begriff des Landbesitzers in der vorliegenden Darstellung zu ihrer Charakterisierung nicht gebraucht wird[17].

Sase Yojiemon zum Beispiel, der Verfasser des Aizu nōsho (vgl. unten, S. 141), dessen Familie traditionell auch das Amt des Dorfvorstehers bekleidete, also eindeutig der Oberschicht angehörte, verfügte nach den Berechnungen von Ono Takeo mit etwa 5 ha über einen mittelgroßen Betrieb (vgl. Sase S. 31). Das sind jedoch Zwergbetriebe verglichen mit den damaligen Großbetrieben etwa in Deutschland mit 100 bis 150 ha, selbst wenn man berücksichtigt, daß infolge des intensiven Ackerbaus in Japan mit zwei oder gar drei Ernten im Jahr die Erträge hoch waren, während sie in Deutschland oftmals noch durch den Anteil des Weidelandes und durch die Brache geschmälert wurden.

b) Die abgelegenen Regionen in der frühen Tokugawa-Zeit

In den wirtschaftlich weniger entwickelten Gegenden Japans arbeiteten, bedingt durch fehlende Impulse, die großen Betriebe der wohlhabenden

[17] Vergleichbare Daten über Betriebsgrößen sind kaum zu erhalten, da für diese Zeit in Japan üblicherweise die veranschlagten Erträge, *kokudaka*, angegeben wurden. Nach Thomas C. Smith (1), S. 3 war für Großbetriebe die zehn- bis zwanzigfache Größe eines Kleinbetriebes weit verbreitet, auch eine hundertfache Größe war möglich.

Bauern noch extensiv. Das wird auch in dem Umstand deutlich, daß hier, infolge der Zahl der angestellten Arbeitskräfte und der zu Arbeitsleistungen verpflichteten Pächter mehr Arbeitskräfte zur Verfügung standen, als für die Betriebsgröße erforderlich waren. Eine Auslastung war oft bestenfalls nur in den Zeiten der Spitzenbelastung beim Setzen der Reisstecklinge oder bei der Ernte gegeben. Die Betriebe verfügten über Rinder oder Pferde, an Dünger wurden nur die herkömmlichen, aber keine Handelsdünger verwandt. Erzeugt wurde vor allem für den Eigenbedarf. Die kleinbäuerlichen Betriebe dieser Regionen wurden von den Familienmitgliedern bewirtschaftet, auch hier konnten nur selbsterzeugte Dünger, insbesondere Grasschnitt eingesetzt werden; wichtigstes Werkzeug war die Hacke, Zugvieh war gewöhnlich nicht vorhanden, doch wurden gelegentlich Pferde ausgeliehen. Das wirtschaftliche Betriebsziel lag in der Deckung des Eigenbedarfes. Die Pächter waren in ihrer Existenz von den wohlhabenden Bauern abhängig, von denen sie ihr Ackerland erhielten, aber auch mit dem für die Bewässerung nötigen Wasser vesorgt wurden — Wasserrechte waren an Landbesitz gebunden. Darüber hinaus wurden sie in Notzeiten von dem wohlhabenden Bauern unterstützt, dem sie im Rahmen des die Pacht einschließenden Abhängigkeitsverhältnisses zu Arbeitsleistung verpflichtet waren. Häufig wurden auch die Kinder der Pächterfamilien als Gesinde auf den Hof des Landbesitzers genommen. Die Pächter hatten gewöhnlich weder Dünger noch Zugvieh zur Verfügung und die Betriebe waren häufig für den Erhalt der ganzen Familie zu klein. Für alle drei Betriebstypen waren die Belastungen insbesondere durch die Steuern hoch.

c) Formen in den wirtschaftlich entwickelteren Gebieten

In den wirtschaftlich entwickelteren Landstrichen mit dem Kinai an der Spitze wirtschafteten zwar im allgemeinen die kleinbäuerlichen Familien, gestützt auf die Arbeitskraft der Familienmitglieder, für den eigenen Bedarf, aber in dieser Gruppe der Kleinbetriebe traten in den führenden Regionen allmählich Übergangsformen zur Marktproduktion in Erscheinung. Die Dünger stammten noch aus dem eigenen Betrieb, doch hielten häufig mehrere Bauern zusammen ein Rind als Arbeitstier. Die wirtschaftliche Belastung der Höfe war verhältnismäßig leicht.

Die großbäuerlichen Betriebe erzeugten neben dem Eigenbedarf kommerziell verwertbare Produkte und setzten dabei außer den eigenen Düngern auch gekaufte ein. Neben dem Gesinde beschäftigten diese Höfe auch für eine befristete Zeit eingestellte Arbeitskräfte. Die wirtschaftliche Belastung war gering.

Schwer war sie dagegen für die Pächter, die in den entwickelteren Gebieten im allgemeinen mit der Arbeitskraft der Familienmitglieder nur für den Eigenbedarf wirtschafteten, allerdings hier im eigenen Betrieb anfallende Dünger verwendeten.

Die hier gezeichneten Typen (die Darstellung stützt sich im wesentlichen auf Mihashi (2), S. 57-61 und ders. (1), S. 102-108) dürften in dieser unvermischten Form nur selten vorgekommen sein, häufiger waren Höfe, die je nach der Intensität der kommerziellen Einflüsse in einer Übergangsform existierten, bei den Großbetrieben beispielsweise in der Form, daß neben der Produktion für den Eigenbedarf ein vorhandener Überschuß vermarktet und von den Erlösen etwa Dünger eingekauft wurde, so daß Gewinne nur in geringem Umfang erzielt wurden. Bemerkenswert ist jedoch auch die Entwicklung bei den Arbeitskräften. Einerseits wird, wie Andō Seiichi zeigt (vgl. Andō (1), S. 25-36), bei den Arbeitskräften die Tendenz zur Verselbständigung deutlich, zum anderen nehmen die wohlhabenden Bauern in zunehmendem Maße fremde Arbeitskräfte mit befristeter Dauer auch als Saisonarbeiter auf, eine Wandlung, die auf den städtischen Bedarf an Arbeitskräften und die steigenden Lohnkosten zurückzuführen ist. Auch das traditionell patriarchalisch geprägte Verhältnis zwischen Pächtern und Landbesitzern zeigt unter diesen Umständen die Anzeichen einer beginnenden Umformung.

d) Rückständige Gebiete seit dem 18. Jahrhundert

Kommerzialisierung und Geldwirtschaft haben seit dem Ende des 17. Jahrhunderts die bäuerlichen Betriebe auch in den abgelegenen und wirtschaftlich rückständigen Gebieten zunehmend erfaßt und in unterschiedlichem Maße umgeformt. Am wenigsten wurden von diesem Vorgang die Pächter betroffen, die weiterhin mit verhältnismäßig gering entwickelten Anbaumethoden, meist ohne Dünger, Getreide für den Eigenbedarf erwirtschafteten.

Selbstversorgende kleinbäuerliche Betriebe konnten sich mit Hilfe der Familienarbeit und unter Ausnutzung der vorhandenen Möglichkeiten an steuerlich gering belasteten Trockenfeldern eine Existenzmöglichkeit sichern, die Verwendung der verbesserten Hacke, *bitchū-kuwa*, die Nutzung von Grasschnitt als Dünger half ihnen, den Lebensunterhalt zu bestreiten. Da sie jedoch häufig kaum über Nebeneinkünfte verfügten und zudem, bedingt durch die ausschließliche Subsistenzwirtschaft von den Steuern stark belastet waren, gingen freilich die Einkünfte aus dem Betrieb über das Existenznotwendige kaum hinaus.

Ein breites Feld besetzten die mit Lohnarbeit für die Selbstversorgung wirtschaftenden Betriebe der bäuerlichen Mittelschicht, die in der Zone des Reisbaus als Zweitfrucht Gerste oder Weizen anbaute, um damit einen großen Teil ihrer Steuern zu zahlen, und die sich hauptsächlich von Gerste oder Weizen und Abfallreis ernährte. Solche Betriebe waren vor allem in *uranippon* zahlreich, am Unterlauf der großen Flüsse, wo die städtische oder gewerbliche Nachfrage nach Arbeitskräften schwach war und daher durch zweite oder dritte Söhne sowie von armen Bauernfamilien Arbeitskräfte gegen Naturalleistungen erhältlich waren. In der Nähe der Städte dagegen konnten sie aufgrund der höheren Löhne nicht existieren, wie auch die fortschreitende Kommerzialisierung zur Verringerung solcher Betriebe beitrug. Daß sie trotzdem bis in die Meiji-Zeit hinein nicht verschwunden waren, ist ein deutliches Zeichen dafür, daß auch mit der zunehmenden Kommerzialisierung die Regionalität in der Entwicklung des Ackerbaus nicht aufgehoben war.

Auch die vorwiegend den Trockenfeldbau betreibenden selbstversorgenden Höfe, die von reichen Bauern mit Hilfe von Gesinde und leistungspflichtigen Pächtern bewirtschaftet wurden, behielten in den abgelegeneren Gebieten ihre Existenzmöglichkeit. Sie erzeugten eine Vielfalt von Trockenfeldgewächsen, doch wurden die Erträge durch die extensive Bewirtschaftung, insbesondere durch die Zahl der zu versorgenden Esser aufgezehrt, zu denen auch die während der Arbeitstage zu versorgenden Pächter kamen, so daß kein Überschuß erzeugt wurde. Mihashi führt als Beispiel den im *Jikata no kikigaki* beschriebenen Betrieb mit 2 *chō* (1,984 ha) Naßfeld und 5 *tan* (4,96 a) Trockenfeld an, der mit fünf Familienmitgliedern und fünf Lohnarbeitern bewirtschaftet wurde (Mihashi (1), S. 103).

Als eine Übergangsform, bei der die Produktion einer zusätzlichen Feldfrucht für den Markt deutlich die Einflüsse der Kommerzialisierung erkennen ließ, müssen die von den großen Bauern mit Hilfe von Lohnarbeit bewirtschafteten Höfe bezeichnet werden, bei denen die Eigenversorgung noch ausgeprägt war und die Produktion für den Markt nur einen Nebenverdienst erbrachte. Solche Betriebe waren sehr zahlreich und leisteten insgesamt einen wesentlichen Beitrag für den Markt. Beispiel ist ein Betrieb in Mikawa, der bei einer Fläche von 1 *chō*, 3 *se*, 10 *bu* (ca. 1,025 ha) auf 1 *tan* 8 *se* (17,9 a) Tabak für den Verkauf anbaute (Mihashi (1), S. 104).

e) Entwickelte Gebiete seit dem 18. Jahrhundert

In den fortgeschritteneren Landstrichen hatte die Kommerzialisierung alle Betriebsgrößen bis hin zu den Pächtern in der einen oder anderen Form erfaßt. Betrachtet man die Gegend um Ōsaka, so war hier außer dem für stadtnahe Gebiete typischen Gemüseanbau vor allem die Baumwolle zum Hauptprodukt geworden und der Anbau solcher ausschließlich für den Markt bestimmten Feldfrüchte machte im Trockenfeld und als Wechselfrucht im Naßfeld den Hauptteil der Erzeugnisse aus. Hier wie in anderen fortgeschrittenen Anbaugebieten konnten aus den Einnahmen für die Marktproduktion die Kosten für Dünger bestritten werden. Bei den kleinbäuerlichen Betrieben, die neben der Selbstversorgung in geringem Umfang Marktprodukte erzeugten, bestand daneben auch die Möglichkeit der Vorfinanzierung der Dünger durch die städtischen Kaufleute. Da dieser Anbau durch die Arbeitskraft der Familie bewältigt und durch den kombinierten Anbau die Bodennutzung intensiviert werden konnte, ließ sich in Verbindung mit Einkünften aus Nebenerwerb auch auf Höfen mit geringer Ackerfläche der Lebensunterhalt erwirtschaften und in kleinem Umfang Marktproduktion betreiben. Gerade der Umstand, daß die Hacke als das für solche kleinen Betriebsgrößen bestimmende Gerät im Umland von Ōsaka in der zweiten Hälfte der Tokugawa-Zeit weiter differenziert wurde, ist ein Hinweis auf die Einbeziehung der kleinbäuerlichen Betriebe mit geringen Einkünften in den kommerziellen Ackerbau. Am weitesten war die Kommerzialisierung in den großen Betrieben fortgeschritten. Hier, wo man schon im 17. Jahrhundert mit gekauftem Dünger und mit Lohnarbeitern zu wirtschaften begonnen hatte, setzte sich diese Tendenz weiter fort. Die Arbeitskräfte bestanden nun zum größten Teil aus länger- oder kurzfristig Beschäftigten. Auffällig ist der Umstand, daß die großen Betriebe offenbar völlig zu dieser Form der Lohnarbeit griffen, daß daneben aber auch einige kleine und ärmere Betriebe Lohnarbeiter einstellten. Im 19. Jahrhundert begannen dann die Betriebe, die völlig für den Markt produzierten, Arbeitskräfte auf Tagelohnbasis zu beschäftigen (Mihashi (1), S. 105).

Auf der anderen Seite bot die Möglichkeit des Nebenverdienstes durch Lohnarbeit, wie er von den großen Bauern geboten wurde, für die Schicht armer, besitzloser Pächter- und Bauernfamilien eine Möglichkeit, sich eine eigene Existenz zu schaffen. Obgleich solche Pachtbetriebe normalerweise nur für den Eigenbedarf bewirtschaftet wurden und die knappen Erträge eine Nebenerwerbstätigkeit einzelner Familienmitglieder erforderten, sind doch in manchen kommerzialisierten Landstrichen selbst solche kleinen Pachtbetriebe zu einer Produktion für den Markt als zusätzlicher Verdienstmöglichkeit übergegangen.

Mit der wirtschaftlichen Entwicklung im 18. und 19. Jahrhundert setzte sich die Umformung mit zunehmender Geschwindigkeit fort. Steigende Lohnkosten zwangen die reichen Bauern, nach neuen Möglichkeiten der Bewirtschaftung auszuschauen, die sie darin fanden, daß sie einen großen Teil ihres Landes als Pachtland ausgaben und nur soviel für sich behielten, wie sie mit den Familienmitgliedern bewirtschaften konnten. Dazu verstärkte sich die soziale Mobilität. Reiche Bauernfamilien verloren ihren Besitz teilweise oder vollständig, armen gelang oft mit Hilfe der Erträge aus gewerblichen Aktivitäten der Aufstieg. Als Folge des Zerbrechens der traditionellen sozialen Bindungen im Dorf traten besonders in den wirtschaftlich fortgeschrittenen Gebieten landlose Familien, *mutaka*, in wachsender Zahl auf. Sie und viele kleine Bauern- und Pächterfamilien hatten ihre Existenzgrundlage in der Lohnarbeit (vgl. dazu unten, S. 189ff.).

8. *Der Ackerbau bis zum 18. Jahrhundert*

a) Der Reisbau

Unverändert behielt der Reis seine traditionelle Führungsstellung unter den Feldfrüchten. Für die Zeit etwa des ersten Viertels im 18. Jahrhundert machten die Naßfelder in Japan mit etwa 1,63 Millionen *chōbu* knapp 55 Prozent des Ackerlandes aus (vgl. Furushima (4), S. 134; die Trockenfelder machten 1,32 Millionen *chōbu* aus). Aus der Sicht der Bauern war der Reis vor allem das Mittel, in dem die Steuern zu entrichten waren. Der überwiegende Teil des angebauten Reises diente diesem Zweck. Was in den Händen der Bauern verblieb, war im wesentlichen für die eigene Nahrung bestimmt, nur in den wirtschaftlich entwickelteren Gebieten wurde bereits zu Beginn der frühen Neuzeit Reis zum Verkauf angebaut. In solchen Fällen kam es auch schon zum Einsatz gekaufter Dünger wie Sardinen oder Ölpreßkuchen. Im Normalfall aber wurde der Reis nur mit Gründünger versorgt, der auf den landwirtschaftlich nicht genutzten Flächen der Dorfgemeinschaft im Grasland und in den Waldungen gewonnen wurde.

Die zahlreichen Sorten, die für Reis inzwischen genannt werden, das Seiryōki, das wohl im frühen 17. Jahrhundert verfaßt wurde, führt 96 Sorten an (das entsprechende Kapitel ist vermutlich schon im 16. Jahrhundert entstanden, vgl. Furushima (5), S. 118 und 124ff.), lassen die reiche Differenzierung erkennen. Solche Zahlenangaben, besonders die gelegentlich anzutreffende Zahl von 500 Sorten sollten jedoch mit Vorsicht betrachtet werden, da häufig die besonders reichtragenden Ähren eines Feldes als Saatgut ausgelesen und als neue Sorte verstanden wurden. Durch diese Auswahl des Saatgutes, wie sie im Nōgyō zensho beschrieben wird, konnte sich eine Verstärkung erwünschter oder die Unterdrückung unerwünschter Eigenschaften ergeben, ohne daß damit eine bewußte Saatzucht verbunden gewesen wäre. Wie schon die auch im Nōgyō zensho vertretene Theorie von den »weiblichen Ähren« erkennen läßt[18], waren verständlicherweise die Kenntnisse für eine Saatzucht noch nicht sonderlich entwickelt.

[18] »Weibliche Ähren nennt man die, bei denen die Körner dicht, Stengel und Halme geschmeidig und die Knoten nicht hoch erscheinen« (Miyazaki, Bd. 12, S. 69).

Die Anbauverfahren beim Reis zeigten noch keine besonderen Fortschritte, die Anzucht der Stecklinge im Saatbeet war allgemeiner Brauch, neben den genannten Gründüngern kamen auch andere Abfälle, dazu Schlamm aus Bewässerungsgräben und auch Fäkalien vor, doch hatten diese noch keine große Bedeutung. Das Auspflanzen der Schößlinge in das Feld, eine Arbeit, die für alle Felder in einem knappen Zeitraum erfolgen mußte, wurde in Gemeinschaftsarbeit erledigt, das Setzen der Stecklinge erfolgte noch ungeordnet. Über die Pflanzdichte liegen unterschiedliche Aussagen vor, sie schwankte nach den Angaben in den verschiedenen Agrarschriften zwischen 49 und 143 Pflanzen pro *tsubo*, das Mittel dürfte bei 100 Pflanzen pro *tsubo*, also etwa 30 Pflanzen pro Quadratmeter gelegen haben[19]. Die Pflanzdichte war damit höher als heute. Das gilt auch für die pro *tsubo* im Saatfeld benötigte Menge an Saatgut, die im Durchscnitt bei 7 bis 8 *gō* (1,26 bis 1,44 l) lag, während sie heute mit weniger als 3 *gō* (0,54 l) angegeben wird (ausführlich bei Mihashi (2), S. 32).

b) Trockenfeldbau in den weniger entwickelten Gebieten

Neben dem für den Reisbau benötigten Naßfeld spielte der Anbau im Trockenfeld eine nicht zu unterschätzende Rolle, die in der Versorgung mit zusätzlichen Nahrungsmitteln die traditionelle Aufgabe umfaßte, zugleich aber im Zusammenhang mit der Kommerzialisierung des Ackerbaus für die Erzeugung von gewerblichen Rohstoffen und Produkten für den gehobenen Bedarf zunehmendes Gewicht gewann. Für die hier betrachtete Epoche machte sich beim Trockenfeld in sehr viel stärkerem Maße als beim Naßfeld die auf unterschiedlichem wirtschaftlichem Entwicklungsstand beruhende Regionalität des Ackerbaus bemerkbar. Daher wird es hier nötig, zwischen den wirtschaftlich führenden Regionen und den weniger entwickelten Gebieten zu unterscheiden.

In den letzteren diente das Trockenfeld der bäuerlichen Selbstversorgung. Seine Erträge hatten die Lücken zu füllen, die der der Erwirtschaftung der Steuern dienende Reisbau nicht schließen konnte. Damit fehlten für den Trockenfeldbau hier alle äußeren Impulse, die sich auf eine Verbesserung der Anbauverfahren ausgewirkt hätten. Das wird vor allem beim Dünger deutlich, der generell auf die Abfälle aus dem eigenen Betrieb beschränkt blieb.

---

[19] Ein *tsubo* entspricht etwa 3,31 Quadratmetern; zu den Angaben vgl. auch die Tabelle bei Mihashi (2), S. 36. Die einzelnen Quellen unterscheiden nach unterschiedlichen Kriterien, so früh- oder mittelzeitige Sorte, Bodenqualität und Größe der Stecklinge.

Wichtigste Feldfrucht und Hauptnahrungsmittel der Bauern war die Gerste. Sie wurde als Zweitfrucht im Naßfeld gezogen, der Regelfall war aber der Anbau als Winterfrucht im Trockenfeld, wo nach der Herbstaussaat der Gerste im Frühjahr verschiedene Bohnenarten, Hirse, aber auch Trockenfeldreis und gelegentlich Baumwolle zwischen die Reihen der Gerste eingesät wurden. Weizen wurde ebenfalls als Wintersaat im Spätsommer oder Herbst ausgesät. Kolben- und Rispenhirse, Buchweizen, Süßkartoffel und Rettich waren die weiteren Hauptfrüchte der bäuerlichen Nahrung, von denen die Kolbenhirse als Einzelfrucht gezogen, die Rispenhirse dagegen häufig im Saatbeet angesät und nach dem Frühsommerregen auf abgeernteten Raps- oder Gerstenäckern gepflanzt wurde. Buchweizen mit seiner sehr kurzen Reifezeit war häufig Zweitfrucht nach Gerste, Weizen oder Bohnen, oder er wurde in hochgelegenen »Berg«-feldern als Einzelfrucht angebaut.

Die Bohnen, vor allem die Sojabohne, wiesen in der Form des Anbaus die größte Variationsbreite auf. Sie wurden auf den Feldrainen zwischen den Naßfeldern gezogen, aber auch in verschiedenen Kombinationen als Haupt- oder Zweitfrucht im Trockenfeld. Es gab Sorten, die als frühreifend galten und spätreifende. Insgesamt kam der Sojabohne als vielfältig verwerteter Nahrungspflanze wie durch die Düngewirkung im Fruchtwechsel eine große Bedeutung zu. Sie war daneben in manchen Territorien auch für die Entrichtung der Trockenfeldsteuer zugelassen.

Als Sonderform des Trockenfeldbaus gab es etwa auf Tsushima immer noch den Brandfeldbau. Dort wie auf Tanegashima und Yakushima existierte auch der Wechsel zwischen Weidegang und Bebauung, der, wie das Beispiel von der Oki-Inselgruppe zeigt, auch in einer strenger geregelten Wechselwirtschaft mit vier Schlägen möglich war. Durch den ständigen Wechsel der Schläge ergab sich ein Vierjahresrhythmus. Die Fruchtbarkeit des Bodens wurde durch die Ruhezeit und den Dünger des Weideviehs regeneriert, auch der Wechsel mit Bohnen spielte eine Rolle. Im ganzen war diese Form der Bodennutzung jedoch auf die Inseln mit schlechten Böden beschränkt.

c) Trockenfeldbau in den entwickelteren Gebieten

In den wirtschaftlich fortgeschritteneren Gebieten schlug der Trockenfeldbau eine Entwicklungsrichtung ein, die mit den Interessen der Daimyō nicht völlig übereinstimmte. Gleichwohl wurde sie durch deren Politik entscheidend mitbeeinflußt und gibt ein informatives Beispiel für das Dilemma dieser Politik. Die Daimyō neigten dazu, den Ackerbau zu regulieren, um den Anbau der für die Steuer gedachten Feldfrüchte, vor allem des Reises, sicherzustellen. Demgegenüber bestand die Tendenz, den Anbau von gewerblichen Feldfrüchten oder sogenannten Luxusgütern wie Tabak oder Tee zumindest auf den sogenannten *hondenbata*, den alten Feldern nämlich, einzuschränken oder zu verbieten.

Andererseits aber waren die Politik von Shogunat und Daimyō, große konsumptive Bevölkerungsgruppen in den Burgstädten anzusiedeln und die Residenzpflicht in Edo im Rahmen des *sankin kōtai* ohne diesen Anbau im Grunde nicht zu realisieren. Ohne die Entwicklung des kommerziellen Ackerbaus wäre die in den Städten entstehende Nachfrage nicht zu befriedigen gewesen.

Die von der Nachfrage der Städte ausgehenden Impulse aber wirkten insbesondere auf Technik und Arbeitsintensität im Trockenfeldbau. So erreichte dieser zumindest den gleichen Rang wie der Naßfeldbau, den er in mancher Hinsicht sogar deutlich überholte. Die Nachfrage der städtischen Bevölkerung ließ angefangen bei Kyōto, Ōsaka und Edo, aber auch im Umland der regionalen Burgstädte eine Zone intensiven Gemüsebaus entstehen, dessen Erzeugnisse in Quantität und Qualität von dieser Nachfrage bestimmt wurden und deshalb in Anbau und Pflege Verfahren erforderten, die mit dem gärtnerischen Anbau vergleichbar sind. Dies gilt sowohl für die Maßnahmen der Sortenwahl, des Jätens, der Bodenpflege und Schädlingsbekämpfung wie für die eingesetzten Dünger. Die im letzten Viertel des 17. Jahrhunderts erschienenen Agrarschriften, unter ihnen besonders das Nōgyō zensho von Miyazaki Antei (auch Yasusada, 1623-1697) lassen diese Tendenz deutlich erkennen.

Am auffälligsten trat diese Entwicklung beim Dünger in Erscheinung. Zwar wurden die auch bisher genannten, im eigenen Betrieb anfallenden und hergestellten Dünger wie Stallmist, Fäkalien, Grasschnitt, Schlamm aus Bewässerungsgräben und dergleichen nicht aufgegeben, aber sie wurden ergänzt durch Handelsdünger, von denen getrocknete Sardinen oder Ölpreßkuchen die bekanntesten waren.

Unter der großen Zahl der Gemüse und Früchte seien die Kürbisse und Melonen hervorgehoben, von denen im Nōgyō zensho neun Arten genannt werden. Die aufwendige Behandlung, die ihnen zuteil wurde, bis hin zum Stroh, das als Schutz gegen Druckstellen und Fäulnis unter jeder Frucht ausgebreitet werden sollte, läßt die Ansprüche an die Qualität anschaulich werden. Vor allem die als *ama'uri* bezeichnete Melonenart wurde zu einer beliebten und für den Sommer typischen Frucht, die in großen Mengen gezüchtet wurde. Darunter waren die aus der Gegend des Tōji und von Toba im Süden Kyōtos besonders berühmt und gefragt. Sie wurden als *han no uri*, wörtlich Stempelmelonen, bezeichnet, weil jeder Frucht der Herkunftsort aufgestempelt wurde und waren damit eine Art Markenartikel.

Zu einer der wichtigsten Nutzpflanzen war die Baumwolle geworden. Die ersten, noch vergeblichen Versuche zu ihrem Anbau in Japan werden für das Jahr 800 gemeldet, als die 799 von einem Schiffbrüchigen angeblich aus Indien mitgebrachten Samen an verschiedene Provinzen verteilt wurden (*Nihon kōki* 8, Enryaku 18, KT 3, S. 23 und für den Anbau *Nihon isshi* Enryaku 19, KT 8, S. 66; sowie Lewin (3), S. 410f. und 426, Anm. 5; Nachod (2), S. 990 und S. 1096f.). Im frühen 16. Jahrhundert wurde sie erstmals als japanisches Erzeugnis erwähnt. Sie hatte seitdem eine weite Verbreitung erfahren und sich insbesondere im Kinai zu einem Hauptprodukt des Ackerbaus entwickelt und zu dieser Zeit den Hanf als Grundstoff für die bäuerliche Kleidung weitgehend verdrängt. Wie aus dem Aizu nôsho zu erkennen ist, wurde selbst im klimatisch wenig geeigneten Gebiet von Aizu Baumwolle angebaut, ohne daß jedoch dafür Handelsdünger verwendet wurde, ein Indiz dafür, daß sie hier wohl dem bäuerlichen Eigenbedarf diente (vgl. Sase S. 82).

Wie der sonst übliche hohe Aufwand bei ihrer Aufzucht, insbesondere der Bedarf an Arbeitskräften erkennen läßt, erhielt die Baumwolle ihre tatsächliche Bedeutung aber als Rohstoff für die gewerbliche Produktion. Schon das 1697 gedruckte Nōgyō zensho nennt Kawachi, Izumi, Settsu, Harima und Bingo als Hauptanbaugebiete und berichtet von dem hohen Gewinn, der mit der Baumwolle verbunden ist. Dabei wurden nach Mihashis Auskunft in Kawachi und Settsu etwa 60 bis 70 Prozent des gesamten Ackerlandes mit Baumwolle bepflanzt, selbst auf den Naßfeldern soll hier ihr Anteil zwischen 30 und 50 Prozent gelegen haben (Mihashi (2), S. 48). Der pro *tan* für die Pflege erforderliche Arbeitsaufwand wird mit dem doppelten des beim Reis üblichen angegeben.

Besonders das Umland von Ōsaka gewann nicht zuletzt wegen des nahen Marktes besondere Bedeutung für den Baumwollanbau, der hier frühzeitig auch von den Kleinbauern betrieben wurde, die damit eher als anderswo von der Kommerzialisierung erfaßt wurden.

Während so die Baumwolle als ein Gewächs Anerkennung fand, das dem allgemeinen Nutzen diente, galt der Tabak als ein Luxusartikel, dessen Genuß den Bauern mehrfacht untersagt und dessen Anbau nicht selten mit Argwohn betrachtet, auf den sogenannten »alten Feldern« von einzelnen Daimyō sogar verboten wurde. Wie indessen das Nōgyō zensho schreibt, »genießen ihn doch hoch und niedrig allenthalben und gebrauchen ihn übermäßig« (Miyazaki 13, S. 53).

Nach einer verbreiteten Meinung im 16. Jahrhundert von den Portugiesen nach Japan gebracht, sollen ihn die Japaner nach Dorotheus Schilling auf den Philippinen kennengelernt haben[20]. 1578 wurde er

[20] Schilling leitet dies von der dem Spanischen nahestehenden Aussprache ab, vgl. Schilling S. 118f.

bereits in Izumozaki gehandelt und um die Mitte des 17. Jahrhunderts hatten sich allen Verboten zum Trotz eine ganze Reihe von Anbaugebieten in Japan herausgebildet. Das Nōgyō zensho nennt acht Sorten, von denen einige die Namen von Anbaugebieten tragen. Auch beim Tabak waren von der Bodenvorbereitung und der Auswahl des Saatgutes bis hin zum Fermentieren die Verfahren sehr aufwendig, ein deutlicher Hinweis darauf, daß mit seinem Anbau gute Gewinnmöglichkeiten verbunden waren.

Neben der Gerste als der Hauptfrucht der bäuerlichen Nahrung entstand so eine breite Vielfalt im Trockenfeldbau gezogener Gewächse für den Konsum oder als gewerbliche Rohstoffe. Von den verschiedenen Arten der Ölsaat wie Perilla, Sesam, Baumwollsamen war die wichtigste der Raps, der als Zweitfrucht im Naß- und Trockenfeld angebaut wurde. Dazu kamen Indigo und Färbedistel, Papiermaulbeerbaum, Lack- und Wachsbaum, Mandarinen und der Tee, der ebenso als entbehrlicher Luxus galt wie der Tabak, und dessen Genuß ebenso verbreitet gewesen zu sein scheint.

d) Die Agrarschriften

In direktem Zusammenhang mit den Fortschritten der Anbauverfahren und mit dem kommerziellen Ackerbau sind die Agrarschriften, *nōsho*, des 17. Jahrhunderts entstanden. Das Seiryōki aus dem frühen 17. Jahrhundert, das häufig als die erste Agrarschrift Japans genannt wird, ist von Anlage und Zielsetzung der Gattung nicht zuzurechnen. Dieses Werk, genau genommen sein 7. Band, der unter dem gleichen Titel auch selbständig veröffentlicht wurde, hatte das Ziel, den 18 Jahre alten Daimyō Doi Seiryō (1546-?), der gerade in den Besitz des Territoriums seiner Familie gelangt war, in Fragen des Ackerbaus zu unterrichten und ist daher in den für die bäuerlichen Agrarschriften wesentlichen Themen der Agrartechnik nicht besonders genau (zu den Agrarschriften vgl. Müller (1); eine ausführlichere Darstellung befindet sich derzeit im Druck). Demgegenüber sind mit Ausnahme des Nōgyō zensho alle im letzten Viertel des 17. Jahrhunderts verfaßten Agrarschriften, unter ihnen das Hyakushō denki (ca. 1682), das Aizu nōsho (1684), das Saizōki (1689/90) von Bauern der Oberschicht geschrieben worden, um die in ihrer Region vorhandenen Agrartechniken zu sammeln und innerhalb der Familie zu überliefern, mit dem Ziel, wie es das Saizōki formuliert, daß die Kompilation »dazu dienen möge, sein Glück zu machen und sein Haus zum Gedeihen zu bringen« (Ōhata S. 399). Obwohl sie inhaltlich keineswegs einheitlich sind, sondern über die von der Regionalität her bestimmten unterschiedlichen Techniken und Schwerpunkte hinaus einen unterschiedlichen wirtschaftlichen Entwicklungsstand repräsentieren, stimmen diese Schriften doch darin überein, daß sie Einflüsse der Kommerzialisierung erkennen lassen, die im Hyakushō denki und im Aizu nōsho weniger stark, im Saizōki dagegen am deutlichsten ausgeprägt erscheinen. Dies äußert sich in den beiden letztgenannten auch in einer gewissen Vorliebe für den Umgang mit Zahlen, für die Rechenhaftigkeit. Im Aizu nōsho erscheint diese beispielsweise in der Berechnung des Arbeitsaufwandes oder des erforderlichen Saatgutes für bestimmte Kulturen, im Saizōki auch in der Berechnung der Größe eines Stauteiches, besonders aber im Versuch einer Betriebskostenrechnung, die auf der Grundlage von Einnahmen und Ausgaben des Betriebes den Ertrag pro *tan* feststellt und in Silber umrechnet. Bei allen *nōsho* aber wird aus dem Inhalt, aus den empfohlenen Düngern, den angebauten Feldfrüchten und aus solchen Rechenbeispielen der Einfluß der beginnenden oder fortschreitenden Kommerzialisierung erkennbar.

Eine Sonderstellung nimmt das Nōgyō zensho ein, das von Miyazaki Antei, einem Angehörigen des Kriegerstandes, verfaßt wurde und als einzige Agrarschrift der Zeit 1697 im Druck erschienen ist. In seiner Zielsetzung von der konfuzianischen Verpflichtung für den Gelehrten geprägt, das Volk zu unterweisen und anzuleiten, hat es im Inhalt die Einflüsse der sich im 17. Jahrhundert stark entwickelnden Naturkunde aufgenommen. Kaibara Ekken (1630-1714), der mit dem Yamato honzō eine wichtige naturkundliche Schrift dieser Zeit verfaßt hat, war ein Freund Anteis. Wissenschaftlich kann das Nōgyō zensho auch unter dem Aspekt genannt werden, daß sein Verfasser bemüht war, das vorhandene theoretische Wissen durch die Einbeziehung chinesicher Agrarschriften, insbesondere des 1639 gedruckten, von Hsü Kuang-chi (1562-1633) verfaßten Nung-cheng ch'üan-shu aufzuarbeiten. Doch er beließ es nicht bei einer Wiedergabe dieses Werkes, wie es bei anderen aus China importierten Schriften zu dieser Zeit geschah, sondern fügte dem noch all das hinzu, was er auf seinen Reisen, im Gespräch mit erfahrenen Bauern und durch seine eigene praktische Tätigkeit erfahren hat. Diese Verknüpfung von Theorie und Praxis, dazu die Überwindung der Regionalität durch die Aufnahme des auf Reisen Erfahrenen ist ein wesentlicher Grundzug, der dem Buch seine Bedeutung verleiht. Als ein weiteres muß die überall aufscheinende Einstellung zum Gewinn bezeichnet werden. Das Nōgyō zensho soll lehren, wie man durch die besten Anbauverfahren wirtschaftliche Gewinne erzielen kann. Diese Haltung wird begründet durch den Hinweis darauf, daß wirtschaftlicher Wohlstand eine Grundlage für die Sicherheit des Staatswesens ist. Sie ist mit dem weithin überlieferten Bild des die Bauern auspressenden und an der Subsistenzwirtschaft festhaltenden Kriegerstandes nicht vereinbar.

Nach seinem Erscheinen erwarb sich das Nōgyō zensho sehr schnell den Ruf der maßgeblichen Agrarschrift Japans. Es erlebte in der Tokugawa-Zeit insgesamt sieben Auflagen, davon vier im 19. Jahrhundert. Zahlreiche Werke der japanischen Agrarliteratur haben sich auf das Nōgyō zensho berufen, ein Indiz für die Bedeutung, die ihm zuerkannt wurde.

9. *Der Ackerbau des 18. und 19. Jahrhunderts*

a) Reisbau

Zwar hatte beim Reisbau seit der Genroku-Zeit die Verwendung als Steuer und für den Eigenbedarf noch große Bedeutung, doch ging von der immer stärker in Erscheinung tretenden Kommerzialisierung auch des Reisbaus ein deutlicher Einfluß auf die Anbauverfahren aus. Dies bezog sich nicht so sehr auf die Berücksichtigung der auf dem Markt besonders gefragten Sorten. Vielmehr war deren Auswahl stärker vom Gesichtspunkt reicher Erträge beeinflußt. Daher wurden meist im jeweiligen Gebiet gebräuchliche Sorten vorgezogen, die etwa gegen Kälte oder Krankheiten als resistent bekannt waren. So verbanden sich in den klimatisch weniger begünstigten Gebieten, im Tōhoku, die Interessen der Bauern, die von sich aus lieber zu frühreifenden Sorten griffen, mit denen der Daimyō, die zur Sicherung der Ernte den Anbau frühreifender Sorten förderten und spätreifende oft verboten.

Der Wunsch nach hohen Erträgen konnte jedoch auch dazu führen, versuchsweise neue Sorten aus anderen Gebieten anzubauen. Die Verringerung der Gefahr, durch das Wetter oder durch Krankheiten Einbußen zu erleiden, die bessere zeitliche Verteilung der erforderlichen Arbeiten und die Vermeidung der Bodenermüdung waren ebenfalls Motive, um mehrere Sorten nebeneinander anzubauen, eine Praxis, die auch im Zusammenhang mit der Schädlingsbekämpfung erkennbar wird. Auf diese Weise kam die große Zahl der Sorten zustande, deren Namen überliefert sind, doch gilt hier das schon für die frühe Tokugawa-Zeit gesagte, daß nämlich viele dieser Sorten auf die Auswahl besonders reichtragender Ähren zur Erntezeit zurückgehen, daß aber keine bewußt betriebene Saatzucht dahinterstand. Die Theorie von den besonders ertragreichen »weiblichen Ähren« war ebenfalls noch allgemein anerkannt.

Die Ertragssteigerung bei Reis, wie sie beispielsweise für eine Familie in der zum Kinai gehörigen Provinz Settsu überliefert ist, macht deutlich, in welchem Umfang die verbesserten Methoden beim Anbau wirksam wurden. Hier stiegen die Erträge pro *tan* von 1 *koku*, 3 *to*, 1 *shō* (ca. 235,8 l) in den Jahren 1727-1735 auf 2 *koku*, 2 *to*, 3 *shō* (ca. 401,4 l) in den Jahren 1824-1830, insgesamt also um nicht ganz 1 *koku* (180 l; vgl. Imai und Yagi, S. 105). Deutliche Fortschritte wurden ebenso bei der Verringerung des benötigten Saatgutes erzielt, die sich insbesondere dadurch ergab, daß man nicht mehr lange Zeit vorgekeimte Samen benützte, die sich nur dicht ausstreuen ließen. Auf diese Weise wurde beispielsweise für die Provinz Etchū im achten Jahrzehnt des 18. Jahrhunderts für ein *tsubo* (ca. 3,31 qm) Land 1 *shō*, 8 *gō* (3,23 l) Saatgut benötigt gegenüber 2 *shō* 5 *gō* (4,5 l) zu Beginn des Jahrhunderts. Die im Nōgyō jitoku angegebenen Mengen an Saatgut entsprechen mit 2 bis 3 *gō* (0,36 bis 0,54 l) schon den heute üblichen (Mihashi (1), S. 80).

Die Verfügung über gekaufte Dünger erlaubte es, auch dort Naßfelder anzulegen, wo dies bislang daran gescheitert war, daß das Grasland nicht ausreichte, um genügend Gründünger für diese Felder zu gewinnen. Darüber hinaus bot sich durch die Verwendung von Handelsdüngern die Möglichkeit, auch im Naßfeld als Zweitfrucht Raps, Weizen oder Gerste anzubauen, während in den Gegenden, wo hauptsächlich Baumwolle, Indigo, Tabak, Raps und Gemüse gezogen wurden, ein Wechsel der Nutzung als Naß- und Trockenfeld entsprechend dem mit Reis abwechselnden Anbau dieser Feldfrüchte üblich wurde.

b) Trockenfeldbau

Diese Umstände hingen mit dem Fortschritt der Kommerzialisierung zusammen, die nun auch den Ackerbau in den abgelegenen Gebieten erfaßte. Dies ging jedoch nur langsam vonstatten, weil die Möglichkeit der Gründüngergewinnung durch die Umwandlung von Grasland in neue Äcker eingeschränkt worden war und die selbst erzeugten Dünger für den Reis eingesetzt wurden. Damit blieb für die Trockenfelder häufig zu wenig Dünger übrig. Zudem mußte auf diesen in erster Linie die bäuerliche Nahrung erzeugt werden, da die Naßfelder dem für die Steuer benötigten Reis vorbehalten waren. Beides zusammen, der Vorrang des Getreideanbaus für den Eigenbedarf und der durch Düngermangel bedingte unzulängliche Anbau ließen der Kultur kommerziell verwertbarer Früchte in den wirtschaftlich rückständigen Regionen nur wenig Raum.

Bei den für den Eigenbedarf bestimmten Gewächsen, die neben Weizen, Gerste und anderen Getreidearten Bohnen und Rettiche umfaßten, mußte der Fruchtwechsel oder der kombinierte, das heißt in einem Feld gleichzeitige Anbau verschiedener Feldfrüchte, dazu beitragen, die erforderliche Abwechslung der Nahrung zu sichern und eine Erschöpfung des Bodens zu verhindern. Wo die Möglichkeit der Zweifachernte bestand, war ein Wechsel von Bohnen und Gerste, Hirse und Gerste, dann wieder

Bohnen und Gerste sowie von Hirse und Gerste in regelmäßigem Turnus häufig, während bei nur einer möglichen Ernte die Kombination von Rettich mit Hirse oder Buchweizen, von Sojabohnen mit Buchweizen und Hirse oder auch nur von Buchweizen und Hirse verbreitet war.

Wenn unter solchen Umständen weitere Gewächse kultiviert wurden, so machen die unzureichenden Anbautechniken und vor allem der auf eigene Mittel beschränkte Einsatz von Dünger deutlich, daß hier vorwiegend für den eigenen Bedarf produziert wurde, wie dies schon für das Aizu nōsho bei der Baumwolle erwähnt wurde. Besonders die dort genannten geringen Erträge lassen sich in dieser Weise deuten. Dies gilt aber auch für die in der späteren Tokugawa-Zeit von der Kommerzialisierung erfaßten rückständigen Gebiete. So beziffert das 1787 gedruckte Nōji benryaku für den Heimatort seines Verfassers im Gebirge der Provinz Kai den Durchschnittsertrag der Baumwolle mit 16 *kin*, die dieser durch die Verwendung der besten Dünger auf 40 *kin* steigern konnte — verglichen mit den Durchschnittserträgen von 130 bis 150 *kin* im Anbaugebiet bei Ōsaka immer noch eine bescheidene Menge (vgl. Mihashi (1), S. 84). Dünger und Pflegeaufwand entsprechen bei weitem nicht den Angaben des Nōgyō zensho. Gleiches gilt auch für Izumo, wo zwar mit getrockneten Sardinen und Ölpreßkuchen auch Handelsdünger genutzt wurden, das Schwergewicht aber immer noch auf den selbsterzeugten Düngern lag.

Ähnliche Verhältnisse sind vom Gebirge an der Grenze zwischen den Provinzen Shimotsuke und Hitachi überliefert, wo ein Standardbetrieb von jeweils 2 *tan* (ca. 19,84 a) Naß- und Trockenfeld auf dem letzteren außer Hirse, Sojabohnen, Buchweizen, Rettich, Zehrwurzel (satoimo) und Auberginen auf 3 *se* (knapp 3 a) Baumwolle und auf 1 *se* (0,992 a) Tabak für den Verkauf anbaute. Als Dünger wurden getrocknete Sardinen und Reiskleie eingesetzt, sie ergänzten aber die selbsterzeugten Dünger nur, ersetzten sie nicht. In allen Fällen scheint der Anbau von Tabak und Baumwolle schon von den Erträgen und den Anbauflächen her nur als eine Aufbesserung der Einkünfte betrachtet worden zu sein, die kaum als Gewinn zu bezeichnen ist und im wesentlichen als ein Beitrag zur Steuerleistung oder zum Ankauf benötigter Geräte oder Dünger diente (Furushima (6), S. 609).

c) Die Entstehung spezialisierter Anbaugebiete

Die Unterscheidung in wirtschaftlich entwickelte und weniger entwickelte Gebiete ist auch beim Trockenfeldbau der späteren Tokugawa-Zeit noch möglich, indessen hat die Einbeziehung der ursprünglich zu den rückständigen Gegenden gehörenden Landschaften in die Kommerzialisierung ihren Anschluß an den Entwicklungsstand der fortgeschritteneren Gebiete bewirkt. Gemüse, die in der Nachbarschaft der Städte angebaut wurden, Baumwolle als Rohstoff für Textilien und der Maulbeerbaum für die Seidenproduktion, Färbemittel wie Indigo und Färbedistel, Raps und andere Ölsaaten, Tabak, Tee und Zuckerrohr als Luxusartikel, außerdem Papiermaulbeerbaum, Lack- und Wachsbaum sind als die wichtigsten Gewächse zu nennen. Während aber bis zur Genroku-Zeit die Erzeugergebiete für die Großstädte Edo, Kyōto und Ōsaka insgesamt im Kinai lagen, ließen nun die verbesserten Verkehrsverhältnisse die Entstehung solcher Erzeugergebiete auch in anderen Regionen zu. Der Markt für Agrarerzeugnisse erstreckte sich über das ganze Land und in der Folge konzentrierte sich der Anbau einzelner Produkte auf besonders geeignete Gegenden, so daß sich ein System spezialisierter Erzeugergebiete herausbildete, in dem etwa die folgenden Schwerpunkte erkennbar werden:

Baumwolle: Settsu, Kawachi, Mikawa, Küstengebiet der Inlandsee;
Maulbeerbaum: Kōzuke, Musashi, Kai, Shinano;
Hanf: Shimotsuke;
Indigo: Awa, Aki;
Färbedistel: Dewa, Mutsu;
Raps: Mino, Ōmi, Yamashiro, Kawachi, Chikugo, Ōsumi;
Papiermaulbeerbaum: Tosa;
Lack: Aizu;
Tabak: Satsuma, Chikuzen;
Tee: Yamashiro, Suruga, Ōmi;
Mandarinen (*mikan*): Kii;
Weintrauben: Kai;
Zuckerrohr: Sanuki, Ōsumi (Mihashi (1), S. 66).

Ein bekanntes Beispiel eines solchen spezialisierten Erzeugergebietes ist das des Mandarinenanbaus von Arita in der Provinz Kii (vgl. Mihashi (1) S. 68ff.). Die Anfänge gehen in das späte 16. Jahrhundert zurück. Etwa um den Beginn des 17. Jahrhunderts wurden die Mandarinen auch in benachbarte Distrikte und später in die Nachbarprovinzen geliefert. 1634 wurden die ersten 400 Körbe nach Edo verfrachtet, im folgenden Jahr waren es 2 000 Körbe, 1656 betrug die Lieferung für Edo 50 000 Körbe, um schließlich ab 1712 auf 350 000 bis 500 000 Körbe zu steigen. Um die Mitte des 17. Jahrhunderts war eine eigene Verfrachtungsorganisation gegründet worden, die für Verladung, Versand und Auslieferung an die verschiedenen Großhändler in Edo zuständig war und auch die bargeldlose Überweisung der Erlöse und, nach Verrechnung der Transport- und Behandlungsspesen, ihre Auszahlung besorgte. Neben Edo wurden seit dem 17. Jahrhundert auch Kyōto, Ōsaka, das Chūgoku-Gebiet und Shikoku beliefert.

Seit 1698 erhob der Daimyō pro Korb eine Abgabe. Im Jahre 1700 schuf die Verwaltung des Territoriums eine Einkaufsorganisation, die auch dem Verkauf der Produkte des Territoriums dienen sollte. Wann und in welchem Umfang versucht wurde, auch den Verkauf der Mandarinen an dieses Einkaufskontor zu binden, ist unbekannt. Der Widerstand der Erzeuger führte jedenfalls 1853 zum sogenannten Mikan-Aufstand, bei dem diese ihre Interessen durchsetzen und ihre Absatzorganisation bis in die Meiji-Zeit hinein fortführen konnten. Solche Versuche, den Handel mit Spezialerzeugnissen des eigenen Territoriums zu monopolisieren, wurden besonders in der zweiten Hälfte des 18. Jahrhunderts häufig unternommen und blieben, wie etwa beim Indigo aus Awa oder dem Zuckerrohr aus Satsuma nicht immer erfolglos.

d) Handelsdünger

Die in der frühen Tokugawa-Zeit nur in geringem Umfang angewandten Handelsdünger nahmen mit der Genroku-Zeit sichtlich zu. Das war auch eine Folge des Umstandes, daß durch die umfangreiche Neulandkultivierung die unbebauten Flächen des Graslandes abnahmen, die von der Dorfgemeinschaft für die Entnahme von Grasschnitt und Laub genutzt wurden, so daß es schwierig wurde, ausreichende Mengen an Gründünger bereitzustellen. Daneben erwiesen sich die Ausgaben für Handelsdünger schnell als eine gewinnbringende Investition.

Verglichen mit den selbst hergestellten Düngern hatten alle gekauften eine raschere Wirkung und höhere Wirksamkeit. Sie halfen, trotz einer Intensivierung der Bodennutzung die Produktivität des Bodens zu erhalten und zu steigern. Zu dem Vorteil der so bewirkten Ertragssteigerung kam noch die Verringerung des hohen Arbeitsaufwands für die Beschaffung der herkömmlichen Dünger, etwa das Schneiden von Gras, die Zubereitung von Kompost oder von vergorenen Abfällen, wie sie das Nōgyō zensho ausführlich beschreibt. Unter der Voraussetzung, daß die Bauern für ihre Erzeugnisse Geld erlösen konnten und die für die Beschaffung der traditionellen Dünger erforderlichen Aufwendungen an Arbeitsleistung kostspieliger waren, erwies sich daher die Verwendung von Handelsdüngern als wirtschaftlicher. So wird deutlich, daß neben der höheren Wirksamkeit der Handelsdünger auch die Steigerung der Lohnkosten ins Gewicht fallen konnte. Außerdem erlaubte die Verwendung gekaufter Dünger auch die Nutzung solcher Flächen als Ackerland, die bislang aus Mangel an verfügbarem Gründünger unkultiviert geblieben waren.

So war die effektive Nutzung der Handelsdünger eng mit dem kommerziellen Anbau verbunden und nahm dementsprechend vom Kinai her ihren Ausgang. Es waren in erster Linie Fischdünger und Ölpreßrückstände, die dabei Verwendung fanden. Von den ersteren erreichten getrocknete Sardinen die früheste und weiteste Verbreitung, die zunächst aus Kyūshu und Shikoku, später von der fischreichen Kujūkuri-Küste, heute Präfektur Chiba, und der Sanriku-Region, den Provinzen Rikuzen, Rikuchū und Mutsu geliefert wurden. Im 19. Jahrhundert wurde daneben häufig Fischmehl von Heringen aus dem Matsumae-Territorium im Norden eingesetzt. Unter den Ölpreßkuchen kamen zu denen von Raps, Sesam und Perilla mit der Verwendung von Baumwollöl auch die Rückstände von Baumwollsamen, die gemahlen oder zerkleinert in verschiedenen Formen angewandt wurden. Als ein verhältnismäßig billiges aber hochwirksames und häufig beim Gemüse gebrauchtes Mittel wurde der Abtrittsdünger aus den Städten genutzt, der ursprünglich oft kostenlos, dann gegen eine vereinbarte Menge Naturalien wie Reis, Rüben oder Rettiche erhältlich war, später aber vollständig kommerzialisiert wurde, wie dies in manchen Landstrichen sogar bei getrocknetem Gras für Düngezwecke der Fall war.

e) Feldgeräte

Unter den landwirtschaftlichen Werkzeugen erwies sich die Hacke nach der Verbreitung wie nach der Formenvielfalt, die sie entwickelte, als das wichtigste. Dies läßt sich als die technische Seite eines Vorganges verstehen, der im wirtschaftlichen Bereich die Kommerzialisierung des Ackerbaus, im gesellschaftlichen aber die Verselbständigung der Kleinbauern entsprach. Denn auf den kleinen Ackerflächen der kleinbäuerlichen Betriebe war ohnehin nur die Hacke zur Bearbeitung geeignet. Für die Steigerung der Bodenproduktivität aber, die hier weniger durch Dünger sondern zumindestens im gleichen Umfang durch das tiefe Umbrechen erzielt wurde, war sie unumgänglich und im Grunde auch dem Pflug überlegen. Dessen Vorzug, der darin lag, daß bei der Zweifachernte im Naßfeld die Kultivierungsarbeiten vor dem Aussetzen der Stecklinge im Frühsommer schneller zu bewältigen waren, kam auf den kleinen Ackerflächen nicht zur Geltung und die mit dem damaligen Pflug nicht gegebene Möglichkeit des tiefen Umbrechens unterstrich daher die Bedeutung der Hacke.

Unter den vielfältigen Formen, die sich bei der Hacke zu Beginn des 18. Jahrhunderts entwickelten, leichtere Hacken für die Bodenpflege im Naßfeld, spezielle Formen zum Jäten oder zum Lockern des Bodens zwischen den Pflanzen, ragte die *bitchū*-Hacke genannte Zinkenhacke mit gewöhnlich drei oder vier Zinken besonders hervor. Ihre Entwicklung steht mit der Intensivierung der Bodennutzung in enger Verbindung, und so erschien sie auch nicht nur bei den Kleinbauern, die Rind oder Pferd nicht einsetzen konnten, sondern abgesehen von ihrer Verwendung in Tōhoku oder Kantō, wo der Pflug selten war, überall dort, wo durch die Bedingungen des Bodens die Verwendung des Pfluges mit langer Sohle nicht möglich war und darüber hinaus dort, wo durch reiche Düngung und tiefes Umbrechen eine Intensivierung des Anbaus erfolgte. Wie das Nōgu benriron von 1822 angibt, erwies sie sich besonders beim tiefen Umbrechen als wirksam und arbeitssparend (vgl. Furushima (6), S. 469) und wurde auch in den Betrieben der bäuerlichen Oberschicht zu einem wichtigen Werkzeug, in dem sich auch die Verkleinerung der von dieser selbst bewirtschafteten Flächen widerspiegelt.

Bei den Geräten, die mit dem Dreschen und Reinigen von Reis und anderen Getreiden im Zusammenhang stehen, sind ebenso Neuerungen festzustellen, die ingesamt eine Verringerung des Arbeitsaufwandes und damit der Lohnkosten bewirkten. Dies wird neben der Erdmühle zum Schälen des Reises, dem Siebkasten und der Worfelmaschine zum Reinigen besonders am Dreschkamm deutlich. Er löste die früher üblichen Dreschstäbchen ab, bei denen die Ähre zwischen zwei Stäbchen hindurchgezogen wurde, um so die Körner aus der Ähre zu lösen. Da diese Arbeit häufig von alten Frauen und Witwen geleistet wurde, trug der zweifellos effektivere und Arbeitskräfte sparende, aber von diesen nicht zu bedienende Dreschkamm auch die Bezeichnung Witwentöter, da er diesen Frauen die Verdienstmöglichkeit nahm (vgl. Pauer (3), S. 147-160). Solche Geräte gehörten jedoch nur zur Ausstattung der größeren Betriebe, die mit Hilfe bezahlter Arbeitskräfte bewirtschaftet wurden.

10. *Viehhaltung*

a) Rinderzucht in der frühen Tokugawa-Zeit

Bedingt durch die Nahrungsgewohnheiten orientierte sich die Viehzucht im wesentlichen am Bedarf an Zug- und Tragtieren, wie sie für Verkehr und Transport oder im Ackerbau benötigt wurden. Daneben stellte die Düngergewinnung einen wichtigen Beweggrund für die Viehhaltung dar, der sogar in einem Erlaß des Shogunats von 1624 angesprochen wird (vgl. Mihashi (2), S. 53). Die Förderung der Viehhaltung durch Daimyō und Shogunat war offensichtlich, mancherorts wurde das dem Territorium gehörende Wald- und Grasland zu ihrer Unterstützung den Bauern zugänglich gemacht, einzelne Territorien gewährten Darlehen für die Anschaffung von Rindern, *ushi-gin kashi-tsuke* genannt.

Allerdings hing die Möglichkleit der Rinder- oder Pferdehaltung für den Gebrauch auf den Feldern und für die Düngergewinnung von der Betriebsgröße und dem Arbeitsanfall ab. Sie lohnte sich deshalb oft für die kleinbäuerlichen Betriebe nicht, soweit nicht mehrere Kleinbauern sich zusammenschlossen und gemeinsam ein Rind hielten.

Das Kinai, als Zentrum wirtschaftlicher und technischer Entwicklung schon mehrfach hervorgehoben, hatte mit dem Beginn der frühen Neuzeit die vorher dort noch übliche Rinderzucht aufgegeben und deckte seinen Bedarf an Rindern durch Einfuhr aus anderen Zuchtgebieten, ein Merkmal, das mit der intensiven Bodennutzung im kommerzialisierten Ackerbau zusammenhängt und im Lauf der Entwicklung zum verbreiteten Muster wurde. Demgegenüber bildeten sich Regionen heraus, in denen die für den Ackerbau ungünstigen Gegebenheiten Viehzucht nahelegten. Das prominenteste Beispiel dafür ist das Land längs der Gebirgskette von Chūgoku, wo auf den mageren Böden in Tajima, Harima, Bitchū, Bingo, Inaba, Hōki und Mimasaka die Hauptzuchtgebiete für Rinder entstanden, ebenso auch auf Iki oder den Ōki-Inseln, deren Böden nicht sonderlich fruchtbar waren. Aber auch in diesen Gebieten wurde die Rinderzucht gleichsam nur als ein Nebenerwerb von den größeren Bauern betrieben, die nur den Überschuß aus ihrer Eigenversorgung über einen Viehhändler auf dem Rindermarkt von Daisen in der Provinz Hōki oder auf dem Markt von Tennōji in Ōsaka verkaufen ließen. Die Viehhaltung hatte hier verschiedene Formen entwickelt, die mit Ausnahme der Zeit, in der das Vieh auf dem Acker eingesetzt wurde, vom ganzjährigen Weidegang ohne Zufütterung über die Viehweide im Frühling und Herbst ohne Zufütterung bis zum Wechsel von Weidegang am Tag und Stallhaltung in der Nacht ebenfalls im Frühling und Herbst reichte, in diesem Fall wurde auch zusätzlich gefüttert.

b) Pferdezucht

Bei den Pferden lagen die Verhältnisse insoweit anders, als hier das Interesse des Shogunats und der Daimyō über die Förderung des Ackerbaus hinaus auch durch den eigenen Bedarf an Reittieren direkt berührt wurde. Deshalb richteten sie auch eigene Weiden für die Zucht von Pferden zur eigenen Verwendung ein. Das Zentrum der Pferdezucht sowohl für den Bedarf der Krieger wie der Bauern lag vor allem im Kantō und Tōhoku, wo auch die Egge häufiger gebraucht wurde, der Pflug dagegen selten war — ein typisches Merkmal für die überwiegende Nutzung von Pferden im Ackerbau. Daneben existierte jedoch Pferdezucht auch in den Provinzen Kii, Izumo, Satsuma, Ōsumi und Hyūga.

In Aizu in Nordostjapan beispielsweise wurden 1664 in 36 824 bäuerlichen Betrieben insgesamt 26 123 Pferde und nur 551 Rinder gezählt. Im Territorium der Familie Sōma hatten 1702 15 292 Bauernfamilien 16 922 Pferde und im Hachinoe-Territorium betrug 1754 die Zahl der

Pferde 17 555, davon waren 1474 aus dem gleichen Jahr, 1056 waren zweijährig, so daß also pro Jahr 1 000 bis 1 500 Pferde gezüchtet wurden (Mihashi (2), S. 55f.). Schon der Umstand, daß hier genaue Zahlen verfügbar sind, zeigt, wie wichtig die Pferdezucht genommen wurde. Für die beiden Provinzen Hyūga und Ōsumi auf Kyūshū gibt das Honchō shokkan, eine Schrift des Arztes Hirano Hitsudai von 1695, die sich im wesentlichen mit Agrarprodukten für die Ernährung befaßt, nähere Auskünfte. Hier wurden von den Züchtern drei bis fünf Stuten gehalten und die jährlich etwa 3 000 Fohlen reichten aus, um ganz Kyūshū zu versorgen (vgl. Mihashi (2), S. 56; Kokusho sōmokuroku liest Honchō shoku kagami, ich folge Kokushi bunken kaisetsu).

c) Viehzucht im 18. und 19. Jahrhundert

Man kann nicht behaupten, daß sich in der zweiten Hälfte der Tokugawa-Zeit in der Pferde- und Rinderhaltung, was die Zahl der Tiere angeht, viel geändert hätte. Das Interesse der Daimyō und des Shogunats an der Pferdezucht war unverändert groß, wie schon der Umstand zeigt, daß der 8. Shogun Tokugawa Yoshimune durch die Holländer Pferde zur Zuchtverbesserung aus Europa beschaffen ließ (Arima S. 357). Bei den Rindern bildeten sich die drei Grundformen der Zucht, der Haltung und der Miete heraus. Besonders im Kinai war mit der raschen Weiterentwicklung des kommerziellen Anbaus vor allem der Baumwolle die gemeinsame Haltung eines Rindes durch mehrere Bauern oder das Mieten von Rindern für die Feldarbeit weit verbreitet, hier ging die Bestandsdichte zurück, da man auf Tiere aus anderen Gebieten zurückgriff. In den dem Kinai benachbarten Provinzen, im Setonaikai-Gebiet und auf Nord-Kyūshū war der Übergang von der Rinderzucht zur Nutzung vollzogen, hier wurden die Rinder nun aus anderen Gebieten, besonders aus Chūgoku eingeführt, das sich zum führenden Zuchtgebiet entwickelt hatte. Auf Kyūshū, im Süden und in den Gebirgsgegenden von Shikoku sowie auf den vorgelagerten Inseln war die Bestandsdichte hoch, aber der Entwicklungsstand der Rinderhaltung niedrig, das letztere gilt auch für Ostjapan, wo infolge der selteneren Verwendung des Rindes im Ackerbau auch die Bestände an Rindern gering waren.

Diese Veränderungen wirkten sich auch auf den Viehhandel aus, für den dank der Vermehrung der Gebiete, wo Rinder in großer Zahl eingesetzt, aber nur wenig gehalten und kaum gezüchtet wurden, eine Vielzahl von Märkten entstand, sei es in den Zuchtgebieten oder in den Nutzungsgebieten und schließlich auch in den Regionen, die für den Ausgleich von Angebot und Nachfrage eine Vermittlerfunktion hatten.

Zuchtgebiete in abgelegenen Landstrichen, die auch in der Haltung und Züchtung noch nicht den Entwicklungsstand der führenden Gebiete erreicht hatten, blieben davon allerdings ausgenommen.

Als besondere Form entwickelte sich sowohl in Chūgoku wie auf Kyūshū die Gewohnheit, daß den Bauern der Unterschicht von reichen Bauern Rinder, aber auch Pferde zur Zucht, zum Aufziehen oder zur Nutzung auf den Feldern und zur Düngergewinnung in einem Mietverhältnis überlassen wurden, so daß diese Kleinbauern auch auf den Stallmist als Dünger zurückgreifen konnten.

Wie sich aus verschiedenen Quellen, so dem Nōgyō zensho oder dem Wakan sanzai zue entnehmen läßt, kam schließlich auch der Hühner- und Entenzucht eine gewisse Bedeutung zu. So berechnet das Nōgyō zensho beispielsweise den Gewinn, der sich aus der Entenhaltung durch Verkauf der Eier erzielen ließ (Miyazaki, Bd. 13, S. 264). Allerdings war der Verzehr von Eiern offenbar noch nicht sonderlich verbreitet, erst gegen Ende der Tokugawa-Zeit wurden beispielsweise in Edo gekochte Eier verkauft (Mihashi (1), S. 101). Daß das Nōgyō zensho daneben auch auf die Schweinezucht in der Gegend von Nagasaki hinweist, hängt mit der Anwesenheit der chinesischen Händler in dieser Hafenstadt zusammen (vgl. Miyasaki, Bd. 13, S. 258). Takekōshi berichtet, daß nach verschiedenen Autoren im 17. Jahrhundert Weizen und Schinkenspeck von Japan auf die Philippinen exportiert worden seien, muß aber die Frage offenlassen, wie man in Japan den Schinkenspeck erhalten habe (Takekōshi Bd. 2, S. 412).

11. *Der Bergbau*

a) Die Förderung durch Daimyō und Shogunat

Das 16. Jahrhundert gilt als die Blütezeit des japanischen Bergbaus. Dieser erwies sich als besonders geeignet für die von den Daimyō verfolgte Politik der Erschließung aller Ressourcen ihrer Territorien. Unter Mitwirkung der Kaufleute wurden so in vielen Landstrichen neue Gold- und Silbervorkommen erschlossen. Die Silbergrube von Ikuno in der Provinz Tajima nahm 1542 ihre Arbeit auf, sie wurde schließlich von Oda Nobunaga seinem direkten Territorialbesitz eingegliedert und steigerte ihre Ausbeute beträchtlich, nachdem modernere Verfahren aus Iwami eingeführt waren. Auf der vor allem wegen des Goldbergbaus bekannten Insel Sado wurde im gleichen Jahr mit dem Abbau der Silbervorkommen im Tsuruko-Berg begonnen. Die Goldgrube von Umegashima in der Provinz Suruga arbeitete seit den Kyōroku-Jahren (1528-1531), während die von Matsukura in Etchū auf die Tembun Ära (1532-1554) datiert wird. Karuisawa in Iwashiro wurde 1558 als Silberfundort entdeckt. Ebenfalls in den Tembun-Jahren ließ die Daimyō-Familie Takeda Goldbergwerke in den Provinzen Kai und Shinano einrichten und im letzten Viertel des 16. Jahrhunderts wurden verschiedene Goldgruben in der Provinz Izu erschlossen.

Tabelle 3: Erschließung wichtiger Gold- und Silberminen in der Sengoku-Zeit

Erschließung/ Blütezeit		Lage		Kriegerfamilie/ Bemerkungen
Kyōroku:	1528-1531	Provinz Suruga: Umegashima	Goldgrube	Imagawa
Tembun:	1532-1554	Provinz Iwami: Ōmori	Silbergrube	versch. Familien, zuletzt Mori/ für die Entwicklung des Bergbaus von großer Bedeutung
Tembun:	1532-1554	Provinz Etchu: Matsukura	Goldgrube	Shiina
Tembun:	1532-1554	Provinz Kai und Shinano	Goldgruben	durch die Familie Takeda
Tembun 11,	1542	Provinz Tajima: Ikuno	Silbergrube	Yamana / später durch Hideyoshi seinem Besitz einverleibt
Tembun 11,	1542	Insel Sado: Tsuruko-Berg	Silbergrube	Uesugi, durch Kaufleute erschlossen
Eiroku 1,	1558	Provinz Iwashiro: Karuisawa	Silbergrube	Gamō
Tenshō:	1573-1591	Provinz Izu: verschiedene	Goldgruben	Hōjō

(nach Toyoda, Sangyōshi 1, S. 376f.)

Ōmori in Iwami zählte zu den bedeutendsten Silberbergwerken. Wegen der reichen Ausbeute war es Gegenstand des Kampfes zwischen verschiedenen Daimyō-Häusern. Darin wie in seiner Funktion als Ausgangsort technischer Verbesserungen, insbesondere des Kupellationsverfahrens in der Läuterungstechnik stellt es ein typisches Beispiel für die Entwicklung des Bergbaus im 16. Jahrhundert dar. Der Umstand, daß die Einführung dieses Verfahrens vom Festland durch einen Kaufmann erfolgte, ist bezeichnend und illustriert die Aktivitäten der Kaufleute, die als Beauftragte der Daimyō den Betrieb leiteten und an Abbau und Gewinn beteiligt waren.

Die Tokugawa brachen mit dieser Gewohnheit. Sie gliederten alle wichtigen Bergwerke dem Besitz des Shogunats ein und unterstellten sie der Aufsicht eines Beamten, des *kinginzan no bugyō*. Damit verwirklichten sie auch im Bergbau die wesentlichste Änderung des Verwaltungssystems.

Die Förderung, die sie dem Bergbau zuwandten, ließ viele Bergwerkssiedlungen aufblühen. Aikawa auf Sado beispielsweise, wo nach der

Schließung der Tsuruko-Anlagen eine neue Silbergrube eingerichtet worden war, erlebte einen kräftigen Zustrom von Bergleuten und mit dem Bergbau und der Herstellung dafür benötigter Werkzeuge verbundener Handwerker und Händler. So entwickelte sich hier rasch eine Siedlung mit etwa 100 000 Einwohnern. Für ihre Versorgung mit Nahrungsmitteln ließ das Shogunat auch Steuerreis aus benachbarten Provinzen nach Sado bringen. Die Arbeitsbedingungen in den Bergwerken werden wegen der allgemeinen Verhältnisse und häufiger Unfälle als äußerst schlecht geschildert, Invalidität und früher Tod waren das Schicksal vieler Bergleute. Für die keineswegs leichten Hilfsarbeiten bei der Förderung oder Entwässerung wurden Kinder eingestellt. So waren nach einem Verzeichnis für Ikuno im Jahre 1829 unter solchen Arbeitskräften nach japanischer Zählung einer 15 Jahre alt, drei zählten 14, zwei 13 und einer 12 Jahre (Sasaki Junnosuke S. 225).

b) Die technische Entwicklung

Ausgelöst durch die Förderung seitens der Daimyō und das Interesse der Kaufleute und begünstigt durch die vielfältigen überseeischen Beziehungen kam es seit dem 16. Jahrhundert im Bergbau und dem damit verbundenen Hüttenwesen zu deutlichen technischen Fortschritten. Die Anfänge lagen in der Anwendung neuer Verfahren zur Läuterung von Gold, Silber und Kupfer, die, wie das Kupellationsverfahren und die *batsugin*-Methode, um die Mitte des 16. Jahrhunderts aus China eingeführt wurden. Offensichtlich aber spielten hier auch europäische Einflüsse eine Rolle, zumindest das Saigerverfahren legt mit seiner japanischen Bezeichnung *nambanbuki* die Vermutung einer direkten oder indirekten Herkunft von den Portugiesen nahe, die gewöhnlich mit dem Namen *namban* belegt wurden.

Bei den Abbautechniken ging man gegen Ende des 16. Jahrhunderts von der bislang geübten Methode des offenen Abbaus ab, die nur Vorkommen an oder nahe der Erdoberfläche erreichte. Stattdessen begann man damit, Stollen anzulegen. Auch an dieser Neuerung war neben den Bergwerken in der Provinz Kai der schon im Zusammenhang mit dem Kupellationsverfahren genannte Silberbergbau in Iwami beteiligt, der offensichtlich auch in den damit verbundenen Techniken der Wasserhaltung, Bewetterung und des Streckenausbaus eine führende Stellung innehatte.

Trotzdem stellte die Wasserhaltung die japanischen Bergleute immer wieder vor große Probleme. Am häufigsten wurden hier Schöpfeimer oder Saugpumpen und für den Abfluß hölzerne Rinnen eingesetzt, wie sie die Bildrolle vom Goldbergbau auf Sado wiedergibt (vgl. die Abb. bei

Winkelmann). Bei größeren Wassermengen oder beim tieferen Eindringen in den Berg wurde eine Sumpfstrecke zum Wasserabzug angelegt; eine solche Anlage in Sado erreichte eine Länge von mehr als 900 Metern. Ebenfalls aus Sado wird für das Jahr 1637 die Einführung einer archimedischen Schraube als Pumpe berichtet, die möglicherweise auf europäische Einflüsse zurückgeht (Asahi shimbunsha, S. 403 o.). Die Vermutung solcher Übernahmen westlicher Technik im Bergbau des 16. und frühen 17. Jahrhunderts in Japan liegt nahe, doch läßt sich darüber kaum Klarheit gewinnen. Immerhin ist bekannt, daß Tokugawa Ieyasu 1598 in einem Gespräch mit de Castro die Möglichkeit der Unterstützung im Bergbau durch die Spanier erörterte, so daß westliche Einflüsse im Bereich des Wahrscheinlichen liegen (von dem Gespräch berichtet Schilling S. 128f.). Als eine Folge des Aufenthaltes von Don Rodrigo de Vivero y Velasco (?-1636) in Japan im Jahre 1609 wurden sogar Bergleute aus den amerikanischen Kolonien Spaniens nach Japan gebracht. Dies erwies sich indessen als Fehlschlag, die Bergleute wurden als unbrauchbar zurückgeschickt (vgl. Schütte S. 89f.).

Eine wesentliche Bedingung für die Entwicklung des Bergbaus war auch durch den Stand des Markscheidewesens erfüllt. Erst die Beherrschung der Verfahren der Markscheiderei ermöglichte die Anlage größerer Stollensysteme. Auch der erwähnte Entwässerungsstollen im Bergbau von Sado, dessen Bau an sechs Stellen zugleich in Angriff genommen wurde, war ein Erfolg dieser Kunst. Sie verweist auf den hohen Stand des Vermessungswesens in Japan, für das sich beim Burgen- und Städtebau, vor allem aber im Zusammenhang mit der von vielen Daimyō in ihren Territorien durchgeführten Landaufnahme ein großer Bedarf entwickelt hatte.

Über die Fördermengen im Bergbau sind auch für die Tokugawa-Zeit keine zuverlässigen Zahlenangaben möglich, im allgemeinen wird lediglich festgestellt, daß sie erheblich über denen zur Zeit Hideyoshis lagen. Immerhin schätzt Kobata Atsushi die Menge des jährlich aus Japan exportierten Silbers für den Beginn des 17. Jahrhunderts auf 200 000 Kilogramm bei einer Weltsilberproduktion ohne Ostasien von 418 900 Kilogramm (Kobata (4), S. 247f.). Mit Hilfe der gewonnenen Edelmetalle war es möglich, den japanischen Außenhandel zu finanzieren. Wichtiger noch war die Möglichkeit, Münzen gießen zu lassen. So konnte das Shogunat das Münzwesen der eigenen Kontrolle unterstellen und die bestehende Unordnung beseitigen.

Mit dem Ende des 17. Jahrhunderts ging indessen der Bergbau in seiner Produktivität zurück. Gründe dafür sind in der Erschöpfung der mit den verfügbaren Mitteln und Techniken abbaufähigen Vorkommen zu sehen. Besonders das Problem der Wasserführung erwies sich als Hindernis, das nicht zufriedenstellend gelöst werden konnte. Obwohl in Europa schon im 13. Jahrhundert Pumpen entwickelt worden waren, die ein Vordringen in größere Tiefen erlaubten, wurden europäische Kenntnisse nicht genutzt. Die für 1782 berichtete Verwendung einer Pumpe holländischen Ursprungs, die helfen sollte, Arbeitskräfte einzusparen, arbeitete nicht zur vollen Zufriedenheit und mag eine vorhandene ablehnende Haltung bestärkt haben (vgl. Asahi shimbunsha, S. 403f.; Sugimoto und Swain S. 234 berichten von einer Pumpe mit archimedischer Schraube). Trotz des hohen Bedarfs an Edelmetallen stagnierte die japanische Bergbautechnik weitgehend auf dem im späten 17. und frühen 18. Jahrhundert erreichten Stand.

12. *Der Handel*

a) Die Bedeutung des Handels im Urteil der Zeit

Zwar wird die wirtschaftliche Entwicklung der Tokugawa-Zeit in Verkennung des bereits vorher erreichten Standes gerne als die von einer »feudalistischen« Naturwirtschaft zu einer bourgeoisen Geldwirtschaft gedeutet, doch überwiegt dabei die Orientierung an einem theoretischen Modell. Zweifellos bestärkten die ethisch begründeten Vorstellungen des Kriegerstandes und daneben, je länger die Entwicklung andauerte, desto schärfer auch die als gesellschaftlich unrichtig empfundene Verteilung der Vermögen eine vorhandene feindselige Haltung gegen Handel und Kaufmannschaft. Es wäre jedoch falsch, daraus eine grundsätzlich ablehnende und als »feudalistisch« interpretierte Einstellung gegenüber dem Handel und der Geldwirtschaft abzuleiten. Nicht nur, weil es Handel schon lange vor der Errichtung des *bakuhan*-Systems gegeben hatte und die Sengoku-Daimyō sich der Kaufleute zu ihrer eigenen Versorgung bedient hatten, die Erscheinung also vertraut war, viel mehr noch, weil das ganze System des Tokugawa-Staates auch die Existenz der Kaufleute und ihren Beitrag zur Sicherung als konstituierendes Element enthielt, ohne das seine Fortdauer in Frage gestellt war. Nur das Vorhandensein eines funktionierenden Marktes erlaubte es, die Steuer überwiegend in Naturalien und nicht, wie in der Sengoku-Zeit, hauptsächlich in Geld zu erheben.

Zwar beklagten viele konfuzianische Gelehrte gerade des 17. Jahrhunderts die Entwicklung der Geldwirtschaft und diskutierten eine Rückkehr zu den alten Verhältnissen, in denen die Krieger noch als Bauern auf dem Lande gelebt und des Geldes nicht bedurft hätten — eine unzutreffende Verklärung der Vergangenheit[21]. In Wahrheit waren aber dem

[21] Diese Haltung ist symptomatisch für eine Epoche des Überganges zu neuen Formen gesellschaftlichen und wirtschaftlichen Lebens. Die Klage über den Verfall der kriegerischen Tugenden ist ebenso ihr Kennzeichen wie die Ablehnung städtischen Lebens.

Handel und dem Geld im Konzept des Staates ihre Rollen zugewiesen. Nicht sie zurückzudrängen oder auszumerzen war das Ziel, wohl aber ihre Wirkung dort einzugrenzen, wo sie unerwünscht war und die Interessen des Kriegerstandes gefährdete.

Das galt insbesondere für die direkten Kontakte der Dörfer mit dem Handel und zwar aus wirtschaftlichen Gründen ebenso wie aus ethischen: Aus der Furcht, die Einkünfte des Kriegerstandes könnten durch kommerzielle Aktivitäten geschmälert werden wie aus der durch die konfuzianisch interpretierte Führungsrolle begründeten Sorge, die Bauern könnten von der auf persönlichen Gewinn gerichteten und daher nach konfuzianischem Verständnis schlechten Gesinnung der Kaufleute angesteckt ihre wahre Bestimmung vergessen. Auf die unbewußte Vermengung beider Motive im Bewußtsein der Krieger braucht dabei nicht eigens hingewiesen zu werden. Den aus diesen Motiven entspringenden hemmenden Maßnahmen aber standen solche fördernder Natur in nicht geringem Umfang gegenüber.

b) Der Markt in den Territorien

Die Zielsetzungen von Shogunat und Daimyō bei der Regelung des Handels blieben im wesentlichen die gleichen wie unter den Sengoku-Daimyō. So setzten sie auch deren Politik fort und gestalteten die wirtschaftlichen Institutionen, den Markt, die Kaufleute und ihre Funktionen nach ihren Bedürfnissen. Dabei kamen ihnen die Reichseinigung und die damit verbundene Vereinheitlichung von Währungswesen, Maßen und Gewichten ebenso entgegen wie die starke Zentralmacht des Shogunats, die durch die Befriedung des Reiches verbürgte Sicherheit für Handel und Wandel und die Entwicklung von Transport und Verkehr, die durch die Institution des *sankin kōtai* belebende Impulse erfuhren. Dadurch wie durch die politische Struktur des *bakuhan*-Systems wurde die schon bestehende Arbeitsteilung zwischen der territorialen Wirtschaft und Produktion und den zentralen wirtschaftlichen Institutionen verstärkt und gefestigt.

Das Bestreben, einen unkontrollierten Verkauf der Agrarprodukte durch die Bauern zu verhindern, der die Gefahr einer Schmälerung der eigenen Einkünfte in sich barg, war eines der Motive dafür, anders als in der Sengoku-Zeit die Steuern von den Bauern zum großen Teil in Naturalien, vor allem in Reis einzufordern. Damit konnte der eigene

---

Repräsentanten dieses Denkens sind Kumazawa Banzan (1619-1691), Yamago Sokō (1622-1685) und Ogyū Sorai (1666-1728), vgl. beispielsweise des letzteren Kritik am städtischen Leben als eines Lebens im Gasthaus, ryoshoku no kyōkai, vgl. J. R. McEwan, The Political Writings of Ogyū Sorai, Cambridge 1962, S. 35ff.

Bedarf einschließlich der Gehaltszahlungen an die Gefolgsleute bestritten, daneben auch die Versorgung solcher Gebiete innerhalb des Territoriums gesichert werden, in denen, wie in Fischer- oder Bergwerksorten, andere Produktionen überwogen. Der den direkten Verbrauch übersteigende Teil aber wurde verkauft, um andere, nur mit Geld zu erhaltene Waren einkaufen zu können und darüber hinaus vor allem die durch das *sankin kōtai*, die Verpflichtung zum zeitweiligen Aufenthalt in Edo, entstehenden Kosten einschließlich des Unterhalts einer Residenz in Edo zu bestreiten. Die so begründeten Interessen der Daimyō standen hinter dem Bemühen, alle gewerblichen Funktionen, sei es handwerkliche Produktion oder Handel, auf die Burgstadt zu konzentrieren, wo der Verkauf und der Einkauf für das gesamte Territorium erfolgen sollte.

Allerdings mußte diese angestrebte Struktur von Anfang an modifiziert werden. Schließlich bestanden mit den *rokusai*-Märkten zu Beginn des 17. Jahrhunderts in den meisten Regionen bereits regelmäßig an allen Tagen der Woche in erreichbarer Entfernung abgehaltene Märkte, die von den Bauern aufgesucht wurden. Sie waren es gewohnt, die nicht selbst erzeugten Güter wie insbesondere Werkzeuge, Geräte, Salz und dergleichen auf diesen Märkten zu beschaffen. Waren es zu Beginn des 17. Jahrhunderts vor allem die Angehörigen der bäuerlichen Oberschicht, die Verbindung zu den bestehenden Märkten hatten und damit auch den Warenumlauf innerhalb des Dorfes kontrollierten, so änderte sich dies nicht zuletzt dank der Begünstigung der kleinbäuerlichen Betriebe durch die Daimyō. Denn wo im Betrieb der Großfamilie mit Gesinde, Pächtern und Zweigfamilien noch zahlreiche Dinge nach Bedarf selbst erzeugt oder durch Tausch beschafft werden konnten, waren mit der Verselbständigung der kleinbäuerlichen Betriebe immer mehr Bauernfamilien auf den Markt angewiesen, um ihren Bedarf zu decken und natürlich auch durch den Verkauf eigener Erzeugnisse das dafür benötigte Geld zu erhalten. Außerdem war auch das System der Naturalsteuern nicht vollkommen, vielmehr wurde von Anfang des *bakuhan*-Systems an ein Teil der Steuern in Geld entrichtet. Das betraf im Kantō-Gebiet die gesamte Steuer für die dort sehr umfangreichen Trockenfelder, im Kansai ein Drittel der Steuerleistung (vgl. Kodama (2), S. 11). Auch hierfür mußte den Bauern die Möglichkeit eingeräumt werden, einen Teil ihrer Produktion zu verkaufen.

Aus diesen Verhältnissen ergab sich die Struktur des Handels innerhalb der Territorien. Denn durch die Politik der Daimyō, die Kaufleute in den Burgstädten anzusiedeln, verschwanden um die Mitte des 17. Jahrhunderts die Märkte in ihrer bisherigen Form. Gleichzeitig aber waren die Daimyō genötigt, den vorhandenen Erfordernissen zu entsprechen, einzelnen Händlern das Leben auf dem Lande zu erlauben, den

Wanderhandel zu gestatten und vor allem ländliche Marktorte oder Märkte, *zai-machi* oder *zai-ichi*, bestehen zu lassen oder zu errichten, wo eine beträchtliche Zahl von Kaufleuten aus der Burgstadt Handel treiben konnte (vgl. Andō (1), S. 157ff.). So bedeutete das Bemühen um eine Trennung der Bauern vom Handel nicht ein völliges Verbot für die Bauern, sich am Handel zu beteiligen, sondern vielmehr dessen Regelung durch die Konzentration auf bestimmte Orte, nämlich die Burgstadt und die nachgeordneten ländlichen Märkte, die insgesamt von den Kaufleuten der Burgstadt dominiert wurden. Diese bildeten das Fundament des Handels in den Territorien. Ihre wirtschaftliche Macht wurde durch die Entwicklung der Großhändler, *tonya*, in der zweiten Hälfte des 17. Jahrhunderts weiter gestärkt.

c) Die Verbindung zu anderen Märkten

Ungeachtet der Tatsache, daß die Territorien nach dem Verständnis der Daimyō wie nach den politischen und wirtschaftlichen Verhältnissen in sich geschlossene Wirtschaftssphären darstellten, konnten sie doch ohne Handelsbeziehungen nach draußen wirtschaftlich auch weiterhin nicht existieren. Die Begrenztheit der Produktion wie des Marktes innerhalb der Territorien wie die erzeugten Überschüsse ließen die Verbindung nach außen, die Verknüpfung mit anderen Märkten zu einer existentiellen Voraussetzung für die Territorien als eigenständige Wirtschaftsgebiete werden. Diese Konstruktion erwies sich im Laufe der Entwicklung überall dort als vorteilhaft, wo im 18. und 19. Jahrhundert versucht wurde, durch eine im Ansatz dem Merkantilismus vergleichbare Wirtschaftspolitik die Wirtschaftslage zu verbessern.

Die zur Sicherung der Interessen der Daimyō auch weiterhin praktizierte Überwachung der Ausfuhren wurde durch die Einrichtung der Grenzstationen, *kuchidome bansho*, mit der Kontrolle der Aus- und Einreisenden zusammengefaßt. So blieb die ungeregelte Ausfuhr und der Export von Erzeugnissen, die zu den Spezialprodukten des Territoriums zählten und deren Verkauf von der Verwaltung monopolisiert war, weiter unterbunden. Im Territorium Nambu mit der Hauptstadt Morioka waren beispielsweise im Jahre 1645 18 Waren als *tomemono* von der Ausfuhr ausgeschlossen, die Liste wurde 1664 auf 37 Artikel erweitert (vgl. Takeuchi S. 151). Daneben konnten zeitweilige Ausfuhrverbote bei außergewöhnlichen Gelegenheiten wie Mißernten und Hungersnöten erlassen werden. Durch die Zuständigkeit der *kuchidome bansho* anstelle beauftragter Kaufleute wie zu Zeiten der Sengoku-Daimyō war auch in diesem Bereich die Kontrolle der Territorialverwaltung sichergestellt.

Auch diese Grenzschranken dienten jedoch nicht der Verhinderung des Handels, sondern waren eine Maßnahme, um den Handel zu ordnen und die Erzeuger und Verbraucher von den direkten Kontakten mit Kaufleuten von außerhalb der Territorien abzuhalten.

d) Der zentrale Markt

Daß aber die für die Wirtschaft der Territorien so wichtigen Verbindungen nach außen, zu einem »zentralen Markt« sich so rasch entfalten konnten, war der Existenz des Kinai-Gebietes zu danken, das, in seiner wirtschaftlichen Entwicklung anderen Regionen deutlich voraus, größere Städte wie Kyōto, Ōsaka, Sakai und andere umfaßte und außerdem in seiner Produktion schon so weit spezialisiert war, daß es zu einem Gebiet mit großer Nachfrage nach Reis und anderen Agrarprodukten geworden war. Damit konnte es die Initialzündung für die Konjunktur geben, lange bevor Edo zum größeren Konsumentenmarkt geworden war.

Reis als die Hauptfrucht des Ackerbaus, als die Hauptsteuer zudem in den Händen der Daimyō, die ihn außerhalb ihres Besitzes verkaufen mußten, um Mittel für andere Ausgaben zu erhalten, war hier somit auch ein Handelsgut, für das erhebliche Nachfrage bestand. Wakita gibt die in das Kinai transportierte Menge an Reis für das erste Viertel des 17. Jahrhunderts mit jährlich einer Million *koku* (180 Millionen Liter) an (Wakita Osamu (2), S. 44 und S. 51ff.). In der ersten Hälfte des 17. Jahrhunderts, bevor noch Ōsaka seinen Rang als »Küche des Reiches« gewonnen hatte, wurde der Reis über zwei Wege ins Kinai geliefert. Aus Chūgoku, von Shikoku und Kyūshū gelangte er nach Ōsaka. Auch von den Besitzungen des Shogunats im Kinai wurde er hier gesammelt und nach Edo verfrachtet. Nicht zuletzt durch die Förderung des Shogunats wurde Ōsaka so schon früh zum Hauptreismarkt für Westjapan. Aber es war noch nicht der Hauptplatz eines zentralen Marktes schlechthin. Noch gab es andere Orte im Kinai, über die Reis eingeführt wurde. Aus Ōu und Hokuriku nämlich, aus den Gebieten an der Japansee bis hinauf nach Echigo im Norden also, wurde der Reis über Ōtsu am Biwasee vor allem in das Gebiet von Kyōto und Fushimi geliefert. Längs der Küste von *uranippon* nach Süden verschifft wurde er in Tsuruga und Obama entladen, auf dem Landweg bis zu den Häfen am Biwasee transportiert, von dort wieder auf Schiffen bis nach Ōtsu und schließlich über Land zu seinen Bestimmungsorten gebracht. Es leuchtet ein, daß dieser Transportweg mit mehrfachem Verladen und dem mühsamen Transport auf Packpferden über Land rasch an Bedeutung verlor, als 1672 der westliche Schiffahrtsweg, *nishimawari kōro*, eingerichtet wurde. Auf dieser Strecke, die durch die Japansee bis nach Shimonoseki führte, wo sie die Hauptinsel umrundete, um durch die Inlandsee Ōsaka zu erreichen, betrugen die Frachtkosten für 100 koku (18 000 l) Reis von Echigo, also etwa der Höhe der Insel Sado, bis Ōsaka 19 *koku* (3420 l) Reis, während über Tsuruga bis Ōtsu 22 *koku* (3960 l) zu entrichten waren (Takeuchi S. 157f.). Damit war Ōtsu nicht mehr konkurrenzfähig. Die Daimyō, deren Lagerhäuser für Reis und andere Waren bisher hier oder in Tsuruga gestanden hatten, verlegten sie nunmehr nach Ōsaka, wo solche Speicher eine beträchtliche Zahl erreichten[22].

Tabelle 4: Handel in Ōsaka,
Anteil der Handelswaren nach dem Warenwert, 1714

Lieferung nach Ōsaka			Weiterverkauf von Ōsaka aus:		
1. Agrarerzeugnisse und deren Veredelungsprodukte		40,9%	1. Agrarerzeugnisse und deren Veredelungsprodukte		72,8%
davon:			davon:		
Gemüse	1,3%		Baumwollwaren	22,2%	
Tee und Tabak	2,8%		Rohbaumwolle	5,0%	
Ölfrüchte	15,8%		Öl	36,2%	
Indigo	0,6%		Ölpreßkuchen (Dünger)	3,4%	
Textile Rohstoffe	4,5%		Nahrungsmittel	6,0%	
Textilien, Fertigfabrikate	13,1%				
Matten	2,8%				
2. Fortwirtschaftliche Erzeugnisse und deren Veredelungsprodukte		24,4%	2. Forstwirtsch. Erzeugnisse und Veredelungsprodukte		5,3%
davon:			davon:		
Bauholz	16,2%		Hausrat	0,7%	
Holzkohle	1,1%		Gerätschaften	4,6%	
Wachs	0,9%		3. Bergbauerzeugnisse und Veredelungsprodukte		12,6%
Papier	6,2%		davon:		
3. Erzeugnisse aus dem Wasser und deren Veredelungsprodukte		14,1%	Eisenwaren	5,5%	
davon:			Kupfererzeugnisse	0,2%	
Getrocknete Sardinen (Dünger)	7,8%		Kupfer für den Außenhandel in Nagasaki	6,9%	
Salz	2,3%		4. andere		9,3%
Fische	3,9%				
Riementangsprossen	0,1%				
4. Bergbauprodukte		8,9%			
5. andere		11,7%			

(Nach Takeuchi, in: Toyoda und Kodama, hg., Ryūtsūshi 1, S. 181) Reis und andere Getreide sind nicht berücksichtigt, sie entsprachen zusammen im Wert etwa den hier aufgeführten Waren; Angabe für Bauholz berichtigt.

[22] Die Angaben dazu sind freilich widersprüchlich. Hauser S. 13 nennt schon für 1626 die Zahl von 111 Lagerhäusern in Ōsaka, ebenso Crawcour (2), S. 344. Takeuchi S. 159 dagegen gibt für die Empō-Ära (1673-1680) 93 Lagerhäuser an.

Während so für Ōsaka der Reismarkt und die Begünstigung durch die geographischen Gegebenheiten wie durch die politische Planung — der Schiffahrtsweg war durch technische Einrichtungen wie Leuchtfeuer und Lotsenstationen gesichert von Kawamura Zuiken im Auftrag des Shogunats errichtet worden — die ersten Impulse der Entwicklung gaben, wurde die rasche Zunahme seiner wirtschaftlichen Bedeutung nunmehr durch diese Lagerhäuser und die hier verfügbaren Erzeugnisse aus allen Provinzen des Reiches weiter gefördert. Aus dem Auftreten der Großhändler, *tonya*, die sich entweder auf bestimmte Regionen, bald aber auch auf bestimmte Waren spezialisierten, läßt sich der Prozeß ablesen, in dem Ōsaka sich nach 1680 zum führenden Warenmarkt für ganz Japan entwickelte.

Obgleich Ōsaka auch über eine hochentwickelte gewerbliche Produktion verfügte, wurde doch seine Stellung zuerst von den Aktivitäten im Handel geprägt. Demgegenüber war die Rolle Kyōtos im zentralen Markt von völlig anderen Faktoren bestimmt. Als alte Hauptstadt, Sitz des kaiserlichen Hofes und zahlreicher Tempel und Schreine war es seit alters ein Zentrum des Konsums, das dank seiner eleganten und verwöhnten Oberschicht wie der hochgebildeten Priesterschaft hohe Ansprüche stellte. Doch verdankte Kyōto seinen Ruf als kultureller Mittelpunkt ebenso einer umfangreichen gewerblichen Produktion, die sich eines alten Herkommens rühmen konnte und in Technik und Qualität im Land ihresgleichen suchte. Waffen, kunstgewerbliche Artikel wie Lackwaren, Keramik, Gerätschaften für das buddhistische Zeremoniell, Kunstwerke und schließlich die Erzeugnisse einer technisch hochentwickelten wie künstlerisch verfeinerten Weberei und Färberei boten die solide Grundlage seiner gewerblichen Entwicklung.

So war auch Kyōtos wirtschaftliche Funktion eine doppelte. Für Reis und andere Güter des täglichen Bedarfs stellte seine Bevölkerung ein bedeutendes Nachfragepotential dar, seine Gewerbe begründeten ebenso einen steigenden Bedarf an gewerblichen Rohstoffen und Halbfabrikaten. Zugleich lieferte es hochwertige und gefragte Erzeugnisse von auserlesener Qualität in alle Städte des Reiches. Seine Nachfrage an Nahrungsmitteln und Waren des täglichen Bedarfs deckte es aus den nahegelegenen Provinzen Tamba und Ōmi und aus Gebieten des Kinai. Seine Rohstoffe dagegen stammten aus nahezu allen Gegenden des Reiches, und entsprechend groß war die Zahl der auf Provinzen oder bestimmte Waren spezialisierten Großhändler. Nishijin, das Weberviertel in Kyōto, war Hauptabnehmer für die aus China eingeführte Rohseide.

Edo, als Stadt erst durch die Tokugawa und die Errichtung ihres Shogunats zu Bedeutung gelangt, fiel innerhalb des Handels die Rolle eines fast ausschließlichen Verbrauchermarktes zu. Als rasch wachsende Stadt, die zu Beginn des 18. Jahrhunderts eine Bevölkerung von mehr als einer Million zählte, war es insbesondere durch den hohen Anteil der nicht produktiven Krieger in großem Umfang von einer Versorgung von außerhalb abhängig, die, weil das Hinterland von Edo für solche Aufgaben noch nicht gerüstet war, für Reis und Getreide vom Kantō und Tōhoku übernommen wurde. Sendai, Nambu, Tsugaru, Akita und Komesawa waren die Territorien, die Reis nach Edo lieferten und sich so den weiten Transport nach Ōsaka ersparten. 1661 und 1669 wurden Pläne entwickelt, Reis aus Gebieten an der Japansee von Niigata aus den Shinano-Fluß aufwärts zu transportieren und dann über Land nach Edo zu liefern. Stattdessen wurde jedoch 1671 von Kawamura Zuiken der östliche Schiffahrtsweg, *higashimawari kaisen*, eingerichtet, der von der Japansee aus über die Straße von Tsugaru nach Edo führte und damit den direkten und billigeren Schiffstransport erlaubte.

Im Umland von Edo fehlten die traditionellen Gewerbe, die dem Kinai seine Vorrangstellung gaben. So konnte die Nachfrage nach allen Waren, die einer hochentwickelten Verarbeitung bedurften, nur durch die Vermittlung des Handels in Ōsaka befriedigt werden. Daher wurde eine starke Abhängigkeit Edos von Ōsaka begründet. 1616 wurde mit der *higaki kaisen*, später der *taru kaisen*, eine Schiffahrtsverbindung zwischen beiden Städten geschaffen, über die ein reicher Warentransport nach Edo möglich war, das so als ein Schwerpunkt im gesamtjapanischen Markt ausgebaut wurde. Daraus und aus der Notwendigkeit, Teile der Einkünfte der Daimyō für die durch das *sankin kōtai* entstandenen Kosten von Ōsaka nach Edo zu transferieren, ergaben sich Impulse, die für die Geldwirtschaft insgesamt, besonders aber für Geldverkehr und Geldmarkt von großer Bedeutung waren.

e) Die privilegierten Kaufleute

Betrachtet man den Wandel, dem die Kaufmannschaft im Verlauf der Tokugawa-Zeit unterworfen war, gilt es zu berücksichtigen, daß er keineswegs alle Schichten dieses Standes in der gleichen Weise und zur gleichen Zeit erfaßte. Bäuerliche Wanderhändler und Hausierer auf dem flachen Lande, kleine Krämer in den Marktflecken und Burgstädten, die eine feste Kundschaft mit dem versorgten, was für das tägliche Leben benötigt wurde, waren dem wirtschaftlichen Wandel viel weniger ausgesetzt, als dies bei den bedeutenderen Kaufleuten der Fall war, von denen im allgemeinen die Rede ist, wenn von »den Kaufleuten der Tokugawa-Zeit« gehandelt wird. Aber auch unter diesen war der Wandel nicht allgemein. Die Struktur des Handels mit den territorialen Märkten als regionaler Basis, die mit dem zentralen Markt verflochten war, und der unterschiedliche Entwicklungsstand in den Regionen brachten es mit sich, daß der herkömmliche, privilegierte Kaufmann sich in manchen Gebieten vor allem des Nordostens bis zum Beginn des 19. Jahrhunderts halten konnte (vgl. Crawcour (1), S. 193). Diese privilegierten Kaufleute leiteten ihre Ursprünge noch aus der vorangegangenen Sengoku-Zeit her, sie standen in einer engen Verbindung zu den Daimyō, für die sie die Versorgung mit allen benötigten Gütern übernahmen, zugleich waren sie als die Anführer der Kaufmannsgemeinschaft ihrer Burgstadt bestellt und erhielten für ihre Dienste meist ein Grundstück und Abgabenfreiheit, daneben oft weitere Vorrechte. Zu ihnen gehörten auch der schon genannte Suminokura Ryōi und die Vertreter des Hauses Chaya, sowie Gotō Mitsutsugu (1571-1625), die drei großen Kaufleute aus Kyōto im Dienst der Tokugawa.

Mit der Notwendigkeit jedoch, zur Verbesserung der Einkünfte den überschüssigen Steuerreis außerhalb der Territorien zu verkaufen und mit der Entwicklung des zentralen Marktes war der Handlungsraum dieser in die Territorien eingebundenen Kaufleute überschritten. Während sie weiterhin ihre Dienste in dieser Sphäre ausübten, verstärkten sich die Verbindungen der Daimyō zu den Kaufleuten in Ōsaka, die mit dem Verkauf des Reises in den Lagerhäusern beauftragt waren und oft noch andere Dienste leisteten. Die frühesten Beispiele werden für die beiden ersten Jahrzehnte des 17. Jahrhunderts genannt, und bis zur Mitte des Jahrhunderts wuchs nicht nur die Zahl der Lagerhäuser und der beauftragten Kaufleute, sondern auch ihre Funktionen nahmen zu. Diese *kuramoto*, wie sie nun allgemein hießen, erhielten neben sozialen und wirtschaftlichen Vorrechten auch ein oft nicht unbeträchtliches Gehalt und führten alle erforderlichen Transaktionen im Auftrag des Daimyō durch. Neben dem Verkauf von Reis und anderen Waren aus den Territorien handelten sie oft als Finanzagenten, die die Erlöse aus den Verkäufen in die Territorien oder nach Edo überwiesen und die schließlich Vorauszahlungen auf zu erwartende Erträge und Einkünfte leisteten. Hier lag die herausragende Funktion dieser Kaufleute, die auch langfristige Darlehen an die Daimyō gaben und häufig die Erträge mehrerer Jahre vorausfinanzierten. Die Entwicklung dieser Funktionen wird beispielsweise aus den Unterlagen des Hauses Kōnoike deutlich, dessen Darlehen an Stadtbewohner 1670 63 Prozent vom Gesamtvolumen vergebener Kredite ausmachten und zu kaum 15 Prozent an Daimyō gingen. 1671 betrugen die Darlehen an Stadtbürger 50 Prozent und an Daimyō 34 Prozent. Im Jahre 1673 waren die Darlehen an die ersteren auf 7 Prozent zurückgegangen, die an Daimyō auf 84 Prozent angestiegen (vgl. Takeuchi S. 160). Durch ihre vielfältigen Einkünfte wie durch ihre Funktionen hatten diese Kaufleute einen weitreichenden Einfluß. Etwa drei Viertel des japanischen Reises gingen durch ihre Hände, mit dem sie auf den japanischen Reismarkt einwirken konnten. Sie verbürgten sich für das von den Territorien ausgegebene Papiergeld und sie streckten umfangreiche Mittel vor, als einzelne Daimyō versuchten, durch Neulandkultivierung in großem Maßstab ihre Finanzen zu sanieren. Da sie stets einen Anteil des so gewonnenen Ackerlandes erhielten, kamen sie auch zu umfangreichem Grundbesitz.

f) Die Großhändler

Während diese Kaufleute in der Hauptsache mit solchen Aktivitäten befaßt waren, andere, gleichsam private Geschäfte nur nebenbei betrieben, erlangten mit der zweiten Hälfte des 17. Jahrhunderts die Großhändler, *tonya*, zunehmende Bedeutung. Sie sollte schließlich auch die der privilegierten Kaufleute übertreffen. Nicht, daß diese damit untergegangen wären, sie verloren ihre Existenzgrundlage erst mit dem Ende der Tokugawa-Zeit. Indessen boten die gewandelten wirtschaftlichen Verhältnisse den neuen Methoden der Großhändler bessere Möglichkeiten. Von ihrer Bezeichnung her sind diese *tonya* oder, im Ōsaka-Dialekt, *toiya*, nichts Neues, sie lassen sich auf die *toimaru* zurückführen, die mit der Verwaltung der Lagerhäuser der *shōen*-Grundherren entstanden waren. Die Form ihrer Tätigkeit jedoch hatte sich deutlich gewandelt.

Die ersten dieser Großhändler traten bereits zu Beginn des 17. Jahrhunderts auf, 1616 wird ein Ölgroßhändler in Ōsaka genannt, außerdem erschienen hier solche für Baumwolle, Bauholz, Frischfisch und getrocknete Sardinen. In Edo waren in den zwanziger Jahren vier Baumwollgroßhändler die ersten *tonya* (vgl. Takeuchi, S. 167). In der zweiten Hälfte des 17. Jahrhunderts veränderten die Großhändler ihre Geschäfte grundlegend. Ursprünglich neben dem Aufkauf und Transport vor allem als Kommissionsagenten tätig, die nicht mit eigenem Kapital einkauften und weiterverkauften, sondern vor allem von Eigentümern und Verfrachtern in den Provinzen Waren in Kommission nahmen und dafür eine Lagergebühr und eine Verkaufsprovision erhielten, gingen sie nunmehr dazu über, Waren auf eigene Rechnung zu handeln. Dabei spezialisierten sie sich auf bestimmte Provinzen, daneben nahm bald die Zahl der auf bestimmte Waren spezialisierten *tonya* sprunghaft zu.

Ihre eigentliche wirtschaftliche Bedeutung erhielten sie aber vor allem dadurch, daß sie die bisherige Kette: Produzent — Verfrachter — Makler — *tonya* — Makler — Einzelhändler — Verbraucher rigoros durchbrachen und nicht nur selbst bei den Produzenten einkauften, sondern durch Vorfinanzierung der Produktion oder durch Stellung von

Werkzeug und Rohstoffen in der Hausindustrie direkt in die Produktion eingriffen. Die dabei erlangten Vorteile beim Einkauf und eine scharfe Konkurrenz gaben den Großhändlern jene Schwungkraft, die ihnen die Führungstellung im Handel verschaffte. Das Haus Mitsui, das unter dem Namen Echigoya begonnen hat, ist wohl das prominenteste Beispiel, auch, weil es die wechselnden Zeitläufte zu meistern verstand und noch heute eine bedeutende Rolle als Generalhandelshaus und Industrieunternehmen spielt. Denn auch die Position der Großhändler blieb nicht auf die Dauer unbestritten. Lange Zeit von Shogunat und Territorien zugunsten der privilegierten Kaufleute benachteiligt, erhielten sie Monopolrechte erst ab etwa 1760, als ihr unternehmerischer Elan schon nachgelassen hatte und die ländlichen Kaufleute ihnen den Rang abzulaufen begannen.

Mit dem Übergang zum Handel auf eigene Rechnung übernahmen sie allerdings auch die Gefahr des Transportes, die bislang der Eigentümer getragen hatte. Dies war besonders für die Großhändler in Edo ein Problem, da der Handel zwischen Ōsaka und Edo beträchtlich angewachsen, die Verluste auf dem Seeweg indessen durch Schiffbruch, aber auch durch die Unehrlichkeit der Schiffsführer erheblich waren. So wurde 1694 der Zusammenschluß der *tokumi tonya*, der zehn Gruppen der Großhändler, ins Leben gerufen, dem, auf zehn Gruppen verteilt, all die Großhändler angehörten, die im Kamigata, der Kyōto-Ōsaka-Region, ihre Stammgeschäfte oder Einkaufsfirmen hatten und hauptsächlich von dort ihre Waren für den Verkauf in Edo bezogen. Durch gemeinsames Handeln insbesondere bei Verlust von Schiffen und dadurch, daß man die *Higaki*-Schiffahrtslinie in Abhängigkeit brachte, wollte man Verlusten vorbeugen. Diese Konstruktion wurde durch die Gründung eines ähnlichen Zusammenschlusses in Ōsaka ergänzt, der späteren *nijūkumi tonya*, der 24 Gruppen der Großhändler.

g) Die *kabu nakama*

Damit bedienten sich die Großhändler erstmals erfolgreich des Zusammenschlusses in einer Genossenschaft, wie er auch von anderen Gruppen in Handel und Gewerbe geübt wurde. Als *nakama* oder, wegen der auf eine feste Zahl beschränkten Anteile, *kabu*, korrekter *kabu nakama* bezeichnet, wurden diese Gilden von Kaufleuten und Gewerbetreibenden oder, nach ihrer Anerkennung als wirtschaftliche Institutionen durch das *Shogunat* seit 1662, auch durch die Regierung eingerichtet. Ihren Mitgliedern dienten sie durch die Vermeidung von Konkurrenz und individuellen Monopolen und durch die Koordination der Unternehmen. In den Augen der Regierung hatten sie den Vorzug, daß sie der Neigung entgegenkamen, die Stände ihre Angelegenheiten weitgehend selbst regeln zu lassen, sie erschienen als ein geeignetes Mittel zur Kontrolle des Handels und der Preise und sie ermöglichten die Erhebung von Abgaben. Nach innen legten die *kabu nakama* nach Anzahl der gehaltenen Anteile die Größe der Betriebe fest, hatten meist bestimmte Tempel oder Schreine mit Schutzgottheiten, zu denen sie enge Verbindung hielten und pflegten sich auch zu gemeinsamen Ausflügen und ähnlichen gesellschaftlichen Unternehmungen zu treffen, so daß der gebräuchliche Begriff der Gilde als Übersetzung passend erscheint. Insgesamt wirkten sie eher konservierend, sie regulierten die hierarchische Ordnung unter ihren Mitgliedern, übten soziale Kontrolle aus und standen Neuerungen eher ablehnend gegenüber. Eine auch dem Shogunat willkommene Folge ihrer Aktivität lag schließlich auch in dem Umstand, daß die *nakama* die Versorgung der großen Städte, insbesondere Edos, sicherten. Zugleich garantierten sie die Konzentration des Handels auf Ōsaka und waren mit der Regierung in dem Ziel einig, die ländliche Bevölkerung vom Handel fernzuhalten. Insofern wahrten auch sie die Gemeinsamkeit der Interessen von Shogunat und Kaufleuten — auch dann noch, als das System durch das Aufkommen neuer Formen des Handels und der Produktion überholt war.

h) Die Kyōhō-Reform

Mit den Maßnahmen der auf die Festigung des *bakuhan*-Systems gerichteten Kyōhō-Reform griff das Shogunat unter Tokugawa Yoshimune sehr nachdrücklich auch in den Handel ein. Ließ sich das Verbot des Verkaufs neuartiger Waren und der Gründung neuer Unternehmen im Zusammenhang mit dem Bemühen sehen, wirklichen und vermeintlichen Luxus zu unterbinden, dokumentierte der Befehl zur Gründung von *nakama* in Edo, die bei der Kontrolle des dortigen Handels helfen sollten, den Versuch, gezielt gegen das Problem der Preise vorzugehen. Insbesondere die Maßnahmen nach dem 5. Monat des Jahres 1722, nach Ōishi der eigentliche Beginn der Reformmaßnahmen Yoshimunes (vgl. Ōishi Shinzaburō (2), S. 303), weisen in diese Richtung. Die Kaufleute, die in Edo mit Waren des täglichen Bedarfs handelten, mußten sich registrieren lassen. Zugleich wurde eine Preissenkung für Bohnenmus, Sojasoße und Sake befohlen. 1724 folgte der Befehl einer allgemeinen Preissenkung. Da durch die teilweise auf die Neulandkultivierung zurückgehenden hohen Reiserträge der Reispreis tiefe Einbrüche erfuhr, andererseits die Einkünfte der Krieger in Reis berechnet und zum größten Teil ausgezahlt wurden, waren diese empfindlich getroffen und in ihrer Kaufkraft erheblich geschwächt. Daher ging das Interesse des Shogunats erstmals dahin, den Reispreis anzuheben, die Preise anderer Waren, insbesondere solcher, die von den Samurai benötigt wurden, zu senken.

Um den Reisverbrauch anzuregen, beseitigte das Shogunat einige bisherige Restriktionen. So wurden die Beschränkungen des Sakebrauens aufgehoben, und auch die Reisspekulation, bisher von der Regierung mehrfach vergeblich verboten, wurde nunmehr zugelassen und 1730 der Reismarkt von Dōjima in Ōsaka offiziell eingerichtet. Die Hoffnung, dadurch den Reispreis zu verbessern, war nicht abwegig, zumindest scheinen sich Reismarkt und Spekulation beruhigend auf ihn ausgewirkt zu haben. Durch die von den Lagerhäusern der Daimyō ausgestellten Schuldverschreibungen in Reis, *kome kitte*, die gleichsam als durch den Reis aus den Territorien gedeckte Noten in großer Zahl umliefen und durch den Handel an der Reisbörse einen täglich notierten festen Preis hatten, wurde auch der Preis für Reis in ganz Japan festgelegt, da darauf spezialisierte Büros mit Expreßboten die Kurse auch in die entlegenen Gebiete meldeten. Im übrigen wird die Reisbörse in Dojima als eine der frühesten Einrichtungen dieser Art in der Welt angesehen (so Takenaka S. 146, die Antwerpener Börse freilich geht auf das Jahr 1531 zurück).

Um die Gründe für die Preisentwicklung besser erkennen und die Preise kontrollieren zu können, wurden schließlich auch die Warenbewegungen in Uraga, dem Hafen Edos, überprüft. Die so für Edo erhaltenen Aufzeichnungen lassen bei aller Unsicherheit solcher Daten für diese Zeit deutlich erkennen, daß bei Waren wie Holzkohle, Feuerholz, Salz, Fischtran oder Bohnenmus Edo von Ōsaka unabhängig war, wie dies bei Reis schon für das 17. Jahrhundert festgestellt werden konnte. Veredelungsprodukte dagegen wie entkernte Baumwolle, Baumwollstoffe, Öl, Sojasoße und Sake wurden aus Ōsaka bezogen (Hayashi S. 191f.). Das verdeutlicht, daß die große Menschenansammlung in Edo bei zahlreichen Waren zur Ausbildung einer eigenen Versorgungsstruktur im Umland geführt hatte. In der Versorgung mit gewerblichen Veredelungsprodukten dagegen bestand weiterhin eine starke Abhängigkeit von Ōsaka.

i) Der Niedergang der städtischen Märkte

Allerdings blieb die Stellung Ōsakas und der Rang der städtischen Märkte nicht auf Dauer ungeschmälert. Während hier der Handel im 18. Jahrhundert nur wenig Fortschritte zeigte, vollzogen sich daneben, anfangs nur im Kinai, Wandlungen, deren erste Auswirkungen in der zweiten Hälfte des 18. Jahrhunderts erkennbar wurden. Die Ursachen dafür sind vielfältig, ihr Fortgang hängt mit der Ausbreitung gewerblicher Techniken zur Verarbeitung landwirtschaftlicher Erzeugnisse auf dem Lande zusammen. Hier begannen die Bauern, ihre Produkte im Nebenerwerb selbst zu verarbeiten und sahen sich so im Besitz von Fertigprodukten, für die sie neue Absatzwege suchten und dank der ländlichen Kaufleute auch fanden (vgl. auch unten S. 206ff.).

Dadurch und durch die höheren Gewinne wurden die Bauern unabhängiger von den Kaufleuten des städtischen Handels. Dies zeigte sich in der Forderung höherer Preise und ebenso darin, daß das System der Vorfinanzierung durch die Kaufleute in Ōsaka an Wirkung verlor. Auch im Reishandel kündigten sich Veränderungen an. Durch die Politik des Shogunats war der Reisbau profitabel geworden und nahm infolgedessen im Kinai zu. Da zugleich auch die Zahl der Sakebrauereien auf dem Lande wuchs, sie waren bei reichen Bauern beliebte Unternehmen zur Investierung ihrer Gewinne, begannen ländliche Reishändler den Reis bei den Bauern aufzukaufen und direkt an die Sakebrauer zu liefern, so daß der sich entwickelnde ländliche Reishandel den Reismarkt in Ōsaka umging. Diese in ihrer Form typischen Anfänge — einerseits wurden Rohstoffe den Kaufleuten und Verarbeitern in den Städten entzogen, zum anderen entwickelten sich neue Handelswege — waren zunächst noch nicht schwerwiegend, doch sie stellten eine Gefahr für das vorhandene Handelssystem dar und die Kaufleute in Ōsaka beklagten sich deswegen beim Shogunat. Dieses reagierte, schon um den ländlichen Handel einzudämmen, mit der Anerkennung von *kabu nakama* und der Erteilung von Monopolrechten, erfüllte aber gleichlautende Forderungen des Reishandels erst im 19. Jahrhundert (vgl. Hauser S. 42). Ein grundlegender Erfolg blieb diesen Maßnahmen allerdings versagt, sie konnten die Entwicklung im besten Fall verlangsamen.

Auch die Territorien gefährdeten in der Verfolgung ihrer Interessen die Stellung des städtischen Handels. In ihrem Bestreben, die wirtschaftliche Struktur ihres Besitzes zu verbessern, förderten viele Daimyō den kommerziellen Anbau, verteilten Kapital für Dünger und Geräte oder gaben den Bauern Darlehen, um den Übergang auf neue Produkte zu erleichtern. Daneben unterstützten sie auch die Entwicklung gewerblicher Produktionen auf dem Lande durch die Vermittlung von Rohstoffen und bemühten sich, neue Techniken bekanntzumachen. Ein häufiges Beispiel ist die Seidenraupenzucht, die in vielen Territorien neu eingeführt wurde und auch die Verarbeitung der Rohseide auf dem Lande als weiteres Gewerbe nach sich ziehen konnte. Um das Verkaufsmonopol zu sichern, wurden Einkaufsbüros errichtet, die auch die Fördermaßnahmen durchführten und als Beratungsstellen wirkten. Zugleich wurden für konkurrierende Waren häufig Einfuhrverbote erlassen. Diese Politik der Daimyō bedrohte die beherrschende Stellung des städtischen Handels, und selbst wenn Kaufleute aus Ōsaka solche Maßnahmen durch Kredite finanzierten, verschaffte ihnen dies keinen Einfluß auf die Produktion oder die Erzeugnisse.

Der Rückgang der nach Ōsaka eingeführten Rohstoffe nach 1760 und die deutlichen Einbußen, die Kyōto in der beherrschenden Position in der Weberei hinnehmen mußte, kennzeichnen die Zunahme der ländlichen Verarbeitungsgewerbe und das Unvermögen des städtischen Handels und Gewerbes, die Kontrolle über die Produktion im Kinai und zunehmend auch in anderen Gebieten aufrechtzuerhalten. Gegenüber den neu entstandenen ländlichen Kaufleuten, die sich nun durchzusetzen wußten, verfingen die eingesetzten Mittel zur Erhaltung der Privilegien nicht mehr. Versuche, ihnen durch Eingliederung in die *kabu nakama* Fesseln anzulegen, fruchteten nicht. Die städtischen Großhändler sahen sich nun dem gleichen Schicksal gegenüber, das sie ein Jahrhundert zuvor den privilegierten Kaufleuten bereitet hatten. Auch sie hatten die Energie ihrer Entwicklungszeit verloren und wußten sich nur auf die hergebrachten Verhaltensweisen zu besinnen, die vom Streben nach Sicherheit und Ausgleich geprägt waren. Noch war durch die Entwicklung neuer Handelswege und neuer ländlicher Märkte die Stellung des städtischen Handels nicht zerstört, doch die Drohung wuchs, zumal sie mit dem Ende des 18. Jahrhunderts nicht vom Kinai allein ausging, sondern auch auf andere Gebiet übergriff.

j) Die Kansei-Reform

In den Jahren 1787 bis 1793 unternahm das Shogunat unter der Führung Matsudaira Sadanobus (1758-1829) in der Kansei-Reform den zweiten Versuch, durch eine Reihe von Verordnungen und Maßnahmen die Verhältnisse zu regeln und eine Stärkung des Shogunats, seiner Autorität wie seiner wirtschaftlichen Grundlagen, zu erreichen. Die Eingriffe in den Handel zielten wieder darauf, die Preise unter Kontrolle zu halten und die Versorgung Edos zu sichern. Nach starken Preissteigerungen durch eine schlechte Ernte im Jahre 1783 hatte im folgenden Jahr eine Rekordernte den Reispreis stark zurückgehen lassen, ohne daß die anderen Warenpreise gefolgt wären. So ergab sich wieder das Problem, daß Einkünfte und Kaufkraft des Kriegerstandes in einem kritischen Zustand waren. Zwischen 1783 und 1790 wurde daher eine Untersuchung der Marktpreise durchgeführt, für die bei bestimmten Waren eine Reihe von Daten gesammelt wurde: Herkunft der Ware, Einkaufspreis, Verkäufer, Verkaufspreis, auch die von den beteiligten *nakama* erhobenen Beiträge. Auf dieser Grundlage erfolgte 1790 ein Befehl zur Preissenkung in Edo und Ōsaka, der sich auf hohe Gewinne der Kaufleute berief. Er scheint jedoch nur von geringer Wirkung gewesen zu sein.

Um die feste Struktur des Handels aufzulockern und den Warenstrom in die Konsumzentren, vor allem nach Edo zu erleichtern, wurden einige *nakama* aufgelöst, einige Makler und Großhändler ausgeschaltet und der Seetransport überprüft.

Große Aufmerksamkeit galt dem Ziel, Edo wirtschaftlich zu stärken und seine Abhängigkeit von Ōsaka zu verringern. Schon bei Ernennung einer Gruppe von Kaufleuten in Edo, die zur Durchsetzung der Finanz-, Währungs- und Preispolitik Sadanobus beitragen sollten, wurden nur solche mit ihrem Hauptsitz in Edo berücksichtigt. Außerdem wurden Handelsverbindungen unterstützt, die Edo direkt versorgten, Gewerbe im Umland wie Baumwollproduktion und Sakebrauerei gefördert, um das Kantō wirtschaftlich zu stärken (vgl. auch Ooms S. 86-104). Dies alles, die Gewerbepolitik der Daimyō wie solche Maßnahmen des Shogunats, trafen Ōsaka, als sein Stern schon im Sinken begriffen war. Auch die Auflösung einiger *kabu nakama* dürfte in der Erkenntnis erfolgt sein, daß sie zwar zur Kontrolle des städtischen Handels und als Einnahmequelle taugten, als Instrument zur Beherrschung des ländlichen Handels aber ungeeignet waren. Daß sich das Schicksal Ōsakas im zweiten Viertel des 19. Jahrhunderts dann endgültig erfüllte, nachdem dies mit dem Beginn dieses Jahrhunderts immer deutlicher erkennbar geworden war, ist nicht auf das Auftreten neuer Umstände zurückzuführen, sondern die Folge der Entwicklungen, die schon nach 1760 erkennbar wurden und nun auch das Kantō und die nördlichen Regionen einbezogen. Die Monopole der Territorien, die Entwicklung neuer Handelswege und Märkte außerhalb der Städte waren Faktoren, die die Waren am Handel von Ōsaka und den anderen Metropolen vorbeilenkten.

Dazu kam das Unvermögen des Shogunats in der Kontrolle dieser Entwicklung, insbesondere der ländlichen Gewerbe und des ländlichen Handels. Mehr noch, diese war im Kantō durch die Maßnahmen des Shogunats noch begünstigt worden. Hier, wo die Entwicklung gegenüber dem Kinai im 18. Jahrhundert noch deutlich zurücklag, der Baumwollanbau hatte erst nach 1760 in großem Umfang zugenommen, hatten die Maßnahmen des Shogunats zur Stärkung Edos gegnüber Ōsaka die ländlichen Gewerbe wie die Sakebrauerei stark zunehmen lassen. Die Folge aber war eine Konkurrenz zum Handel in Edo, die sich erfolgreich allen Versuchen zur Einschränkung entzog. Am meisten aber war Ōsaka betroffen. Nachdem auf Grund einer stark gestiegenen Produktion vom Beginn des 19. Jahrhunderts bis etwa 1830 auch die Einfuhren nach Ōsaka noch einmal kräftig zugenommen hatten, gingen sie nach 1830 drastisch zurück, weil die Rohstoffe in den Erzeugergebieten selbst weiter verarbeitet und verkauft wurden. Hayashi Reiko zeigt, daß außer Indigo 1840 die Einfuhr bei allen angeführten Waren deutlich abgenommen hatte. Im Fall von Indigo war dies zumindest teilweise eine Folge des Umstandes, daß das Territorium Tokushima mit seinem Monopol auf Indigo aus Awa den Markt beherrschte (vgl. Hayashi S. 225f.).

Als ein deutliches Beispiel sei auf den Handel mit Eisen aus dem Chūgoku-Gebiet verwiesen. Während der herkömmliche Handelsweg auch für Gebiete wie Shikoku und Kyūshū, für die diese Route ein Umweg war, ebenso für die Gebiete an der Japansee und für Nordjapan hauptsächlich über die Eisengroßhändler von Ōsaka ging, wurde nun das Eisen bei den Händlern in den Häfen des Produktionsgebietes direkt von Schiffsgesellschaften der einzelnen Provinzen aufgekauft und in das Empfangsgebiet verschifft, während der Großhandel in Ōsaka ausgeschaltet war (Hayashi S. 228f.).

k) Die Tempō-Reform

Spätestens 1840 wurde offenkundig, daß die bisherige Politik des Shogunats gegenüber dem Handel keine Erfolge mehr brachte, und es bemühte sich um eine neue Taktik, die in den Rahmen der Tempō-Reform eingebunden war. Ihre herausragende Maßnahme war, wohl in der Erkenntnis, daß sie als Instrument der Kontrolle des ländlichen Handels unbrauchbar waren, die Auflösung aller *kabu nakama*. Doch auch die damit verbundenen Erwartungen erfüllten sich nicht. Statt der erhofften Preissenkungen und der verbesserten Warenversorgung drohten nun Preisanstieg und die Auflösung der etablierten Handelssysteme in den Städten. Auch der Befehl zu einer Senkung von Preisen und Löhnen um 20 Prozent und das Verbot der von den Daimyō gehaltenen Monopole fruchtete nichts. Viele der ehemaligen *nakama* im Handel arbeiteten nach anfänglicher Verwirrung weiter, neue Gruppen wurden gebildet, um Transport und Versorgungswege zwischen Ōsaka und Edo zu sichern, obgleich ihnen nunmehr die offizielle Anerkennung fehlte. Auch das Verbot der Monopole wurde von den Territorien ignoriert. Der Prozeß der Entwicklung des ländlichen Handels und dessen Konkurrenz mit den städtischen Märkten dauerte an. So wurde 1851 eine Neuerrichtung der *kabu nakama* in abgewandelter Form befohlen. Auch das bewirkte wenig, wie die ganze Tempō-Reform sich als ein Fehlschlag erwies. Die Enthüllung der Schwäche des Shogunats muß im Rückblick ihre wichtigste Wirkung genannt werden. Angesichts der stetigen Versuche des Shogunats, die ländlichen Gewerbe und den ländlichen Handel zurückzudrängen und zu unterbinden, ist es nicht verwunderlich, daß aus diesem Bereich die Bereitschaft zur Reform und die Unterstützung der neuen Meiji-Regierung besonders nachhaltig waren, während die städtischen

Kaufleute, gleichsam auf Gedeih und Verderb dem Shogunat verbunden, auch nach der Meiji-Restauration nur geringes Interesse an Neuerungen zeigten. Nur wenige von ihnen verstanden es, ihr Handelshaus durch die Unruhen dieser neuen Epoche hindurch zu erhalten.

13. *Der Außenhandel*

a) Die Ausweitung der Handelsbeziehungen

Die Sphäre des japanischen Außenhandels hatte sich bis in das frühe 16. Jahrhundert auf Ostasien beschränkt, Güter anderer Länder waren nur durch fremde Vermittlung, insbesondere über die Ryūkyū-Inseln erhältlich. Um die Mitte des 16. Jahrhunderts aber wirkten das wirtschaftliche Wachstum, der unternehmerische Geist japanischer Kaufleute mit den günstigen politischen Verhältnissen zusammen, wie sie die Unabhängigkeit der Handelsstädte oder die Förderung durch die Sengoku-Daimyō schufen, um den Handel rasch nach Südostasien auszudehnen. Reiche Kaufleute aus Kyōto, Sakai, Ōsaka, Hakata und, ab 1570, Nagasaki rüsteten die Schiffe aus, die von Taiwan bis Luzon, Malakka, Kambodscha und Siam überall vor Anker gingen. Auch Daimyō-Häuser wie die Arima, Shimazu und Matsuura beteiligten sich. Japanische Niederlassungen, *nihonjinmachi*, entstanden an vielen Orten und beherbergten etwa auf Luzon, in Siam oder Annam eine zahlreiche Einwohnerschaft. Sie wird im frühen 17. Jahrhundert für Manila mit 3 000, für die siamesische Hauptstadt Ayuthia mit mehr als 1 500 angegeben.

Der Handel mit China indessen war von den Ming unterbrochen, jeder Verkehr mit Japanern mit dem Tode bedroht. Die große Nachfrage nach chinesischer Seide konnte daher nur durch Schmuggel befriedigt werden. So wurden die Portugiesen die Nutznießer dieser Umstände. Nachdem sie 1543 erstmals nach Japan gelangt waren, wuchsen sie rasch in eine Vermittlerrolle im chinesisch-japanischen Handel, die ihnen nach zeitgenössischen Berichten reiche Gewinne brachte (vgl. den Bericht des englischen Kaufmannes und Seefahrers Ralph Fitch, wiedergegeben bei Boxer (1), S. 105f.). Neben chinesischer Seide und anderen Gütern, die sie gegen japanisches Silber lieferten, begannen sie aufgrund des günstigen Wechselkurses etwa ab 1580 auch, chinesisches Gold nach Japan einzuführen (Kobata (4), S. 253f.).

Schon Toyotomi Hideyoshi hatte sich bemüht, die Vorteile des Außenhandels zu nutzen. 1587 gliederte er Nagasaki seinem direkten Besitz ein und schuf sich so die Basis für die Verfolgung seiner Interessen. Sein Wunsch, den Lizenzhandel mit China neu zu beleben, wird als eines der Motive für seine Korea-Feldzüge genannt. Für Tokugawa Ieyasu war die Kontrolle des Außenhandels ein wichtiges politisches Ziel.

Zur Regelung der Handelsschiffahrt setzte er die von Hideyoshi eingeführte Erteilung von Handelsbriefen fort. So lizensierte Schiffe trugen wegen des mit dem roten Siegel, *shuin*, des Shogun versehenen Dokumentes die Bezeichnung *shuinsen* (auch shuinbune, Rotsiegelschiffe, genannt; rote Siegel hatten schon die Sengoku-Daimyō benützt. Auch Hideyoshi hatte solche Handelspatente vergeben). Zwischen 1604 und 1635 wurden Handelsbriefe in einer Zahl von etwa 350 Stück ausgegeben. Auch im Handel mit den Europäern zeigt sich nach der Errichtung des Tokugawa-*Shogunats* zunächst keine tiefgreifende Änderung. Als im Jahre 1600 das holländische Schiff De Liefde nach Japan kam, räumte Ieyasu den Holländern günstige Handelsbedingungen ein und gewährte ihnen die Möglichkeit, 1610 auf Hirado, einer Insel vor Kyūshū, eine Faktorei zu errichten. Noch entgegenkommender zeigte er sich den Engländern, die 1613 erstmals in Hirado vor Anker gingen. Wohl unter dem Einfluß von Will Adams (ca. 1564-1620), der mit der Liefde als Steuermann nach Japan gekommen war und auf Einladung Ieyasus unter dem Namen Miura Anjin in Edo lebte, teilweise wohl auch, um den Handel mit den Engländern direkt an das Shogunat zu binden und diesem den Gewinn zu sichern, gestattete er diesen auch, jeden japanischen Hafen anzulaufen und gestand ihnen sogar das Recht zu, in Edo Baugrund zu erwerben, um dort Handel treiben zu können (s. das entsprechende Schreiben Ieyasus, wiedergegeben bei Kajima Bd. 1, S. 29f.). Darüber hinaus zeigte sich Ieyasu auch am Austausch mit den Philippinen und mit Mexiko interessiert.

Wichtigste Ausfuhrgüter waren vor allem Silber, Kupfer, Schwefel und japanische Schwerter. Demgegenüber wurden aus Südostasien besonders Zucker, Leder, Arzneimittel, Räucherwerk, Blei, Quecksilber eingeführt, dazu Gold aus China. Das größte Gewicht unter den Importen aber hatte chinesische Seide. Der Seidenhandel der Portugiesen hatte fast die Qualität eines Monopols, da japanische Kauffahrer wegen der für sie gesperrten Häfen nicht konkurrieren konnten. Deshalb wurde als Gegenmaßnahme das System des *itowappu* eingeführt. Als nämlich 1603 nach einigen Jahren geringer Nachfrag die Portugiesen wenig Seide lieferten und so der Preis anstieg, erwies sich ein Teil der Ware als unverkäuflich. Da zu befürchten stand, daß die Lieferung im folgenden Jahr deshalb weiter zurückgehen könnte, wurden Kaufleute aus Kyōto, Sakai und Nagasaki beauftragt, die restliche Ware aufzukaufen. Als dann 1604 die Portugiesen eine größere Menge an Seide einführten, fiel der Preis und die im Vorjahr aufgekauften Restbestände ließen sich nur mit Verlust absetzen. Daher wurden den betroffenen Kaufleuten Privilegien im Seidenhandel eingeräumt, so besonders das Recht, die gesamte jährliche Lieferung zu erwerben und die Preise im Inland festzusetzen. So entwickelte sich der Seidenhandel für sie zu einem einträglichen Geschäft. Als Entgelt für die Vorrechte behielt Ieyasu ein Vorkaufsrecht, das durch den Nagasaki-*bugyō* ausgeübt wurde. 1633 wurde die *itowappu-nakama* um Kaufleute aus Edo und Ōsaka erweitert. Sie erwies sich als das geeignete Mittel, um das Monopol der Portugiesen zu brechen.

b) Die Beschränkungen des Außenhandels

Im Zusammenhang mit der Unterdrückung des Christentums und der christlichen Mission konnte es nicht ausbleiben, daß auch der Außenhandel beeinträchtigt wurde. Den von Tokugawa Ieyasu mit besonderem Entgegenkommen behandelten Engländern wurden nach seinem Tod 1616 die Vorrechte entzogen. Sie durften nur noch von der entlegenen Insel Hirado vor der Westküste Kyūshūs aus Handel treiben, ein Umstand, der wesentlich dazu beitrug, daß sie sich 1624 völlig aus dem Japan-Handel zurückzogen (vgl. Kajima Bd. 1, S. 29-31). Im gleichen Jahr wurden die Spanier aus Japan ausgewiesen. Im Verlauf der Revision seiner Außenbeziehungen unterband das Shogunat zwischen 1633 und 1635 die japanische Handelsschiffahrt, und 1641, nach dem Aufstand von Shimabara, mußten auch die portugiesischen Kaufleute das Land verlassen. Die Holländer behielten als einzige Europäer die Möglichkeit, auf der ursprünglich für die Portugiesen angelegten künstlichen Insel Dejima im Hafen von Nagasaki eine Faktorei zu unterhalten und Handel zu treiben. Die chinesische Niederlassung in Nagasaki blieb bestehen.

Die Maßnahmen gegenüber den bisherigen europäischen Handelspartnern waren in keinem Fall wirtschaftlich begründet, sondern hatten politische Motive. So wurde auch kein Versuch unternommen, das Handelsvolumen bei den Holländern und Chinesen einzuschränken. In dem Bestreben, die Versorgung Japans im Außenhandel zu sichern, hatte das Shogunat schon im Frühjahr 1638 bei den Holländern angefragt, ob sie Japan hinlänglich mit Waren, insbesondere chinesischer Seide, versorgen könnten und eine entsprechende Zusicherung erhalten (vgl. Tashiro (1), S. 292; zum Umfang der holländischen Einfuhren im 17. Jahrhundert vgl. die Liste bei Nachod (1), S. CLXXXVII). Es zeigte sich jedoch nach der Ausweisung der Portugiesen, daß diese Vorsorge überflüssig war, denn dem Tagebuch der holländischen Faktorei ist zu entnehmen, daß die Holländer, die ein hohes Darlehen aufgenommen hatten, um die zu importierende Warenmenge zu erhöhen, schwere Verluste hinnehmen mußten, da auf dem Markt ein Überangebot vorhanden war (vgl. Tōkyō daigaku shiryō hensanjo S. 326f.).

c) Die Handelswege nach der Abschließung des Landes

In der Sorge um die ausreichende Versorgung im Außenhandel hatte das Shogunat jedoch daneben auch Vorkehrungen getroffen, daß über Tsushima und die Ryūkyū-Inseln die Möglichkeiten des Warenaustausches mit Korea und China erhalten blieben. Nur kurze Zeit nach dem Ausweisungserlaß gegen die Portugiesen erhielt der Daimyō von Tsushima den Befehl, von seinem Territorium aus den Handel mit Korea auszubauen, der die Lieferung chinesischer Seide zum Ziel hatte. Nur einige Monate später wurde auch der Daimyō von Satsuma angewiesen, den Handel mit den Ryūkyū-Inseln weiterzubetreiben. Diese waren 1609 mit Ieyasus Billigung von Shimazu Iehisa (1576-1638) erobert worden und damit in eine doppelte Abhängigkeit geraten, da sie zugleich dem Ming-Hof tributpflichtig waren. Die Shimazu erkannten diese Abhängigkeit an und konnten so über den bestehenden Tributhandel weiterhin Waren aus China beziehen. In beiden Fällen waren japanische Kaufleute vom Verbot der Handelsschiffahrt befreit, sie unterhielten auch Niederlassungen im Ausland (vgl. Tashiro (1), S. 291f.). Auch auf diesem Wege scheinen Waren in beträchtlichem Umfang, vor allem Rohseide und koreanischer Ginseng, eingeführt worden zu sein, doch zeigt die spätere Entwicklung, daß daneben politische Motive wirksam waren.

Um die Mitte des 17. Jahrhunderts ging in Japan die Silberproduktion zurück, und da Silber auch für die eigene Münzherstellung benötigt wurde, leitete das Shogunat Maßnahmen gegen den Silberexport ein. Sie betrafen 1668 die Holländer, wurden jedoch im Zusammenhang mit der Begrenzung des Außenhandels im Jahr 1685 auch auf die Chinesen ausgedehnt. Chinesische und holländische Einfuhren wurden nunmehr mit Kupfer bezahlt, das in Münzen und, vor allem von den Holländern, in Barren in großem Umfang exportiert wurde. Schon Arai Hakuseki (1657-1725) wandte sich in seiner Funktion als Berater des Shogun mit Nachdruck gegen diesen Abfluß von Edelmetallen aus Japan, und als um die Mitte des 18. Jahrhunderts die Kupfererträge zurückgingen, wurden vor allem getrocknete Meeresprodukte, *tawaramono*, exportiert.

Die Festsetzung der Seidenimporte auf ein Drittel der bisherigen Menge im Jahre 1685 (Watanabe Ichirō nennt S. 243 das Jahr 1686; vgl. Kodama (3), S. 216f.) ließ den Außenhandel über Nagasaki deutlich zurückgehen. Im Jahre 1714 betrug der Gesamtwert der Importe 6 Prozent des Wertes aller nach Ōsaka verkauften Waren, die Exporte hatten einschließlich des Kupfers einen Anteil von 7 Prozent am Gesamtwert aller aus Ōsaka verkauften Waren (vgl. Nakai S. 45). Indessen war der Handel zwischen Tsushima und Korea sowie zwischen Satsuma und den

Ryūkyū-Inseln offenbar von den Einschränkungen ausgenommen, vielmehr scheint er nach 1685 noch zugenommen zu haben und er wurde weiterhin in Silber abgewickelt. Zwischen 1684 und 1735 wurden 80 000 *kan* Silber über Korea nach China ausgeführt (vg. Tashiro (1), S. 296). Das Silber wurde von den japanischen Kaufleuten in gemünzter Form geliefert, in *chōgin*, die zu dieser Zeit in Japan mit einem Silbergehalt von 80 Prozent zu 20 Prozent Kupfer im Umlauf waren. Als jedoch das Shogunat ab 1695 die neuen Genroku-*chōgin* ausgab, die nur noch 64 Prozent Silber und 36 Prozent Kupfer enthielten, brachte dies deutliche Rückgänge im Handel mit Korea, obwohl die japanischen Kaufleute zum Ausgleich des Wertverlustes mehr von den neuen Silbermünzen anboten. Da aber Tsushima, eine Doppelinsel mit nur geringem, häufig primitivem Ackerbau, in starkem Maße vom Handel mit Korea abhing, mit 15 000 Einwohnern umfaßte die Hauptstadt Fuchū fast die Hälfte der Bevölkerung von Tsushima, war seine wirtschaftliche Existenz bedroht. Ausdrücklich für den Korea-Handel gestattete daher das Shogunat die Herstellung und Verwendung von Silbermünzen mit dem bisherigen Gehalt von 80 Prozent Silber (vgl. Tashiro (3), S. 95ff., hier findet sich ausf. Material zum Umfang des Warenaustausches mit Korea). Selbst als sich 1714 Arai Hakuseki darum bemühte, die Herstellung von Münzen für den Export aus Tsushima zu verbieten, konnte sich Tsushima dieses Vorrecht erhalten. Erst 1737 wurde das Privileg, für den Korea-Handel Exportmünzen zu verwenden, endgültig widerrufen. Die Einschränkungen der Seidenimporte in Nagasaki hatten eine Ausweitung und Verbesserung der japanischen Seidenproduktion zur Folge, und zu Beginn des 18. Jahrhunderts war es gelungen, in Japan Ginseng anzubauen. So war das Land zumindest teilweise von diesen Einfuhren unabhängig geworden.

Indessen hatte die privilegierte Stellung Tsushimas zu einem großen Teil außenpolitische Gründe, da die Daimyō von Tsushima im Auftrag des Shogunats den diplomatischen Verkehr mit Korea aufrechterhielten. Ebenso erfreute sich der Handel zwischen Satsuma und den Ryūkyū-Inseln eines besonderen Wohlwollens des Shogunats, obwohl das Territorium immer wieder gegen die Beschränkungen der Warenliste verstieß, die ihm von diesem auferlegt waren. Auch hier werden außenpolitische Erwägungen als eines der Motive dafür genannt, daß man diesen für Satsuma sehr ergiebigen Außenhandel weiter bestehen ließ (vgl. dazu Tashiro (1), bes. S. 288-292). Selbst als 1811 die formellen Beziehungen zwischen Tsushima und Korea unterbrochen wurden, dauerten die zu den Ryūkyū-Inseln weiter bis 1850 an.

14. *Geld und Kredit*

a) Das Währungssystem

Die Vereinheitlichung des Währungswesens war eine Aufgabe, die bei der Vielfalt der gängigen Münzen nur allmählich bewerkstelligt werden konnte. So war zwar in den Territorien des Shogunats der *koban*, das 1 *ryō* Goldstück, als Standardmünze eingeführt worden, doch sollte es bis in die Genroku-Zeit (1688-1704) dauern, bis er sich in anderen Gebieten gegen die dort umlaufenden Münzen durchgesetzt hatte. Selbst dann kursierten in einzelnen Territorien immer noch Münzen anderer Herkunft. Auf die Zeit Takeda Shingens (1521-1573) datierte *Koshūkin* sind bis in die Meiji-Zeit im Umlauf gewesen (so Sakudō S. 253f.). Außerdem gaben die Daimyō Papiergeld und Münzen aus, letztere teilweise aus Eisen (Vgl. Pauer (1)).

Insgesamt beruhte das von den Tokugawa geschaffene Währungswesen auf Gold, Silber und Kupfer. Die Kupfermünzen, *zeni*, dienten im wesentlichen für kleinere Transaktionen, Silber, *chōgin*, *mameitagin*, zirkulierte nach Gewicht. Auch bei den Goldmünzen bestimmte anfangs der Goldgehalt den Wert. Allerdings lag die Bedeutung des Silbers seit der Mitte des 17. Jahrhunderts weniger in seiner Rolle als umlaufende Währung. Daß es als Standard beibehalten wurde, geschah vielmehr aus praktischen Gründen. Da die Silberwährung auf dem Dezimalsystem beruhte, war sie für Verrechnungszwecke, für die Kalkulation von Zinsen, Kommissionen oder Preisabschlägen besser geeignet als die Goldwährung. Sie hatte darüber hinaus den Vorteil, nicht an umlaufende Münzen gebunden zu sein, die durch Abnutzung oder Manipulationen an Wert verlieren konnten. Da in Ōsaka der Zahlungsverkehr auf Kreditbasis üblich war und mit der Entwicklung geeigneter Mittel wie Wechsel und Scheck auch der Ausgleich der Konten unbar erfolgte, war das Silber als eine Verrechnungseinheit von großem Nutzen. In Edo, wo die Barzahlung überwog, wurden allgemein Goldmünzen gebraucht.

Durch diese Unterschiede entstanden jedoch Probleme, von denen das der Verrechnung sich als das geringste erwies. Schwerwiegender war, daß die Abhängigkeit Edos von Lieferungen aus Ōsaka sich in einer negativen Bilanz niederschlug, die sich zu einer Belastung der Finanzen des Shogunats entwickelte. Hier lagen die Gründe dafür, daß die Exporte von Edelmetallen im Rahmen des Außenhandels unterbunden wurden, um das Währungssystem nicht durch Abflüsse von Edelmetallen zu gefährden. Auch der private Handel mit Edelmetallen wurde verboten. Somit konnte der Nennwert der Münzen vom Metallwert getrennt und der *koban* unabhängig von seinem tatsächlichen Goldgehalt als Währungseinheit im Wert von 1 *ryō* Gold festgelegt werden. Dies schuf die Möglichkeit für die Münzverschlechterung, wie sie in der Genroku-Zeit zum ersten Mal realisierte wurde und bis zum Ende der Tokugawa-Zeit noch häufiger als Lösung für das Defizit des Shogunats dienen mußte.

Die Wechselkurse für das Verhältnis Gold — Silber — Kupfer waren vom Shogunat festgelegt. Bedingt durch die regionalen Unterschiede im Gebrauch von Gold und Silber, die mit einer sehr engen Beziehung der beiden Hauptorte der unterschiedlichen Metallwährungen, Edo und Ōsaka, einhergingen, ließen sich jedoch Schwankungen in der Bewertung nicht vermeiden. Gegen die Mitte des 17. Jahrhunderts entstand daher die Übung, daß allmorgendlich von den wichtigsten Geldwechslern in Ōsaka der Tageskurs ausgehandelt wurde. 1662 fand dieses Verfahren auch die offizielle Billigung. Damit war ein geregelter Geldmarkt entstanden, der amtlichen Verboten zum Trotz auch Spekulation und Termingeschäfte in offensichtlich nicht geringem Umfang kannte. Auch der Kupfer-*zeni*, dessen Wert mit 4 000 *mon* zu einem *ryō* Gold festgelegt war, konnte seinen Kurs nicht halten und wurde um die Wende zum 19. Jahrhundert mit 6 700 *mon* zu 1 *ryō* Gold bewertet.

b) Das Verhältnis zwischen Gold- und Silberwährung

Obwohl durch den Gebrauch der Silberwährung hauptsächlich als Verrechnungseinheit nur noch Gold- und Kupfereinheiten eine Rolle spielten[23], blieb der Unterschied zwischen dem Goldstandard in Edo und der Silberwährung in Ōsaka durch die Verwendung der Silbereinheiten für Buchungen und Kredite, Wechsel und andere Dokumente weiterhin bestehen und wirkte sich auf die Entwicklung der Währung ebenso aus, wie er als Instrument der Währungspolitik genutzt werden konnte (dazu und zum Folgenden vgl. bes. Crawcour und Yamamura). In diesem Zusammenhang waren vor allem die Warenlieferungen von Ōsaka nach Edo von Bedeutung. Obschon seit dem Ende des 17. Jahrhunderts im Umfang zurückgegangen, entstanden durch diesen Handel doch hohe Forderungen gegen Edo, die sich nicht mit entsprechenden Gegenleistungen aufrechnen ließen. Zum Ausgleich des Defizits dienten stattdessen die Einkünfte von Shogunat und Daimyō, die nach Edo überwiesen werden mußten. Da auch dies von Ōsaka aus geschah, wurde mit Hilfe der Edo-Wechselbörse, *Edo-kawase*, in Ōsaka ein Verfahren entwickelt, das nicht nur den umständlichen Münztransport weitgehend entbehrlich

---

[23] Die als Scheidemünzen ausgegebenen Silberstücke wie etwa der nishugin zu 1/8 ryō von 1772 müssen nach Nennwert und Gebrauch zum System der Goldwährung gerechnet werden. Neben den Kupfer-zeni wurden zeitweilig auch solche aus Blei oder Eisen ausgegeben.

machte, sondern auch die Laufzeit der Überweisungen fast um die Hälfte verkürzen konnte. Zu diesem Zweck stellte ein Großhandelshaus in Ōsaka, das Forderungen gegen einen Kunden in Edo hatte, einen Wechsel auf diesen aus und verkaufte ihn über die Bankiers, *ryōgaeya*, an einen Wechselhändler, der Steuerzahlungen zu überweisen hatte. Dieser sandte den Wechsel zur Einlösung nach Edo.

Indessen waren die Zahlungen zwischen Edo und Ōsaka nie ausgeglichen. Statt des Defizits zu Lasten Edos konnte zu Zeiten mit besonders umfangreichen Überweisungen von Steuereinkünften, aber auch, weil das Shogunat von den Kaufleuten in Ōsaka Darlehen forderte oder durch Spekulation zeitweise die Bilanz für Edo positiv sein. Daher wurde durch ein System von Preisaufschlägen und Nachlässen bei den Wechseln ein Instrument des Ausgleiches entwickelt. Stieg die Nachfrage nach Wechseln, war ein Aufschlag zu bezahlen. Bei einem Überangebot von Wechseln, wenn also — der Normalfall — die Forderungen gegen Edo-Kaufleute überwogen, erhielten die Käufer der Wechsel einen Nachlaß.

Wenn Aufschlag oder Nachlaß eine gewisse Höhe überschritten, nämlich höher waren als die Unkosten für den Transport von Münzen zwischen Edo und Ōsaka, dann wurde im Fall hoher Nachfrage nach Wechseln der Transport von Geld vorgezogen. Aufgrund dieses Verfahrens bewegten sich die Auf- und Abschläge im Wechselverkehr zwischen Ōsaka und Edo in einem verhältnismäßig engen Rahmen. Zugleich bestand dadurch ein gewisses Gleichgewicht im Wertverhältnis zwischen Gold- und Silber(buch)währung. Denn der Transport von Gold nach Edo ließ in Ōsaka durch die entsprechende Nachfrage den Goldpreis steigen. Damit aber nahm auch das Angebot an Gold durch Spekulanten zu und das Wertverhältnis zwischen den Wechseln in Silber und der Goldwährung kam wieder ins Gleichgewicht.

Dieser »Devisenmarkt« zwischen Goldmünzen und auf Silber lautenden Kreditdokumenten spielte für die gesamte Währung eine zentrale Rolle, denn er ermöglichte nicht nur den Ausgleich des Handels zwischen Edo und Ōsaka, sondern ebenso zwischen dem zentralen Markt und den Regionen. Der Goldpreis in Ōsaka wurde durch die Zehn Geldwechsler, *jūnin ryōgaeya*, festgesetzt, die an der Spitze des Banksystems in Ōsaka standen. Sie waren durch die Kontrolle des Kreditsystems von den Kursen zwischen Goldmünzen und auf Silber lautenden Krediten direkt betroffen, konnten aber ihrerseits über Kredite und durch ihre Verbindungen zu Daimyō und Shogunat dieses Kursverhältnis direkt beeinflussen. Wo der Goldpreis nicht durch den Handel mit Edo unter Druck geriet, sondern etwa durch den Rückgang der Einkünfte aus Steuern, konnten sie ihn durch Darlehen an Shogunat oder Daimyō stabilisieren und das Kursverhältnis wieder ins Gleichgewicht bringen.

Tabelle 5: Ausgabe von Goldmünzen in der Tokugawa-Zeit

Epoche	Bezeichnung	Dauer der Ausgabe	Dauer des Umlaufes	Gewicht (momme)	Gehalt in Promille: Gold	Silber
Keichō	ōban	1601-1695	1601-1695	44.100	677.0	276.8
	koban	1601-1695	1601-1738	4.760	842.9	157.1
	ichibuban	1601-1695	1601-1738	1.190	842.9	157.1
Genroku	ōban	1695-1716	1695-1725	44.100	517.7	458.8
	koban	1695-1710	1695-1717	4.760	573.7	426.3
	ichibuban	1695-1710	1695-1717	1.190	573.7	426.3
	nishuban	1697-1710	1697-1710	0.595	573.7	426.3
Hōei	koban	1710-1714	1710-1719	2.500	842.9	157.1
	ichibuban	1710-1714	1710-1719	0.625	842.9	157.1
Shōtoku	koban	1714	1714-1860	4.760	842.9	157.1
	ichibuban	1714	1714-1860	1.190	842.9	157.1
Kyōhō	ōban	1725-1837	1714-1860	44.100	677.0	276.8
	koban	1716-1736	1716-1827	4.760	867.9	132.1
	ichibuban	1716-1736	1716-1827	1.190	867.9	132.1
Gembun	koban	1736-1818	1736-1845	3.500	657.1	342.9
	ichibuban	1736-1818	1736-1845	0.875	657.1	342.9
Bunsei	nibuban (1)	1818-1828	1818-1834	1.750	564.1	435.9
	koban	1819-1828	1819-1842	3.500	564.1	435.9
	ichibuban	1819-1828	1819-1842	0.875	564.1	435.9
	isshukin	1824-1832	1822-1839	0.375	120.5	879.5
	nibuban (2)	1828-1832	1828-1842	1.750	488.9	511.1
Tempō	ōban	1826-1860	1826-1860	44.100	677.0	276.8
	goryōban	1837-1843	1837-1855	9.000	842.9	157.1
	koban	1837-1858	1837-1874	3.000	567.7	432.3
	ichibuban	1837-1858	1837-1874	0.750	567.7	432.3
	nishuban	1832-1858	1832-1860	0.4375	293.3	706.7
Ansei	koban	1859	1859-1874	2.400	567.7	432.3
	ichibuban	1859	1859-1874	0.600	567.7	432.3
	nibuban	1856-1860	1856-1874	1.500	195.6	804.4
Man'en	ōban	1860-1862	1860-1874	30.000	366.6	625.0
	koban	1860-1867	1860-1874	0.880	567.8	432.2
	ichibuban	1860-1864	1860-1874	0.220	567.8	432.2
	nibuban	1860-1869	1860-1874	0.800	220.0	780.0
	nishuban	1860-1863	1860-1874	0.400	220.0	780.0

(nach Toyoda und Kodama, Ryūtsūshi S. 276f.).

Entstand der Zustrom von Gold, wie es der Normalfall war, infolge vermehrter Warenlieferungen nach Edo, glich er sich durch eine Zunahme der Einfuhren aus den Regionen nach Ōsaka selbst wieder aus. Das auf diese Weise entstehende Defizit zwischen Edo und Ōsaka, in Wirklichkeit eines zwischen Edo und dem ganzen Land, spielte eine zentrale Rolle in der Wirtschaftspolitik des Shogunats, da über den Marktmechanismus und den Goldmarkt in Ōsaka der Teil der Forderungen gegen Edo, der durch Verrechnung mit Überweisungen von Einkünften nicht abgedeckt war, als ein Defizit im Haushalt des Shogunats erschien. Solche Haushaltsdefizite wurden ursprünglich durch Rückgriff auf die Schatzkammern des Shogunats abgedeckt und als diese mit dem Ende des 17. Jahrhunderts sich erschöpften, durch Münzverschlechterung.

c) Die Aktivitäten des Shogunats auf dem Goldmarkt

Gleichzeitig aber trieb das Shogunat über den Goldmarkt aktive Währungspolitik. Diese zielte zum einen darauf, die Preisentwicklung zu erfassen, zum anderen konnte sie auch durch Ankauf von Gold gegen »Schatzanweisungen« in Silber den Preisanstieg von Silber gegenüber Goldmünzen verringern. Da ein Teil der Gehälter an die Gefolgsleute des *Shogunats* in Goldmünzen ausgezahlt wurde, ließ sich durch die Festsetzung eines den Marktpreis von Reis unterschreitenden Tauschwertes für den so in Geld abgelösten Teil des Reisgehaltes eine gewisse Beschränkung der Kaufkraft erzielen, die auf den Markt in Edo und damit auf den Goldpreis wirkte. Als Darlehensgeber an Daimyō, Gefolgsleute, aber auch an Kaufleute in Edo hatte das Shogunat über die Vergabe oder Rückforderung von Krediten auch Einflüsse auf den Kreditmarkt — Crawcour und Yamamura betonen (S. 500), daß sich durch solche Kredite auch die Annahme schlechterer Münzen leichter durchsetzen ließ. Schließlich dienten auch von den Kaufleuten in Ōsaka erzwungene Kredite als Mittel, um den Kurs der Goldwährung zu beeinflussen. Langfristig war der Umstand, daß die Einkünfte von Shogunat und Daimyō mit den Ausgaben nicht in Einklang gebracht werden konnten, auf diesem Weg nicht aus der Welt zu schaffen. Aber das Shogunat verfügte auf die geschilderte Weise über eine Reihe von Handlungsmöglichkeiten, die es ihm erlaubten, sich aktiv und gestaltend am wirtschaftlichen System zu beteiligen.

d) Die Anfänge des Bankgeschäftes

Das wachsende Volumen und die vielfältigen Aufgaben des Handels ließen schon in den ersten Jahrzehnten des 17. Jahrhunderts ein Geld- und Kreditgewerbe entstehen, von dem Aufgaben des Bankgeschäftes wahrgenommen wurden. Insbesondere die Konzentration des Handels auf Ōsaka und die Beziehungen zwischen Edo und Ōsaka, ebenso die Notwendigkeit, den Steuerreis der Daimyō in Geld umzusetzen und der Umlauf unterschiedlicher Münzsorten gaben den Anstoß zu einer raschen Entwicklung.

Im schon seit langem zu einem wichtigen Gewerbe aufgestiegenen Geldwechselgeschäft hatten sich deutliche Unterschiede unter den Geldwechslern, *ryōgaeya*, herausgebildet. So existierten in den Städten zahlreiche kleine Geldwechsler, die von den täglichen Kleinaufträgen lebten. Durch den Umstand aber, daß in Edo ein Goldstandard herrschte, während man im Kansai, insbesondere in Ōsaka, in Silber rechnete, eröffneten sich Aufgaben, die dem Geschäft mancher Geldwechsler zu bedeutenden Dimensionen verhalfen. Diese übten im Geldgeschäft eine Reihe zusätzlicher Funktionen aus. Sie waren in Edo beispielsweise im Auftrag des Shogunats mit der Übernahme, der Prüfung und Überweisung von Regierungseinkünften befaßt, in Ōsaka waren sie gleichzeitig auch als Agenten für die Daimyō tätig. Spätestens 1640 begannen die Geldwechsler in den drei Metropolen Edo, Ōsaka und Kyōto damit, Einlagen anzunehmen und Darlehen oder Vorschüsse zu gewähren. Während die Depositen zinslos gehalten wurden, ihr Vorteil für den Einleger bestand in den Erleichterungen des Zahlungsverkehrs und in den damit verbundenen Kreditmöglichkeiten, wurden Darlehen mit einem Zins von 15 Prozent belastet. Aus solchen Anfängen entwickelten sich in Ōsaka gegen 1660 die ersten Bankiers. Durch die Aufgabe, die Naturalabgaben für die Daimyō in Geld umzuwandeln und durch den umfangreichen Geldbedarf der Daimyō, mit dessen Regulierung diese ihre Handels- und Finanzagenten in Ōsaka beauftragten, wurde der Reishandel hier frühzeitig zu einer Gelegenheit der Geldschöpfung und des Kreditgeschäftes ausgebaut. Die beauftragten Kaufleute, *kuramoto*, die oft zugleich die Funktionen des Finanzagenten, *kakeya*, wahrnahmen, pflegten den Reis zu vorher angekündigten Terminen gegen Gebot zu verkaufen. Der Käufer hinterlegte ein Drittel der Kaufsumme, der Rest wurde in dreißig Tagen fällig, und erhielt über die erworbene Reismenge ausgestellte »Reiswechsel«, *komekitte*, die im allgemeinen auf jeweils 10 *koku* (1800 l) lauteten. Diese Dokumente wurden frei gehandelt und erfreuten sich wachsender Beliebtheit, so daß sie gleichsam als Noten umliefen, die durch den Reis des ausstellenden Lagerhauses gedeckt waren, während der so erworbene Reis bis zu 18 Monate kostenfrei gelagert wurde. Genau betrachtet bestand durch die *komekitte* an dem Reis kein direktes Eigentum, sondern nur der Anspruch auf Lieferung der Menge von 10 koku Reis bei Vorlage des Dokumentes, was sie einer Banknote noch ähnlicher machte. So konnten sich diese Reisnoten zu einem Instrument der Kreditschöpfung entwickeln, da auf Grund ihrer großen Beliebtheit und des freien Umlaufes die beauftragten Kaufleute der Daimyō unbedenklich mehr dieser Noten ausgeben konnten als Reis auf Lager war. Die Kreditmöglichkeiten wurden dazu noch dadurch ausgeweitet, daß gegen eine Anzahlung von einem Drittel des Preises auch Reis auf Termin verkauft wurde.

Durch weitere Ausgestaltung, insbesondere durch den sogenannten Buchreishandel, *chōaimai torihiki*, der die Spekulation in Reisnoten, *komekitte*, ermöglichte, entwickelte sich der Reishandel zu einem komplexen System, das den Reispreis in ganz Japan beeinflußte und stabilisierte. Es wurde 1730 durch die amtlich eingerichtete Reisbörse im Stadtteil Dōjima noch vervollständigt.

Die Erlöse aus den Reisverkäufen wurden von den Finanzagenten der Daimyō entweder an diese weitergeleitet, wobei ein Teil gewöhnlich nach Edo ging, um die dortigen Verpflichtungen zu erfüllen, ein Teil aber in Ōsaka verblieb und der Rest in das Territorium überwiesen wurde, oder er wurde vom Finanzagenten als Einlage behandelt und erst nach Abruf weitergeleitet. Bei dem Geldbedarf der Daimyō war allerdings der Fall häufig, daß der Finanzagent gegen Verpfändung der Reissteuer ein Darlehen gab, das zum normalen Satz von 12 bis 15 Prozent verzinst, aber durch zusätzliche Gebühren noch höher belastet wurde. Bereits im 17. Jahrhundert ergaben sich auf diese Weise erhebliche Belastungen der Daimyō, deren Verringerung durch Rückzahlung kaum zu erhoffen war[24].

Auch die nun aufkommenden Großhändler, *tonya*, wußten Kredite zu ihrem Vorteil zu nutzen. Sie banden ihre Lieferanten durch Wechsel oder, etwa die Baumwolle produzierenden Bauern, durch Vorfinanzierung der Ernte, an sich. So konnten sie sich günstige Lieferbedingungen sichern und waren damit gegenüber den herkömmlichen Kaufleuten im Vorteil. Zugleich trugen sie durch solche Anreize zur Erhöhung der Produktion bei. Manche entwickelten sich auf diesem Wege zu Finanzagenten bestimmter Industriezweige und standen von ihren Funktionen her dem Bankgeschäft näher als dem Handel. Andere, deren prominentestes Beispiel das Haus Mitsui ist, übten beide Funktionen gleichzeitig aus, indem sie ihre Einkäufe aus Kyōto und Ōsaka in Edo verkauften und durch die Währungsunterschiede zwischen Einkaufs- und Verkaufsgebiet auch im Geldwesen Geschäfte tätigten.

e) Das Banksystem der Zehn Geldwechsler

Seine volle Wirkung aber entfaltete der Geld- und Kreditmarkt durch die Zehn Geldwechsler, *jūnin ryōgaeya*. Amtlich eingesetzt, um eine Selbstkontrolle des Geldmarktes zu sichern und die Aufträge des Shogunats auszuführen, bauten sie, insgesamt führende Finanz- und Handelsagenten der Daimyō, ein Banksystem auf, indem sie alle übrigen Bankiers in 22

---

[24] Sansom (2), S. 460 gibt den Umfang der Schulden nur der Daimyō um 1700 mit dem Hundertfachen des umlaufenden Geldes an. Zur Entwicklung des Bank- und Kreditwesens vgl. bes. Crawcour (2).

Gruppen organisierten und kontrollierten, den Gold/Silbermarkt überwachten und durch Reserven das ganze System absicherten. Damit gewannen die durch Banken und Kaufleute ausgegebenen Wechsel und Noten größere Sicherheit und wurden voll verkehrsfähig. Ein kleinerer Bankier oder Geldwechsler konnte sich gegen eine Einlage beim nächstgrößeren einen Kreditrahmen schaffen, der die Einlage erheblich überschritt. Da dieses System von Depositen und Krediten sich über mehrere Stufen bis zu den Zehn Geldwechslern fortsetzte, war das Kreditgefüge abgesichert und konnte von den Kaufleuten genutzt werden, die gegen eine Bareinlage durch einen Scheck oder eine Depositennote ihre Zahlungsverpflichtungen erfüllen und dabei die Einlage um eine vorher vereinbarte Summe überschreiten konnten. Gegen die damit eingekaufte Ware als Sicherheit konnte das Kreditvolumen erhöht und neue Ware erworben werden, die wiederum als Sicherheit dienen konnte. Durch diese Ausweitung der Kreditmöglichkeiten und durch die Zuverlässigkeit des von den Zehn Geldwechslern streng überwachten Systems konnte der Geldbedarf der rasch expandierenden Wirtschaft befriedigt werden. Die volle Verkehrsfähigkeit der Wechsel und Noten erlaubte es zudem, den Silberstandard als »Buchwährung« beizubehalten, der sich für Buchhaltung und Verrechnung durch das Dezimalsystem besser eignete und zudem vor Wertverlust geschützt war. Auch an den festgesetzten Abrechnungstagen bestand keine Notwendigkeit mehr, in das System des Goldstandards umzurechnen.

Für den Ausgleich von Zahlungen zwischen Ōsaka und Edo schließlich war die schon beschriebene Wechselbörse, *Edokawase*, eingerichtet, so daß auch solche Zahlungen normalerweise unbar erfolgen konnten. Während die Überweisungen nach Edo für die Daimyō mit einer Kommissionsgebühr von 1 bis 2 Prozent belastet wurden, blieben die seit 1691 ausgeführten Überweisungen für das Shogunat spesenfrei. Für solche Überweisungen wurde indessen eine Frist von mindestens 60 Tagen zugestanden, in der die Banken das Geld zinsfrei zur Verfügung hatten.

15. *Transport und Verkehr*

a) Das Straßennetz

Ungeachtet des Bestrebens der Sengoku-Daimyō, in ihren Territorien die Verkehrsverhältnisse zu ordnen und Verkehrswege anzulegen und Toyotomi Hideyoshis Bemühungen um den Straßen- und Brückenbau, blieb es der gefestigten Zentralgewalt des Tokugawa-Shogunats überlassen, das auch für das *sankin kōtai* unerläßliche Verkehrswesen unter nationalen Gesichtspunkten zu ordnen und zu organisieren.

Das Rückgrat des Landverkehrs bildeten die Fünf Fernstraßen, eigentlich Fünf Meeresstraßen, *gokaidō*, genannt: Die bekannteste, die

Tōkaidō, verband Edo mit Kyōto; die Nakasendō erfüllte den gleichen Zweck auf einer Route im Landesinneren; die Kōshūkaidō führte von Edo nach Kōfū; die Nikkōkaidō nach Nikkō; die Ōshūkaidō nach Aomori. Diese für die Sicherung des amtlichen Verkehrs und die Nachrichtenverbindung des Shogunats angelegten Straßen waren mit Wegstationen versehen, bei denen für amtlichen Bedarf ständig Pferde und Dienstleute bereitgehalten wurden. Die Zahl der Wegstationen war naturgemäß unterschiedlich. Die Ausstattung wurde 1601 mit jeweils 36 Mann und Pferden festgesetzt. Indessen machte der Bedarf eine Erhöhung erforderlich, die 1638 an den 53 Stationen der Tōkaidō 100 Mann und Pferde erreichte, auf der Nakasendō jeweils 50 Mann und Pferde betrug und auf den anderen Hauptstraßen je 25. Zusätzlich waren die Nebenstraßen, *wakiōkan*, eingerichtet. Sie und die von den Daimyō angelegten Verkehrswege verwuchsen mit den Fünf Fernstraßen zum japanischen Verkehrsnetz. Zeitgenössische Berichte geben ein anschauliches Bild vom lebhaften Verkehr auf den Straßen[25]. Neben dienstlichen und beruflich bedingten Reisen waren auch Wallfahrten und Vergnügungsreisen beliebt geworden, ein Anstoß für die rasch wachsende Reiseliteratur des 17. Jahrhunderts (vgl. dazu May (3), S. 13-29). An den Wegstationen entwickelte sich ein umfangreiches Dienstleistungsgewerbe von den Tee- und Rasthäusern, Last- und Sänftenträgern bis hin zu einem blühenden Vergnügungsgewerbe.

Da die Wegstationen dem Verkehrsaufkommen in ihrer Ausstattung bald nicht mehr gewachsen waren, wurden 1624 die ersten *sukegō* eingerichtet; Ortschaften in einer Entfernung von 1 bis 2 *ri* (knapp 4 bis 8 km) mußten als Hilfsdörfer Dienstleute und Pferde für die Stationen bereithalten. Dieses System wurde 1657 allgemein eingeführt und der Umfang der Leistungen nach der veranschlagten Ertragshöhe des Dorfes bestimmt. Solche Aufgaben stellten für die Bauern eine schwere Belastung dar, insbesondere, als im 18. Jahrhundert das System auf einen Umkreis von mehr als 10 *ri* um die Stationen ausgedehnt wurde und so in manchen Fällen schon für die Anreise ein bis zwei Tage erforderlich waren. Häufig zogen es daher die Bauern vor, eine Ablösung zu zahlen, so daß stattdessen *kumosuke* genannte Lohnarbeiter eingestellt wurden.

b) Das Nachrichtenwesen

Für die Nachrichtenverbindungen des Shogunats wurden 1601 zusammen mit den Wegstationen die Stafettenkuriere, *tsugi-hikyaku*, aufgestellt,

---

[25] Vgl. etwa Kaempfer Bd. 2, S. 178-187, »Von dem Gewimmel der Menschen, die den Weg täglich bereisen und darauf ihre Nahrung suchen.« Die von Kaempfer hier erwähnten sieben Hauptwege sind die alten Straßen des absolutistischen Staates: die Tōkai-, Tōsan-, Sanin-, Sanyō- Nankai- und Saikaidō (vgl. ebd. Bd. 1, S. 86-95).

die an jeder Wegstation wechselten und auf den Straßen Vorrang hatten. Sie beförderten Schriftstücke und leichte Sendungen und bewältigten die Strecke zwischen Edo und Kyōto 1696 in 45 Doppelstunden, in eiligen Fällen in 41 Doppelstunden (zu den Kurieren vgl. auch Kaempfer Bd. 2, S. 168f.). Die Daimyō unterhielten in ihren Territorien und zwischen diesen und den Residenzen in Edo eigene Kuriere.

Wie schon im Zusammenhang mit den Kursen der Reiswechsel erwähnt wurde (vgl. oben, S. 168), bestanden daneben auch kommerzielle Kurierdienste, *machibikyaku*. Anfangs in Ōsaka betrieben, wurde 1663 mit behördlicher Genehmigung eine Verbindung zwischen Edo, Ōsaka und Kyōto eingerichtet, deren sich später auch Shogunat und Daimyō bedient zu haben scheinen. Auf der Wende zum 18. Jahrhundert wurde es allmählich weiter ausgebaut; es bezog alle wichtigen Städte ein und umfaßte schließlich das ganze Land.

c) Schiffstransport

Obgleich 1635 der Überseeverkehr und der Bau größerer seegängiger Schiffe verboten wurde, ist die Geschichte des Handels in der Tokugawa-Zeit zugleich eine Geschichte des vor allem als Küstenschiffahrt betriebenen Wassertransports. Auch hier bildeten Edo und Ōsaka die Schwerpunkte, auf die sich das entstehende Netz konzentrierte. Bereits in den Keichō-Jahren (1596-1615) bestand eine regelmäßige und stark genutzte Verbindung zwischen beiden Städten, die durch die *higaki*-Schiffe, *higaki kaisen*, um 1620 noch mehr belebt wurde. Sie trugen diesen Namen wegen ihres rautenförmigen (*hishigata*) Bambusgeflechtes, das wie ein Zaun (*kaki*) die Fracht auf beiden Bordseiten sicherte. Ab 1660 kamen die *taru*-Schiffe, *taru kaisen*, hinzu, benannt nach den häufig beförderten Sakefässern, *taru*.

Wie oben dargestellt boten die Nachfrage in Edo und der Handel in Ōsaka den Anlaß für die beiden von Kawamura Zuiken eingerichteten Schiffahrtsrouten, von der Japansee durch die Straße von Tsugaru nach Edo die nach ersten Anfängen zwischen 1624 und 1644 im Jahre 1671 fest eingerichtete *higashimawari*-Route und die über Shimonoseki nach Ōsaka führende *nishimawari*-Route von 1672, die beide für die wirtschaftliche Entwicklung große Bedeutung hatten.

Angesichts der schwierigen Straßenverhältnisse, die bei dem gebirgigen Charakter des Landes nur Packpferde und Träger für den Lastverkehr zuließen, war die Flußschiffahrt zur Ergänzung des Seeweges unerläßlich und entsprechend ausgebaut. Der Tone-Fluß zur Versorgung von Edo, der Yodo-Fluß, der Fushimi mit Ōsaka verband, dazu die Strecken über den Biwa-See und den Kita'ura-See in Hitachi (Präfektur

Ibaraki) sind Beispiele für den Ausbau der Binnenschiffahrt, mit der die Küstenschiffahrt ergänzt wurde.

16. *Arbeit und Löhne*

a) Die Entwicklung des Arbeitsmarktes

Durch die Fortschritte der gewerblichen Produktion wurde bei den Arbeitsverhältnissen eine tiefgreifende Umformung bewirkt. Ausgehend von den Städten im Kinai, wie Kyōto, Sakai und Ōsaka begannen Handel und Gewerbe Arbeitskräfte aus dem Umland anzuziehen und setzten damit eine Wanderungsbewegung in Gang, für die der Erlaß Toyotomi Hideyoshis von 1591 ein frühes Zeugnis darstellt, der den Bauern untersagte, den Ackerbau zu verlassen und sich dem Handel und der Lohnarbeit zuzuwenden (vgl. den Erlaß bei Kodama (3), S. 40 u.f.). In dem rasch durchlaufenen Prozeß, der auch die kleineren Städte des Kinai in das wachsende wirtschaftliche Netzwerk verwob, wanderte in der zweiten Hälfte des 17. Jahrhunderts eine bedeutende Zahl von Menschen aus den umliegenden Dörfern in diese Städte und bereits mit dem ausgehenden Jahrhundert kam es hier zu deutlichen Anzeichen dafür, daß Arbeitskräfte knapp wurden und Handel und Gewerbe auf dem Arbeitsmarkt mit den bäuerlichen Arbeitgebern in Konkurrenz traten. Da auch der für den Markt produzierende Ackerbau durch die arbeitsintensiven Verfahren etwa im Baumwollanbau und bei anderen kommerziellen Gewächsen einen hohen Bedarf an Arbeitskräften entwickelte, waren mit dem Anfang des 18. Jahrhunderts die Überschüsse an Arbeitskräften im Kinai aufgelöst. Die Auswirkungen dieses Vorganges werden nicht nur durch Erlasse und Maßnahmen des Shogunats und der Daimyō faßbar, mit denen das Abwandern der ländlichen Bevölkerung in gewerbliche Produktion und Handel verhindert werden sollte, sondern ebenso in den zunehmenden Klagen der reichen Bauern über Ungehorsam, Faulheit und Widersetzlichkeit der Dienstboten und über die steigenden Löhne, die sie zahlen mußten. Auch die zunehmenden Schwierigkeiten der Krieger und Tempel, Dienstboten zu bekommen, da sie nicht in der Lage waren, konkurrenzfähige Löhne zu zahlen, sind ein Hinweis auf diese Entwicklung (vgl. Hanley und Yamamura (2), S. 86 und S. 96). Der Umstand schließlich, daß solche Klagen, nachdem sich die Situation seit dem frühen 18. Jahrhundert im Kinai zunehmend verschärft hat, im Laufe dieses Jahrhunderts auch aus so entfernten Gebieten wie Sendai im Norden laut wurden, zeugt von der Ausbreitung des Arbeitsmarktes, die eine Mobilität von Arbeitskräften auslöste, die entweder saisonal oder auch längerfristig dem Angebot an Arbeit folgten. Bereits um die Mitte des 17. Jahrhunderts hatte im Kinai die Sakebrauerei in kleineren ländlichen Zentren Fuß gefaßt und eine wachsende Zahl von Bauern begann, Gewinne aus dem Ackerbau in die Verarbeitung landwirtschaftlicher Produkte zu investieren und eigene Betriebe mit einer zunehmenden Zahl von Beschäftigten zu errichten. So werden für das Ende des 17. Jahrhunderts in Settsu, Kawachi und Yamashiro Sakebrauereien mit bis zu 300 Beschäftigten genannt (vgl. Hanley und Yamamura (2), S. 95f.).

Solche Betriebe, insbesondere die der Sakebrauer, wo neben der hohen Kapitalintensität auch ein großer Bedarf an Arbeitskräften bestand, boten hohe Löhne und traten so mit den bäuerlichen Arbeitgebern in Wettbewerb, die ihrerseits durch eine Verbesserung der Vertragsbedingungen und schließlich auch der Löhne reagieren mußten. So kam es, daß sich neben den steigenden Löhnen auch die Dauer der Anstellung für landwirtschaftliche Arbeitskräfte verringerte. Nach den Ermittlungen von Hayami Akira nahm die durchschnittliche Vertragsdauer in acht untersuchten Dörfern des Kantō von 6,8 Jahren zwischen 1651 und 1675 über 2,2 Jahre zwischen 1701 und 1725 auf 1,1 Jahr zwischen 1826 und 1850 ab (vgl. die Tabelle bei Hayami (2), S. 165). Daß diese Verkürzung der Vertragsdauer einen Vorteil für die Arbeitskräfte brachte, wird durch den Umstand unterstrichen, daß die Jahreslöhne für Arbeiter mit kurzer Vertragsdauer zwischen dem Beginn und dem Ende des 18. Jahrhunderts stärker zunahmen als für längerfristige Verträge. Nach Imai und Yagi stiegen die Jahreslöhne für Ein-Jahres-Verträge in dieser Zeit von 76,0 *momme* Silber auf 163 *momme* zu Beginn des 19. Jahrhunderts, die für Zehn-Jahres-Verträge von 4,0 auf 22,5 *momme* an (Imai und Yagi S. 149).

b) Der ländliche Nebenerwerb

Die Ausbreitung kommerziellen Ackerbaus und das damit verbundene Wachstum im gewerblichen Sektor im 18. Jahrhundert vermehrte den Bedarf an Arbeitskräften in beiden Bereichen. Daß sich eine wachsende Zahl von Angehörigen der ländlichen Bevölkerung in Teil- oder Vollzeitarbeit dem Handel und Gewerbe zuwandte, erschwerte die Lage für den Ackerbau. Wie Thomas C. Smith in seiner Untersuchung zum bäuerlichen Nebenerwerb in Kaminoseki ausführt, war zwar die Bevölkerung in diesem Ort vorwiegend im Ackerbau tätig, gewann aber deutlich mehr als die Hälfte ihres Einkommens aus nicht-landwirtschaftlicher Arbeit (Thomas C. Smith (2), S. 692). Da sich durch den Arbeitskräftemangel die Bedingungen auch für die Pächter verbesserten und auf der anderen Seite die ländlichen Handels- und Produktionsbetriebe attraktive Löhne boten, erwies sich die Verbindung von landwirtschaftlicher Tätigkeit mit gewerblichem Nebenverdienst in ländlichen Gewerben als vorteilhaft gegenüber der Tätigkeit in städtischen Gewerben. Dies umso mehr, als viele Veredelungsbetriebe wie die Sakebrauerei im wesentlichen in der landwirtschaftlichen Ruhezeit im Winter produzierten und damit eine gleichmäßige Ausnutzung der Arbeitskraft ermöglichten. So führte der Standortvorteil der ländlichen Gewerbe dazu, daß die Versorgung der Städte mit Arbeitskräften zurückging und städtische Unternehmer gezwungen waren, mit höheren Löhnen und anderen Zugeständnissen Arbeitskräfte zu halten. Die Abnahme der städtischen Gewerbe als Folge der Entwicklung auf dem Land zeichnete sich deutlich im Rückgang der städtischen Bevölkerung ab. In Ōsaka zum Beispiel fiel die Zahl der Einwohner von 501 000 im Jahre 1743 auf 301 000 im Jahre 1862. Darin wird auch die Verlagerung der Arbeitsmöglichkeiten auf das Land erkennbar.

c) Die Lohnarbeit im Ackerbau

So waren die Dörfer und die landwirtschaftliche Arbeit in mehrfacher Weise von der Kommerzialisierung betroffen. Deren Einflüsse wurden nicht nur über die Produktion der kommerziellen Feldfrüchte, sondern ebenso über die Verknappung der Arbeitskräfte spürbar, und wenn das eine zumindest den planvoll wirtschaftenden Bauern Vorteile brachte, so lag der Nutzen des anderen mehr auf der Seite der Arbeiter. Denn die Nachfrage der Gewerbe nach Arbeitskräften mußte dank der Löhne, die sie zu zahlen imstande waren, auch die landwirtschaftlichen Arbeitsverhältnisse beeinflussen. Schon daß die Bauern, wie berichtet, über steigende Löhne klagten, ist das Ergebnis dieser Veränderungen. An die Stelle der ursprünglichen Arbeitskräfte, die als Pächter oder Dientstboten den Bauern zur Arbeit verpflichtet waren, aber in einem traditionellen Abhängigkeitsverhältnis zu ihnen standen, traten in diesem Wandlungsprozeß die Lohnarbeiter, die sich über einen längeren Zeitraum, zwischen einem und 15 Jahren verdingten und dafür Lohn, meist in Form eines vorausbezahlten Darlehens erhielten.

In der traditionellen Form wurde die Arbeit von einer durch die Aufnahme persönlich abhängiger Dienstboten, *genin* oder *nago*, erweiterten Familie geleistet. Diese wurde abgelöst durch die auf dem Verhältnis von Arbeitgeber-Arbeitnehmerbebeziehungen geleistete Arbeit, weil Arbeitsleistungen durch die wachsende Nachfrage und Knappheit einen wirtschaftlichen Wert erhielten, der dem Arbeiter zu mehr Unabhängigkeit verhalf. Andō Seiichi zeigt in seiner Studie Edo-jidai no nōmin die Spuren dieses Vorganges in den Dorfregistern auf, in denen sich das Verschwinden der traditionellen Dienstboten und ihre neue Selbständigkeit mit dem Übergang in den Status selbständiger Kleinbauern niedergeschlagen hat[26].

Abgesehen von jenen Arbeitsverhältnissen, die durch ein Darlehen an die Familie des Arbeiters begründet wurden, das jener wieder abarbeiten mußte, und die als eine Art Übergangsform zwischen der traditionellen Art der Arbeitsleistung durch abhängige Kräfte und der Lohnarbeit betrachtet werden können — Smith weist darauf hin, daß sich diese Darlehen auch als Umgehen des Verbots des Menschenhandels in der Tokugawa-Zeit deuten lassen (Thomas C. Smith (1), S. 112) — nahm die reine Lohnarbeit ohne jede weitere Verpflichtung in großem Umfang zu. In einem Prozeß, in dem sich in der Verkürzung der Vertragsdauer bei gleichzeitiger Vergrößerung des »Darlehens« eine Angleichung der durch diese Darlehen begründeten Arbeitsverhältnisse an die freie Lohnarbeit vollzog, nahm die vereinbarte Dauer auch bei der letzteren deutlich ab. Gleichzeitig spielte die Tagelohnarbeit als die teuerste Form der Arbeitsleistung auch im Ackerbau eine zunehmend wichtigere Rolle.

d) Die Auswirkungen auf die reichen Bauern

Nach ihrer Herkunft waren Lohnarbeit und insbesondere Tagelohn dem Handel und Gewerbe zuzuordnen, wo häufig Dorfbewohner auf dieser Basis im Nebenerwerb beschäftigt wurden. Nichtsdestoweniger aber zwang der Mangel an Arbeitskräften auch die reichen Bauern in den wirtschaftlich entwickelten Gebieten dazu, Tagelöhner zu beschäftigen. Diese waren zwar teurer als Lohnarbeiter mit längerer Vertragsdauer, da die letzteren aber schwer zu bekommen waren und dazu oft unzuverlässig arbeiteten, erwiesen sich die Tagelöhner als unumgänglich. Wirtschaftlicher war ihr Einsatz unter den Bedingungen hoher Löhne insofern, als sie nach Bedarf eingesetzt werden konnten, wenn die vorhandenen Kräfte nicht ausreichten.

Auf diese Weise gewannen die Angehörigen der dörflichen Unterschichten durch die Löhne besonders für die Teilzeitarbeit einen wichtigen Beitrag zur Sicherung ihres Lebensunterhaltes. Die reichen Bauern mit großem Landbesitz jedoch kamen in zunehmende Schwierigkeiten, weil die Lohnkosten bei ungleichmäßiger Auslastung der Arbeitskräfte ihre Erträge aufzehrten und ihnen die Einkünfte für den eigenen Lebensunterhalt beschnitten. Darin liegt die Erklärung für den Umstand, daß sie immer mehr dazu übergingen, den größten Teil ihres Landes zu verpachten und nur den Teil selbst zu bearbeiten, für den die Arbeitskraft

---

[26] Vgl. Andō (1), bes. S. 25-36; für den ländlichen Bereich, insbesondere unter dem hier nur am Rande berührten sozialgeschichtlichen Aspekt ist neben Andō bes. Thomas C. Smith (1) eine maßgebliche Darstellung.

der Familie ausreichte (ausführlich dazu Thomas C. Smith (1), S. 131ff.). Durch die höhere Anpassungsfähigkeit der Familie an den erforderlichen Arbeitsaufwand dagegen konnten die Pächter die gleiche Fläche zwar nicht billiger, aber intensiver bewirtschaften und durch die Möglichkeit des gewerblichen Nebenverdienstes war ihr Lebensunterhalt gesichert. Allerdings mußten die Landbesitzer auch bei der Festsetzung der Pacht die Auswirkungen der steigenden Löhne und die Möglichkeiten des Nebenerwerbs der Pächter berücksichtigen und ihre Forderungen zu deren Nutzen den allgemeinen Umständen anpassen. Obgleich die Pachtsumme in den Verträgen festgelegt war, wurde der tatsächlich gezahlte Betrag jährlich festgesetzt und lag nach den Angaben von Takeyasu Shigeji um 20 Prozent unter den berichteten Summen (vgl. Takeyasu S. 8). Daß sich die Verpachtung aber trotzdem auch für die Landbesitzer lohnte, wird aus der Tatsache erkennbar, daß sie in vielen Fällen ihren Landbesitz vergrößerten und neu erworbenes Land weiterverpachteten.

e) Die Dimension der Lohnentwicklung

Für die ländliche Unterschicht, für die Arbeiter und Pächter und für die kleinen Bauern bot die Lohnarbeit und die Konkurrenz um die knappen Arbeitskräfte durchaus Vorteile. Auch ohne von dem zu sehr an unsere Zeit und unser Bewußtsein gebundenen Begriff der Befreiung zu sprechen, läßt sich doch sagen, daß sich durch die Lohnarbeit gesellschaftlich die Abhängigkeit der Pächter und Arbeiter verringerte. Darüber hinaus wurden sie durch die steigenden Löhne in die Lage versetzt, am wachsenden Lebensstandard teilzuhaben. Auch hier gilt es zu differenzieren, gilt es festzuhalten, daß dies bei weitem nicht Wohlstand oder Luxus bedeutete. Aber das mindeste war ein Stück wirtschaftlicher Sicherheit für Menschen, die Armut gewohnt waren. Und wie die Berichte aus der Tokugawa-Zeit erkennen lassen, war für einen Teil dieser Bevölkerung auch die Möglichkeit gegeben, an den oft genug bescheidenen Freuden des Lebens teilzuhaben. Zu deutlich sind die Meldungen darüber, wie die Menschen in den Dörfern sich in Kleidung, in Lebensführung und in der Ausstattung ihrer Häuser verbesserten (vgl. Kimura S. 314), und die besonders in der zweiten Hälfte der Tokugawa-Zeit an Häufigkeit zunehmenden Erlasse gegen die »luxuriöse« Lebensführung haben mit Sicherheit nicht nur die reichen Bauern zum Ziel, von denen es in den meisten Dörfern kaum eine Handvoll gegeben hat (vgl. dazu auch Shively).

Die anschaulichste Beschreibung dafür, in welchem Umfang die Lohnarbeit Geld für die gewöhnlichen Menschen verfügbar machte, ist wohl die um 1720 gemachte Feststellung des Minkan-seiyō, daß zu dieser Zeit gleichsam jedermann die Taschen voller Geldstücke habe, wo siebzig Jahre vorher noch die Menschen aus den benachbarten Dörfern zusammenliefen, wenn jemand nur eine Goldmünze besaß (vgl. Tanaka S. 329). Sie ergänzt das Bild von der Entwicklung der Löhne, das sonst im wesentlichen durch die Klage reicher Bauern und anderer Betroffener über die hohen Löhne bestimmt wird. Mit diesen Äußerungen teilt sie aber auch den wesentlichen Nachteil, daß sie nämlich einen Zustand beschreibt, ohne darüber hinaus die Größenordnung der Entwicklung erkennbar werden zu lassen.

Die Schwierigkeiten dafür werden zum Teil im fehlenden Material begründet, doch gibt es immerhin eine ganze Reihe von Quellenaussagen, die auch konkrete Zahlen nennen. Indessen sind sie meist nur für begrenzte Gebiete und für kürzere Zeitabschnitte verfügbar. Eine grundlegende Untersuchung, die versucht, vereinzeltes Material für größere Zeitabschnitte und Räume zusammenzufassen und zu bewerten, steht bislang noch aus. Indessen hat Hayami Akira das Material für acht Dörfer des Kantō-Gebietes und für einen Zeitraum etwa seit dem ausgehenden 17. Jahrhundert ausgewertet und seine Erkenntnisse ermöglichen eine vorsichtige Aussage über die Löhne und ihre Entwicklung (Hayami (2), S. 141-167). Unter Berücksichtigung einiger Einschränkungen, so, daß für den Zeitraum von 1655 bis 1795 nur Material aus einem Dorf vorliegt, das der übrigen Dörfer betrifft mit einer Ausnahme das 19. Jahrhundert, daß zudem unter diesen für einige das Material nur in einem unzureichenden Umfang verfügbar ist, der zwar eine Aussage zuläßt, ohne aber, wie in den übrigen Fällen die grafische Darstellung einer Trendlinie zu ermöglichen, läßt sich doch feststellen, daß

— um die Wende zum 18. Jahrhundert der Lohn für Männer pro Jahr 3 *bu*, das sind drei Viertel *ryō*, betrug,
— der Lohn im ersten Viertel des 18. Jahrhunderts (Kyōhō-Zeit) auf 1 *ryō* gestiegen war und
— in der zweiten Hälfte des 18. Jahrhunderts im Durchschnitt 2 *ryō* betrug.

In dieser nur durch Zahlen aus einem Dorf belegten Zeit machte der Lohn für Frauen im allgemeinen etwa die Hälfte des Lohnes für Männer aus und folgte dessen Entwicklung. Im 19. Jahrhundert setzte sich diese Tendenz deutlich fort, und der Jahreslohn für Männer stieg auf 3 bis 5 *ryō* gegen die *bakumatsu*-Zeit hin an, um unmittelbar zu ihrem Ende bei 4 *ryō*, 2 *bu* bis 5 *ryō* zu liegen. Für Frauen betrug er dann zwischen 2 *ryō*, 3 *bu* und 3 *ryō*, 1 *bu*. Bei diesen Angaben sind unterschiedliche zusätzliche Zuwendungen beispielsweise an Kleidung nicht berücksichtigt, wie auch zeitliche Schwankungen etwa im Zusammenhang mit den Mißernten

1836/37 herausfallen (vgl. die Graphik bei Hanley S. 187). Die Tendenz dieser Entwicklung aber, die eine deutliche Zunahme der Löhne erkennen läßt, findet ihre Entsprechung in einer Untersuchung für das Kinai im 18. und 19. Jahrhundert, die unter Berücksichtigung der Preisentwicklung bei Reis die Reallohnentwicklung feststellt und zeigt, daß sich die Löhne in der Zeit ihres stärksten Wachstums zwischen 1730 und 1770 real verdoppelten, aber auch während des 19. Jahrhunderts anstiegen, allerdings ab 1820 bis 1868 unter dem Einfluß der Inflation leicht zurückgingen — eine Entwicklung, die bei den Nominallöhnen, wie sie von Hayami dargestellt wurden, nicht zu erkennen ist (vgl. Saitō (2), S. 177).

Die ebenfalls von Saitō durchgeführte Gegenüberstellung der Löhne von Zimmerleuten und Tagelöhnern in Kyōto und von Zimmerleuten und landwirtschaftlichen Tagelöhnern in Kami-Kawarabayashi läßt über die allgemeinen Entwicklungslinien hinaus auch deutlich werden, in welchem Umfang sich die landwirtschaftlichen Löhne denen der Handwerker und städtischen Tagelöhner im Kinai anglichen und spiegelt die Entwicklung im ländlichen Bereich deutlich wider. Ein nach Saitōs Ansicht schon vor 1730 einsetzendes Lohnwachstum, das über 50 Jahre hinweg einen jährlichen Zuwachs von real 1,6 Prozent für die Löhne zur Folge hat (vgl. Saitō (1), S. 91f.), für die Zimmerleute betrug er dank ihres höheren Ausgangsniveaus in dieser Zeit 0,6 Prozent, darf für die Bedingungen einer vorindustriellen Gesellschaft als vorteilhaft angesehen werden, zumal es sich ja bei den Tagelöhnern um eine sozial nicht sehr hochstehende Gruppe von Arbeitskräften handelte.

f) Die Löhne in den weniger entwickelten Gebieten

Solche Zahlen lassen deutlich werden, daß die Klagen der Arbeitgeber über steigende Löhne nicht ohne Berechtigung waren. Sie zeigen darüber hinaus, daß sich die Verhältnisse zum Vorteil der Arbeiter entwickelten. Was sich hier für das Kinai feststellen ließ, gilt jedoch in einem gewissen Umfang auch für Gebiete, die wirtschaftlich weniger entwickelt waren. Ein zeitgenössischer Bericht aus Morioka hält für das siebte Jahrzehnt des 18. Jahrhunderts einige aufschlußreiche Beispiele fest (zum Folgenden vgl. Hanley und Yamamura (2), S. 155). So verdiente dort ein Tagelöhner täglich 50 *mon*, für Holzfäller und Zimmerleute belief sich der tägliche Lohn auf 100 *mon* und für Steinmetze auf 200 *mon*. Da der Preis für polierten Reis bei 20 *mon* pro *shō* (1,8 l) lag, reichte dieses Einkommen bei einem Tagelöhner aus, um bei 20 Arbeitstagen pro Monat im Jahr den Gegenwert von 6 *koku* (1 080 l) Reis zu verdienen. Im Jahre 1820 erhielten in einer wirtschaftlich weniger entwickelten Ecke des gleichen Gebietes landwirtschaftliche Tagelöhner, die für ein Kultivierungsvorhaben arbeiteten, einen Lohn von 120 *mon* täglich, so daß für die qualifizierteren Arbeiter in der Stadt Morioka ein weiterer Anstieg der Löhne als sicher gelten kann. Da zugleich der Preis für Reis nur auf 30 *mon* pro *shō* gestiegen war, konnte der Tagelöhner für den Verdienst eines Tages nunmehr 4 *shō* Reis kaufen, wo es 1760 nur 2,5 *shō* gewesen waren. Er war so mit einem jährlichen Verdienst, der bei 20 Arbeitstagen pro Monat dem Wert von 9,6 *koku* Reis entsprach, keinesfalls schlechter gestellt als die Tagelöhner im Kinai, die bei einem Lohn von 1,5 *momme* pro Tag im Jahr den Gegenwert von 5,5 *koku* Reis allerdings auf der Grundlage der höheren Preise von Ōsaka verdienten, die sie wohl im allgemeinen nicht zu zahlen hatten. Dies war, wie Hanley und Yamamura zeigen, mehr, als ein Samurai von geringem Rang erhielt, dem, so er im Dienst des Shogunats stand, im Durchschnitt pro Tag und Person fünf *gō* (0,9 l) Reis zustanden, also pro Jahr gut 1,8 *koku*, von denen er zudem mit seinem Status verbundene zusätzliche Auslagen bestreiten mußte (vgl. Hanley und Yamamura (2), S. 122).

Auch hier gilt es zu berücksichtigen, daß mit solchen Einkünften die Tagelöhner weit von einem selbst bescheidenen Wohlstand entfernt waren und zudem in abgelegeneren Gebieten nicht alle Bewohner in den Genuß solcher Löhne kommen konnten. Rechnet man indessen die Möglichkeiten zusammen, die durch die Bewirtschaftung eines kleinen Stückes Ackerlandes, durch Zuverdienst anderer Familienmitglieder gegeben waren, so konnte durchaus ein auskömmlicher Lebensstandard erreicht werden. Noch mehr gilt dies für gelernte Arbeitskräfte, deren Einkommen deutlich höher lagen und für die Bauernfamilien, die ihre Einkünfte durch Nebenerwerb verbesserten. Unter solchen Umständen werden die zahlreichen Ermahnungen der Regierung verständlich, die das Volk zu einer bescheidenen und dem Stand angemessenen Lebensführung anhielten, da die Möglichkeiten, am steigenden Lebensstandard wenn auch oft nur in bescheidenem Ausmaß teilzuhaben, auch den unteren Schichten nicht verschlossen waren.

17. *Die Preise*

a) Die allgemeinen Preisschwankungen

Die Kürze der Zeitspanne, die das menschliche Erinnerungsvermögen zu überblicken vermag, und der stärkere Eindruck, den unwillkommene Erfahrungen hinterlassen, bringen es mit sich, daß zeitgenössische Berichte überwiegend den Eindruck ständig steigender Preise vermitteln und damit das negative Bild der Tokugawa-Zeit festigen. Will man indessen zuverlässige Kenntnisse gewinnen, ist es wichtig, kurzfristige

Bewegungen mit ihren durchaus kräftigen Ausschlägen von den langfristigen Tendenzen zu unterscheiden. Die in allen vorindustriellen Gesellschaften üblichen Schwankungen, die durch Mißernten und unzureichende Transportverhältnisse bedingt wurden, waren auch in Japan sehr häufig und betrafen etwa in den Jahren 1675, 1680, 1732, 1783/84, 1787 und 1836/37 nicht nur einzelne Provinzen, sondern weite Teile des ganzen Landes. Die Insellage und die Abschließung des Landes mögen dazu beigetragen haben, daß die damit verbundenen Teuerungen und Hungersnöte besonders heftig waren. Umgekehrt aber brachten gute Ernten die Preise ebenso stark zum Fallen.

Neben solchen durch natürliche Umstände bedingten Schwankungen wurden die Preise indessen auch durch politisches Handeln beeinflußt. Von der Sengoku-Zeit bis ins 18. Jahrhundert gehörten umfangreiche Unternehmungen der Neulanderschließung zu den Maßnahmen, mit denen Daimyō und Shogunat ihre Einnahmen zu erhöhen suchten. Sie erfüllten den Zweck, die Produktion von Reis und damit auch die Steuereinnahmen zu erhöhen. Die Aufgabe indessen, damit auch die Einkünfte in Geld zu vermehren, konnten sie nur unvollkommen bewältigen. Durch die gesteigerte Produktion wuchs vielmehr das Angebot von Reis auf dem Markt und setzte die Preise unter Druck, so daß die Erlöse aus dem Verkauf der Naturalsteuern zurückgingen. Das war besonders bei sehr guten Ernten zu spüren. Daimyō und Shogunat mußten daher neue Taktiken entwickeln. Während die ersteren vor allem in den oben geschilderten Maßnahmen der Gewerbeförderung und Handelsmonopole eine Lösung suchten und oft auch fanden (vgl. dazu das von Dazai Shundai (1680-1747) angeführte Beispiel des Daimyō von Tsushima, wiedergegeben bei Honjō (1), S. 17), nützte das Shogunat die ihm verfügbaren Möglichkeiten der Preis- und Geldpolitik.

Auch dieses Vorgehen war nicht frei von Problemen. Wo für die Stärkung der Finanzen des Shogunats beim Umtausch von Reis in Geld ein hoher Marktpreis erwünscht war, erforderte die Versorgung der Städte mit Waren zu erträglichen Preisen das Gegenteil, ein Problem, das durch die mehrfach demonstrierte Bereitschaft des Stadtvolkes, auf Teuerungen mit gewaltsamen Aktionen zu antworten, zusätzliches Gewicht erhielt. Zudem hatte der steigende Reispreis die unwillkommene Folge, die Preise anderer Güter mitzuziehen und damit die Gewinne aus höheren Reispreisen zu gefährden.

b) Die Preispolitik des Shogunats

Neben den oben schon erwähnten Maßnahmen, die auf Preiskontrollen und auf eine Steigerung des Reisverbrauches zielten (vgl. oben, S. 168ff.), griff das Shogunat auch zu währungspolitischen Maßnahmen. Nach dem Preisverfall der Kyōhō-Jahre beispielsweise wurde durch die Münzverschlechterung ab 1736 die Geldmenge vermehrt und die durch die vergrößerte Nachfrage ansteigenden Preise brachten dem Shogunat zwischen 1750 und 1760 die höchsten Einnahmen der Tokugawa-Zeit, seine Rücklagen werden mit 3 Millionen *ryō* angegeben (vgl. Furushima (1), S. 28). Freilich wurde durch diese Rücklagenbildung auch die Geldmenge verringert und die Preisentwicklung umgekehrt, so daß neue Defizite den Haushalt belasteten. 1772 folgte daher die Ausgabe der *nishu-gin*, und das Shogunat setzte diese Politik bis 1860 fort, immer neue Preisschwankungen auslösend. Mit dem 19. Jahrhundert aber zehrten Preissteigerungen und zusätzlich entstehende Staatsausgaben die Gewinne mehr und mehr auf. Die Ummünzung der Tempō-Jahre (1830-1843) brachte zwar noch einmal hohe Gewinne, doch wurden die Preissteigerungen nun durch die Inflation verstärkt und die dadurch bedingten vermehrten Ausgaben machten die Gewinne rasch zunichte, zumal die schlechten Ernten der Jahre 1836 bis 1838 zu erheblichen Einnahmerückgängen führten.

Bis in das zweite Jahrzehnt des 19. Jahrhunderts brachten zwar die unterschiedlich ergiebigen Ernten wie die geschilderten Maßnahmen des Shogunats erhebliche Schwankungen in die Preise, doch sind inflationäre Entwicklungen, wie sie von manchen Autoren in Anlehnung an die zeitgenössischen Schilderungen behauptet werden, nicht zu erkennen. Betrachtet man beispielsweise den von Yamamura zusammengestellten Index der Verbraucherpreise in Edo von 1710 bis 1857, so zeigt sich, daß den kräftigen, kurzfristigen Ausschlägen nach oben ebensolche in die entgegengesetzte Richtung gegenüberstehen, daß sich aber grundsätzlich die Preise bis ins 19. Jahrhundert auf dem Niveau von 1710 halten, um erst dann deutlich anzusteigen (vgl. die Tabelle bei Yamamura (3), S. 405.).

c) Ländliche Entwicklung als preishemmender Faktor

Eine Erklärung dafür, daß durch die Erhöhung der Geldmenge zur Finanzierung der Haushaltsdefizite nicht schon früher eine langfristige inflationäre Entwicklung ausgelöst wurde, mag zum Teil darin gesehen werden, daß durch die Rücklagen des Shogunats in Zeiten hoher Einnahmen die Geldmenge verringert und die Preisentwicklung umgekehrt wurde. Indessen waren auch noch andere Faktoren wirksam. Es wurde bereits erwähnt, daß das Defizit im Handel, das die Nachfrage in Edo verursachte, streng genommen nicht gegenüber Ōsaka bestand, sondern gegenüber den ländlichen Regionen als Produzenten und Lieferanten

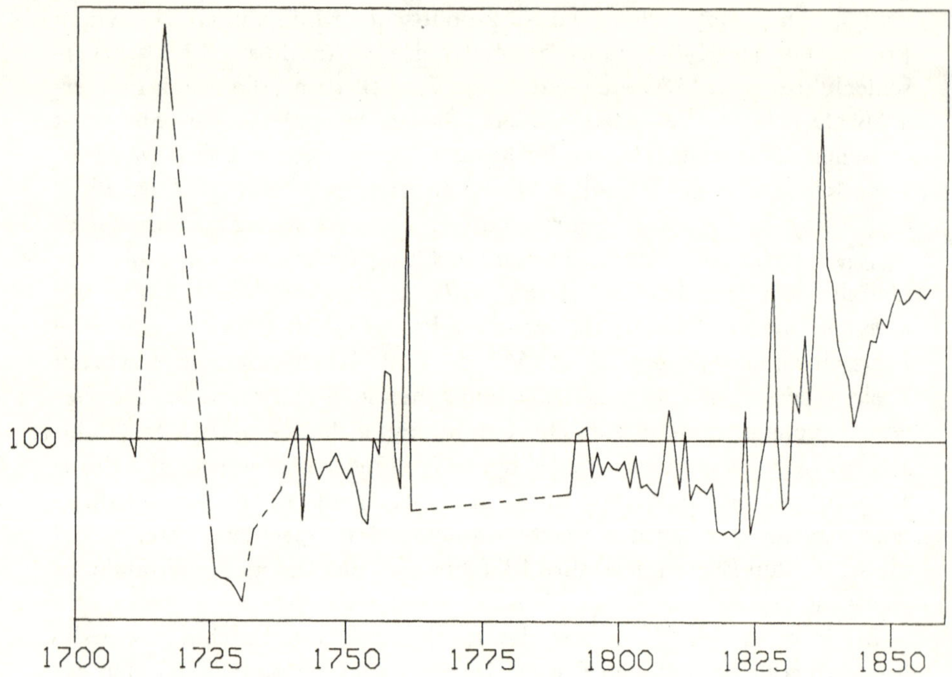

Konsumentenpreise in Edo, 1710-1857
Trendkurve nach dem von Yamamura (3), S. 405 errechneten Preisindex, 1710 = 100. Zeitabschnitte mit fehlenden Angaben sind durch Strichelung der Linie dargestellt. Insgesamt fehlen die Angaben für 1712, 1714, 1715, 1717-1726, 1734-1737, 1739, 1763-1790 (1770/71: Mißernten durch Trockenheit, 1783-87: große Hungersnot der Temmei-Zeit!).

der Rohstoffe und, mit dem ausgehenden 18. Jahrhundert, auch als deren Verarbeiter. Dort aber herrschte mit der durch die Nachfrage eingeleiteten Kommerzialisierung ein starker Bedarf an Geld, der den fortschreitenden kommerziellen Anbau vorantrieb. In diesem Prozeß wurden erhebliche Produktionsreserven mobilisiert, die zur Befriedigung der Nachfrage beitrugen. Zum einen konnte sich dank des regional unterschiedlichen Entwicklungsstandes im Ackerbau die Kommerzialisierung kontinuierlich in die weniger entwickelten Gebiete ausbreiten, die damit den Impulsen der Nachfrage entsprechend in die Produktion einbezogen wurden und damit auch die Aufnahmebereitschaft der ländlichen Regionen für Geld vergrößerten. Dieser Prozeß zog sich bis ins 19. Jahrhundert hin. Zum anderen wurde durch die Anreize des Marktes die Produktivität in hohem Maße dem Verkauf dienstbar gemacht. Kapazitäten, die bislang dem eigenen Bedarf gedient hatten, wurden nun dem

Handel zugeführt. Dadurch war es möglich, daß der Umfang des Geldzustromes auf das Land schneller wachsen konnte als die Produktion, ohne daß dies zu Preissteigerungen geführt hätte (vgl. Crawcour und Yamamura S. 506ff.).

Schließlich wurde das in der Kommerzialisierung für die Produktion erlöste Geld investiert. Zunächst verkauften die Bauern, um zu produzieren, investierten also die Erlöse in Dünger und Geräte. Dann produzierten sie, um verkaufen zu können (vgl. Hayashi S. 218), das heißt, sie erwirtschafteten Gewinne. Aber diese wurden nicht konsumiert, sondern gespart und als Kapital eingesetzt, zunächst im Geldverleih, dann begannen die reichen Bauern damit, mehr und mehr Mittel in die einträglichen ländlichen Industrien und den ländlichen Handel zu investieren, die dann im 19. Jahrhundert das städtische Gewerbe und den städtischen Handel gefährdeten. Insgesamt aber waren auf diese Weise die ländlichen Gebiete Japans bis etwa 1830 in der Lage, das für die Produktion erlöste Geld zu absorbieren, ohne daß dies die Preise beeinträchtigt hätte. Solange konnte auch das Shogunat das durch den städtischen Konsum entstandene Defizit durch Erhöhung der Geldmenge abfangen. Erst dann kam es zu deutlichen inflationären Preissteigerungen von erheblichem Umfang, die noch durch die starke Ausweitung der Geldmenge in den Tempō-Jahren verschärft wurden (vgl. Crawcour und Yamamura S. 507). Es war das Verhängnis des Shogunats, daß dies ausgerechnet zu einer Zeit geschah, da auch sein politisches Prestige schwand und es durch die zunehmenden Aktivitäten der westlichen Länder im ostasiatischen Raum, insbesondere durch den Opium-Krieg in China sich zu größeren Verteidigungsvorbereitungen genötigt sah und damit auch in seiner währungs- und fiskalpolitischen Handlungsfreiheit eingeschränkt war.

d) Die Lage des Kriegerstandes

Gewinne aus landwirtschaftlicher Produktion, steigende Löhne und stabile Preise wirkten so bei der Besserung der Lebensverhältnisse für die unteren Stände zusammen (vgl. Hanley und Yamamura (2), bes. S. 117-127 und S. 154-160 und Hanley). Demgegenüber war ungeachtet der Stellung als gesellschaftlich und politisch führender Stand die Situation für Shogunat, Daimyō und die Krieger wirtschaftlich unbefriedigend. Die Einkünfte stagnierten, wo sie nicht durch den Preisverfall zeitweilig zurückgingen. Bereits 1711, also vor dem Preissturz der Kyōhō-Jahre, wies zum Beispiel das Budget eines Vasallen des Shoguns ein Defizit auf, das er durch Kredite in Höhe von 373 *ryō* ausglich, während zugleich mehr als 329 *ryō* alter Verbindlichkeiten zu bezahlen waren (vgl. Yamamura (3), S. 397). So sahen sich viele Kriegerfamilien genötigt, eine wachsende Schuldenlast von einem Jahr aufs andere weiterzuwälzen.

Selbst bei gleichbleibenden Einkünften mußte es den Kriegern schwerfallen, die durch den wachsenden Lebensstandard bedingten Ausgaben zu bestreiten. Einbußen in den Einkünften, weil beispielsweise die Daimyō die Gehälter kürzten, zwangen im 19. Jahrhundert immer mehr Familien mit geringem Samurai-Rang, das Familienbudget durch Lohnarbeit aufzubessern (vgl. Hanley S. 185f.). Zugleich mußten sie erleben, daß die Angehörigen der anderen Stände einen höheren Lebensstandard genossen. Das Empfinden einer wachsenden Verarmung, wie es in Berichten über den Kriegerstand überliefert wird, ist damit nicht nur wirtschaftlich, sondern, wie Yamamura zeigt, auch psychologisch erklärbar (dazu ausführlich Yamamura (3), bes. S. 393ff.).

Eine Erhöhung der Einkünfte aus den Steuern war äußerst schwierig. Von der Naturalsteuer abzugehen und die gewerbliche Produktion stärker einzubeziehen, konnte das *bakuhan*-System als Ganzes gefährden (vgl. Ohkura und Shimbo S. 108 in Verbindung mit Hicks S. 99 und S. 162). Andererseits ließ sich die Forderung nach höheren Steuern aus dem Ackerbau gegen den Widerstand der Bauern nicht durchsetzen (vgl. Andō (1), S. 194f.), eine Situation, die der beanspruchten Führungsstellung des Kriegerstandes wenig entsprach. Sie muß als ein Hinweis auf die tatsächlichen Verhältnisse gewertet werden.

18. *Die Tendenzen in der technischen Entwicklung*

a) Fortschritte im 16. und 17. Jahrhundert

Auch für die Technik erwies sich der Zeitraum zwischen etwa 1550 und dem ausgehenden 17. Jahrhundert als eine Epoche fruchtbarer Anstöße. Wie beim Handel waren es auch hier die Bedürfnisse der Daimyō, von denen die wichtigsten Impulse ausgingen. Dem historischen Ablauf folgend waren die Sicherung und Befriedung des Besitzes und seine Organisation zur wirtschaftlichen Nutzung, also die Eigenschaften der Daimyō als Kriegs- und Landesherren, die zentralen Funktionen in der technischen Entwicklung.

Politische und strategische Erfordernisse waren die Ursache dafür, daß die Daimyō ihre Stützpunkte im unzugänglichen Bergland verließen. Als Abbild der Macht und fester Platz, von dem aus die Verteidigung des Besitzes ebenso organisiert werden konnte wie die Verwaltung, wurden nun die Burgen an strategisch wie wirtschaftlich und politisch bedeutsamen Orten inmitten der Besitzungen errichtet. Ihre Anlage, ein eindrucksvoller Zentralturm, Mauern aus mächtigen Steinblöcken — der größte Stein in der Mauer der Burg von Ōsaka hat eine Gesamtoberfläche von etwa 60 Quadratmetern — Tore und Verteidigungsanlagen, die zudem auch den inzwischen von den Europäern eingeführten Feuerwaffen standhalten sollten, verkörperten nicht nur strategisch ein neues Konzept, sondern stellten auch die Bautechnik vor neue Aufgaben.

Gleiches gilt für die Feuerwaffen, deren Ausbreitung die japanische Kriegsführung veränderte. 1543 mit der Ankunft der ersten Portugiesen in Japan bekannt geworden, ist ihre erste Verwendung in einer Schlacht bereits für das Jahr 1558 verbürgt. Um diese Zeit begannen auch die japanischen Waffenschmiede mit der Herstellung von Feuerwaffen in größerem Umfang. Um 1570 wurden Musketiere von japanischen Feldherren in ihre Heere eingegliedert und 1575 wurde im Kampf zwischen Oda Nobunaga und Takeda Katsuyori eine Schlacht durch den Einsatz von Feuerwaffen entschieden (Sansom (1), Bd. 3, S. 287; vgl. dazu auch Brown (1), S. 239). Es trifft zu, daß die Feuerwaffen, wie Sansom schreibt, die traditionellen Waffen, Schwert, Bogen und Speer, noch nicht ersetzten (Sansom (1), Bd. 3, S. 263f.), doch mag dies auch an der raschen Befriedung Japans gelegen haben, die durch die Feuerwaffen ohne Zweifel beschleunigt wurde. Der technische Einfluß der Feuerwaffen bleibt unbestritten, nicht nur, was die Fertigkeiten der Waffenschmiede etwa in Sakai und an anderen Orten angeht, sondern auch im Zusammenhang mit der Belagerungstechnik, wo das gegen Beschuß aufgeführte Mauerwerk den Einsatz von Mineuren zur Folge hatte.

Wichtiger aber und von längerer Dauer war die Entwicklung auf anderen Gebieten. Der Flußbau empfing seine Impulse aus dem Bestreben, neue Bewässerungsanlagen zu schaffen und durch Trockenlegung wie durch verbesserten Schutz bisher von Hochwasser bedrohter Gebiete die Ackerflächen in den Territorien zu vergrößern. Durch Verlegung von Flußläufen, durch Seitenarme und Seitenkanäle und durch Eindeichung wurde im 16. und 17. Jahrhundert versucht, viele Flüsse, darunter so große wie den Kisu-, den Tenryū- und den Tone-Fluß zu bändigen.

Zwei Schulrichtungen der Wasserbaukunst entwickelten sich nacheinander. Die Kōshū-Richtung geht auf das Daimyō-Haus Takeda zurück. Sie setzte Dämme nahe am Ufer ein, die besonders verstärkt wurden, wo der Wasserdruck es erforderte, bepflanzte das Vorland zum Schutz des Dammes mit Bambus und benützte kiesgefüllte Körbe und mit solchen Körben beschwerte Holzgestelle im Wasser, um die Strömung zu brechen. Auch schräg in den Fluß verlaufende Vordämme sollten die Strömung des Flusses beruhigen. Das bekannteste Bauwerk dieser Richtung ist der nach seinem Erbauer, dem als Feld- und Landesherren berühmten Takeda Shingen (1523-1573) benannte, noch heute, wenn auch in geänderter Form erhaltene Shingen-Damm am Kamanashi-Fluß in der Präfektur Yamanashi.

Die Kantō-Schule, die sich im 17. Jahrhundert durchsetzte, ließ demgegenüber zwischen Fluß und Dammbauten eine größere, mit Bäumen bepflanzte Fläche, die als Hochwasserbett diente. Sie setzte der Kraft des Wassers erst dann Widerstand entgegen, wenn diese schon abgeschwächt war. Seitenkanäle, die zur Entlastung Wasser abführten, waren beiden Schulen bekannt (vgl. Kitamura (1)). Durch die Flußbauten gelang es, große Landflächen von der Bedrohung durch Hochwasser zu befreien und damit ihre geregelte Nutzung als Ackerland zu ermöglichen. Dadurch und durch große Unternehmungen zur Trockenlegung wurde die Ackerfläche erheblich vermehrt.

b) Mathematik und Druckkunst als Grundlage

Für alle diese Bereiche aber, für das Befestigungswesen, den Flußbau und dazu für die Landaufnahme als Voraussetzung der Besteuerung und damit der rationalen Nutzung der Ressourcen war die Vermessungskunst unerläßlich. In ihrer Leistungsfähigkeit dokumentiert sich die Entwicklung der japanischen Mathematik, *wasan*, die, auf Einfuhren aus China aufbauend, unter den Anforderungen des 16. und 17. Jahrhunderts einen beachtlichen Stand erreichte und das chinesische Vorbild weit hinter sich ließ. Beginnend mit den Rechenproblemen des Alltags bot sie für die Bedürfnisse des Handels, des Transportwesens, des Baugewerbes wie für die Berechnungen zur Steuerfestsetzung die nötigen Rechenmethoden an, die von ihren Vertretern etwa seit 1620 in einer Reihe von Publikationen und Lehrbüchern dargelegt wurden. Sie trug schließlich auch zur Diskussion um die Kalenderreform seit der Mitte des 17. Jahrhunderts bei, verlor sich dann allerdings immer mehr in esoterischen Sphären und löste sich aus dem engen Kontakt mit den praktischen Bedürfnissen ihrer Zeit. Wieweit hier die konfuzianische Mißachtung für praktische Tätigkeiten oder für die vom Gewinn beherrschten Aktivitäten des Kaufmanns eine Rolle spielte, ist schwer zu ermessen, die Geringschätzung der Mathematik durch die Konfuzianer ist eine Tatsache. Daß daneben auch der Umstand von Bedeutung ist, daß die Mathematik gerade dann sich von praktischen Problemen zu lösen begann, als diese kein Problem mehr waren, sollte daneben nicht übersehen werden.

Daß aber die Mathematik die ihr gestellten Aufgaben erfüllen konnte, ist wesentlich der Druckkunst zu verdanken. Nachdem ab 1593 verschiedene Werke im Auftrag des Tennō und des Shogun mit beweglichen Lettern gedruckt worden waren, erlebte diese durch die Wiedereinführung des Blockdruckes einen Aufschwung und machte zahlreiche Werke unterhaltenden und belehrenden Inhalts einem breiten Publikum zugänglich. Die dadurch ermöglichte Publikation des geltenden, aber veralteten Semmyō-Kalenders nach 1640 und die dadurch ausgelöste Diskussion um die Kalenderreform (vgl. Sugimoto und Swain S. 252ff.), verdeutlicht die Bedeutung der Druckkunst ebenso wie die große Zahl allgemeinbildender Werke, die ein breites Publikum fanden und zur umfassenden »Alphabetisierung« des japanischen Volkes beitrugen.

c) Gewerbliche Technik

So, wie in der Druckkunst die Wiederbelebung des alten Blockdruckes einen Aufschwung zur Folge hatte, gilt für alle Bereiche der Technik, daß sie zwar unter den Impulsen wirtschaftlicher Interessen eine sichtbare Entwicklung erfuhren, daß sie aber über den Rahmen der unbestritten hochentwickelten herkömmlichen Technik hinausführende Fortschritte nicht erkennen lassen. So lag auch die Besonderheit im Bereich der gewerblichen Produktion nicht im Auftreten großer technischer Neuerungen und Erfindungen, sondern in der Ausbreitung vorhandener Techniken und in ihrer Übertragung auf das ländliche Gewerbe. Die Wasserkraft etwa wurde dort genutzt, wo sie Lohnkosten einzusparen half (vgl. Hanley und Yamamura (2), S. 105), ohne daß es dabei zu einer systematischen Entwicklung gekommen wäre. Der einzige Schritt in diese Richtung ist in der häufig angeführten Entwicklung einer wassergetriebenen Spinnmaschine, *hatchōguruma*, im Jahre 1783 zu sehen (vgl. Watanabe Ichirō S. 259f., Tuge S. 57 spricht fälschlich von einem Webstuhl (loom)). Wie schließlich das schon angeführte Beispiel der Wasserhaltung im Bergbau zeigt, wurden selbst die durch die Kontakte mit den Holländern verfügbaren westlichen Techniken und Einrichtungen, etwa die 1783 eingeführte holländische Pumpe, nicht so genützt, wie dies bei der Bedeutung des Bergbaus zu erwarten gewesen wäre.

Will man aus diesen Umständen eine allgemeine Aussage ableiten, ließe sich die konfuzianische Haltung anführen, die allen technischen Aktivitäten ablehnend gegenüberstand und durch ihre Weltsicht auch die Entwicklung eines mechanistischen Weltbildes verhinderte. Indessen verdeutlicht auch das Lob, das europäische Zeitgenossen dem hohen Stand der handwerklichen Technik in Japan zollten, daß der konfuzianische Einfluß nicht überbewertet werden sollte. Wesentlicher erscheint, daß sich in der Aktivierung aller vorhandenen Produktionsmöglichkeiten, wie sie in der allmählichen Ausbreitung der vorhandenen Techniken in alle Regionen lag, offenbar der erwünschte Zweck einer Vermehrung und Verbesserung der Produktion ohne grundlegende Erneuerung erreichen ließ. Dies entspricht durchaus dem allgemeinen Charakter der Tokugawa-Zeit, die sich als Epoche der Ausbreitung und Entwicklung vorhandener Ansätze darstellt. In diesem Zusammenhang ist auch daran zu erinnern, daß das Verharren in der überkommenen, vormodernen Technik in der Geschichte der Menschheit der Normalfall ist. Nach den Gründen für dieses Verharren zu fragen, ist erst dann möglich, wenn man den Sonderfall der europäischen Entwicklung zum Vergleich heranzieht. Daß in Japan der erste Schritt über die herkömmliche Technik hinaus — wenn auch unter Nutzung westlichen Wissens — selbständig erfolgte, geschah unter dem Eindruck westlicher Überlegenheit und unter dem Druck, dem sich Japan von westlichen Staaten ausgesetzt sah. Auch dies ist für die Frage aufschlußreich. Die kurze Frist, in der Japan westliche Technik etwa der Eisenverhüttung aus Büchern übernehmen konnte, ist ein Hinweis auf vorhandene Fähigkeiten, die aktiviert wurden, als man sie in der Krise benötigte.

19. *Die gewerbliche Produktion*

a) Die städtischen Gewerbe

Mit der Auflösung der traditionellen Gilden, *za*, und ihrer Bindungen an die Schutzherren hatten die Sengoku-Daimyō ihre Gewerbepolitik eingeleitet. Weit entfernt von einem auf Gewerbefreiheit ausgerichteten Handeln verfolgten sie mit der Konzentration auf die Burgstädte die Sicherung eigener Interessen, doch bot die von der wachsenden städtischen Bevölkerung ausgehende Nachfrage hinreichende Anreize, um auch die Handwerker von den Vorteilen einer Niederlassung in den Städten zu überzeugen. Die in den *shōen* übliche Verteilung der Gewerbe auf dem Land war damit zwar noch nicht endgültig beseitigt, aber doch wesentlich eingeschränkt. Das galt umso mehr, als die technisch ohnehin rückständigen ländlichen Gewerbe durch die entwickelte Handelsstruktur und die Interessen des Handels wie der Daimyō vom Markt praktisch ausgeschlossen waren und bestenfalls Halbprodukte liefern konnten, wo sie sich nicht auf die Arbeit für einen bestehenden Kundenkreis beschränkten.

Nach der Loslösung des Handwerks vom Ackerbau, die durch die Ansiedlung in den Städten und das Ständesystem von Kriegern, Bauern, Handwerkern und Kaufleuten gleichsam ihre letzte Vervollständigung erlangt hatte, wurde unter den neuen Bedingungen eine rasche Differenzierung der Handwerkszweige wirksam. Während das im 16. Jahrhundert entstandene Shokunin utaawase etwa 82 Handwerkszweige aufzählt, sind es am Ende des 17. Jahrhunderts nach dem Jinrin kummō zui über 130 (vgl. Endō (2), S. 11-13). Viele von ihnen freilich nahmen nur am Rande an dem Aufschwung teil, den die Gewerbe erlebten. Sie wuchsen mit der steigenden Nachfrage, ohne daß jedoch von ihnen weitere Impulse ausgingen. Es war streng genommen eine Handvoll von Industrien, die in der wirtschaftlichen Entwicklung der Tokugawa-Zeit eine herausragende Rolle spielten und die auch von sich aus auf diese Entwicklung einwirkten. Zu ihnen gehörten neben dem umfangreichen Textilgewerbe mit der Seidenweberei und ihren Zulieferern und der Baumwollindustrie von der Entkörnung bis zur Fertigstellung der Stoffe, insbesondere die Gewinnung von Öl, die Sakebrauerei und die Herstellung von Soyasoße. Dazu nahmen Gewerbe wie Metallverarbeitung, Töpferei, Papierherstellung und die Lackkunst einen bedeutenderen Platz ein, unter den als Luxusgütern angesehenen Artikeln schließlich auch die Herstellung von Zucker.

Während in Städten wie Kyōto oder Sakai die traditionellen Gewerbe unter den Impulsen der wachsenden Nachfrage weiter aufblühten, trat auch Ōsaka, das als Küche des Reiches einen Ruf genießt, dem es eigentlich nur im 17. Jahrhundert völlig gerecht wurde (vgl. dazu Hauser S. 30), als ein Schwerpunkt gewerblicher Produktion hervor. Betrachtet man die nach dem Warenwert aufgestellte Liste der 1714 nach Ōsaka eingeführten Waren und vergleicht sie mit der Liste der Ausfuhren (Reis und andere Getreide machten dem Wert nach zusammen etwa die Hälfte aller umgeschlagenen Waren aus, vgl. Tabelle 4 sowie Nakai S. 46 und S. 80), dann wird deutlich, daß ein großer Teil dieser Importe in Ōsaka verarbeitet und als Fertigprodukt wieder ausgeführt wurde.

b) Die gewerbliche Produktion im Netzwerk des Handels

Dieser starke Anteil Ōsakas an der gewerblichen Produktion verweist auf einen Umstand, der auch in der späteren Zeit besonderes Gewicht für seine Entwicklung behalten sollte, nämlich die Einbindung der gewerblichen Produktion in das System des Großhandels und die Monopolrechte, die für einzelne Erzeugnisse beispielsweise mit der offiziellen Anerkennung der Großhandelsgilden erteilt wurden. Mit der Niederlassung der Handwerker in den Städten waren diese zwar ihren Kunden nähergerückt, hatten sich aber zugleich von ihren Rohstoffen entfernt. Baumwolle und Seide, Farbstoffe, Reis für die Sakebrauerei, sie alle wurden auf dem Land produziert und von Großhändlern in die Stadt geliefert, die in der Regel die bäuerlichen Produzenten durch Vorfinanzierung an sich gebunden hatten und damit den Rohstoffmarkt beherrschten.

So war es durchaus der Handelsplatz Ōsaka, der die Entwicklung der Gewerbe auf seinem Gebiet begünstigte. Im Kinai gelegen, wo der kommerzielle Ackerbau schon zu Beginn des 17. Jahrhunderts die Versorgung des Handels ermöglichte, durch den verkehrsgünstigen Standort wie durch nachhaltige Förderung im Vorteil, standen die für die Weiterverarbeitung geeigneten Rohstoffe im benötigten Umfang und zu günstigen Bedingungen zur Verfügung. Durch die entwickelte Handelskette vom Herstellergebiet über die Verarbeiter und den Markt zu den Verbrauchern war die Struktur für das weiterverarbeitende Gewerbe in hervorragender Weise geeignet. Dieses Zusammenwirken vorteilhafter Faktoren war auch eine der Hauptursachen dafür, daß sich im Umland von Ōsaka schon im 17. Jahrhundert der Baumwollanbau in großem Umfang entwickelte und über 20 Prozent der Trockenfelder im Kinai mit Raps für die Ölgewinnung bebaut wurden (vgl. Hanley und Yamamura (2), S. 96). Es ist wichtig, sich nochmals zu erinnern, daß Kaufleute und Shogunat in ihren Interessen weitgehend übereinstimmten, die bäuerliche Bevölkerung von einer Beteiligung am Handel fernzuhalten. Eine Verarbeitung der Rohstoffe durch diese ließ befürchten, daß sie sich auch stärker in den Verkauf der Produkte einschaltete.

So war es für die Gilden in Ōsaka leicht, ein Handels- und Verarbeitungsmonopol zu erreichen, besonders, wenn es sich um Waren handelte, auf deren ausreichendes Angebot in Edo und anderen Städten das Shogunat großen Wert legte. Das gesamte Baumwollgewerbe in Ōsaka war vom Großhändler an, der die Rohbaumwolle beim Produzenten erwarb, bis zum Kaufmann, der die Fertigware vertrieb, in einer festgefügten Kette organisiert, die durch behördliche Anerkennung der betreffenden *kabu nakama* offiziell autorisiert war. Ein noch deutlicheres Beispiel stellt die Ölgewinnung dar. Um die Versorgung Edos mit Öl zu sichern, das infolge hoher Nachfrage im Preis stark gestiegen war, erlaubte und förderte das Shogunat nach 1643 ausdrücklich den vorher verbotenen Anbau von Raps im Kinai, so daß die Lieferung über Ōsaka möglich war. Das dortige Ölgewerbe wurde auch in der Folge durch das Shogunat geschützt. Nach 1740 wurde das Ölpressen in anderen Städten mit strengen Auflagen eingeschränkt, Raps und Baumwollsamen sollten von überallher nach Ōsaka geliefert werden (vgl. Nakamura Kichiji S. 127f.).

c) Das ländliche Verarbeitungsgewerbe

Die Einbeziehung der verarbeitenden Gewerbe in das System der Gilden und Monopole der Stadtwirtschaft sicherte ihnen die Versorgung mit Rohstoffen und den Schutz vor scharfer Konkurrenz, verstrickte sie aber auch in die Widersprüche des Systems, die darin lagen, daß einerseits die ländliche Produktion vom Handel weitgehend getrennt gehalten werden sollte, andererseits aber ausreichende Versorgung der Städte mit Waren bis hin zu Tee und Tabak als eines der wichtigsten Wirtschaftsziele des Shogunats galt. Streng genommen war dieses Ziel durch das verarbeitende Gewerbe der Städte allein genausowenig zu verwirklichen wie durch den städtischen Handel. Da sich das städtische Gewerbe aber aus dem verständlichen Verlangen nach Schutz vor ländlicher Konkurrenz diesem Ziel unterordnete, war es unausweichlich, daß von Anfang an zwischen ihm und dem neu entstehenden ländlichen Gewerbe eine Gegnerschaft bestand.

Als eine Schlüsselindustrie, an der sich die Entwicklung deutlich erkennen läßt, darf die Sakebrauerei gelten. Zu der rasch zunehmenden Nachfrage kamen durch die Verbesserung der Transportwege und die Verbilligung der Frachtkosten auf dem Seeweg zusätzliche Impulse, die eine rasche Ausbreitung der Sakebrauerei auch in ländliche Bereiche zur Folge hatten. Um die Mitte des 17. Jahrhunderts wandten sich immer mehr wohlhabende Bauern diesem Gewerbe zu. Die besondere Eignung für ländliche Produktion liegt auf der Hand, da die Verwendung des Massengutes Reis Standortvorteile in der Rohstoffversorgung brachte. Das erforderliche hohe Kapital wurde aus den Gewinnen der landwirtschaftlichen Produktion oder des Pfandleihgeschäfts genommen, das viele reiche Bauern betrieben. Da Sake vor allem im Winter gebraut wurde, kamen auch in der Verfügung über ausreichende Arbeitskräfte Standortvorteile zur Geltung.

Der Umstand, daß sie von vielen als Nebenerwerbsmöglichkeit genutzt wurden, die eine Abwanderung in die Städte unnötig machte, gereichte allen ländlichen Gewerben zum Nutzen. Doch dies erregte die Besorgnis der Regierung in Edo und in den Burgstädten, da man die landwirtschaftliche Produktivität bedroht sah. So versuchte man regulierend einzugreifen. Zum Beispiel wurde die für Nebenerwerbstätigkeit aufgewandte Zeit begrenzt oder die Zahl der in einem Haushalt aufgestellten Webstühle eingeschränkt. Für die Wirtschaft indessen hatten die ländlichen Gewerbe neben der unübersehbaren Bedeutung für die Befriedigung der Nachfrage in den Städten auch darin eine wichtige Funktion, daß sie den unteren Schichten der Landbevölkerung einen auskömmlichen Lebensunterhalt und die Beteiligung am steigenden Lebensstandard der Tokugawa-Zeit sicherten (vgl. oben, S. 189-195).

Aber es war nicht nur die mit Saisonarbeit verbundene Sakebrauerei oder die Herstellung von Sojasoße, die auf dem Lande Fuß faßten, auch die Verarbeitung von Ölsaat zu Haar- und Lampenöl oder die Bearbeitung der Rohbaumwolle griffen rasch um sich, besonders weil sich der ländliche Handel bald als fähig erwies, die Produkte zu übernehmen und zu vertreiben. Ein prominentes Beispiel ist die Seidenweberei, wie sie sich in Kiryū im Kantō entwickelte. Zwischen 1680 und 1690 schon begann die Belieferung von Edo und Kyōto mit Seidengeweben aus Kiryū. Der entscheidende Schritt erfolgte mit der Übertragung moderner und technisch komplizierter Webverfahren, die bislang von den Webern im Stadtteil Nishijin in Kyōto monopolisiert waren. Besonders der große Brand des Jahres 1730 in Kyōto, bei dem in Nishijin 3 000 der 7 000 Webstühle zerstört wurden, brachte der Seidenweberei in Kiryū starken Auftrieb. Dieser wurde verstärkt, als 1738 auch hier der komplizierte Hochwebstuhl, *takabata*, eingeführt wurde, dem Nishijin viel von seiner Überlegenheit verdankte. Die 1744 durch die Nishijin-Weber vorgebrachte Klage gegen Kiryū führte zu Beschränkungen, die ihm durch die Behörden auferlegt wurden, nicht aber zu einem völligen Verbot des Verkaufs (vgl. hierzu Müller (2)). In ähnlicher Weise entwickelte sich eine umfangreiche Baumwollweberei auf dem Lande.

Es war auch in Japan besonders die Textilindustrie, in der die Formen des Verlages ausgebildet wurden. Bäuerliche Unternehmer, *orimoto* genannt, stellten Geräte und Rohstoffe zur Verfügung und übernahmen die fertigen Tuche zur Weiterverarbeitung oder zum Verkauf. Durch die Tätigkeit des Verlegers wurde eine große Zahl der nötigen Arbeitsgänge zusammengeführt, so in der Seidenindustrie die Anzucht der Seidenraupen, die Aufzucht bis zur Verpuppung, die Verarbeitung der Kokons, die Herstellung der Garne, das Färben, Weben und die Schlußbearbeitung, die damit alle von einem Verleger kontrolliert und finanziert wurden. Die so organisierte und in ähnlicher Weise in anderen Produktionszweigen entwickelte Hausindustrie fand weite Verbreitung.

Trotz der Vorbehalte gegen die ländlichen Industrien hatte das Shogunat offensichtlich keine wirklich effektive Handhabe, um sie zu unterbinden. Es versuchte, wie schon beim Handel berichtet wurde, durch Monopolrechte die Stellung der städtischen *nakama* zu festigen, konnte aber das Wachstum der ländlichen Gewerbe nicht verhindern. Mehr noch, in seiner Politik zur Stärkung der Kaufleute in Edo gegenüber dem Handel in Ōsaka unterstützte es gewollt oder ungewollt die ländlichen Produzenten im Kantō beispielsweise in der Baumwollindustrie oder in der Sakebrauerei, die mit den Kaufleuten in Edo konkurrierten (vgl. oben, S. 171). Die Versorgung Edos mit Sojasoße beispielsweise wurde seit etwa 1770 von den Herstellern im Kantō, vor allem am Lauf des Edo- und Tone-Flusses bestritten, die in einer *kabu nakama* organisiert waren. Ihr Erfolg hängt nicht zuletzt damit zusammen, daß die von ihnen hergestellte, kräftiger schmeckende Soße den Geschmack der Einwohner von Edo besser traf als die aus dem Kansai (vgl. Nakamura Kichiji S. 128f.).

Angeregt und getragen durch die Nachfrage der Städte konnte sich so das ländliche Gewerbe zu einem wichtigen Wirtschaftszweig entwickeln, der entscheidend zum Wachstum der Produktion beitrug. Finanziert durch die Gewinne aus dem Ackerbau, gestützt durch die Arbeitskraft der bäuerlichen Schichten, die hier Möglichkeiten des Nebenerwerbs fanden, konnten sich diese ländlichen Industrien nach dem Muster der Kommerzialisierung im Ackerbau vom Kinai her allmählich über ganz Japan ausbreiten. Welche Bedeutung und welche Wirtschaftskraft diese ländlichen Gewerbe hatten, zeigte sich in vollem Umfang erst in der Meiji-Zeit, als bäuerliche Kaufleute und Unternehmer sich nachdrücklich für die Restauration einsetzten und am Wirtschaftsleben beteiligten (vgl. dazu Thomas C. Smith (4)).

d) Die Manufaktur

Allzulange ist das Thema der Manufakturen in Japan aus unterschiedlichen Gründen sehr kontrovers diskutiert worden, unter anderem auch, um die Gleichwertigkeit der Entwicklung Japans mit der europäischen bis zur Entstehung des Kapitalismus zu dokumentieren. So wurde die Bedeutung der Existenz von Manufakturen in der Industrie der Tokugawa-Zeit gerne hoch bewertet. Für manche Gewerbe wie die Herstellung von Sojasoße oder die Sakebrauerei war die Zusammenfassung des Produktionsprozesses an einem Ort ohnehin naheliegend, wiewohl der Arbeitsgang des Reisenthülsens nicht immer am Sitz der Brauerei durchgeführt wurde (vgl. Nakabe (3), S. 320f.). In anderen Gewerben, insbesondere der Weberei, herrschte wie auch lange in Europa die Hausindustrie und die Lohnweberei vor. Zwar gab es hier einzelne Unternehmer, die Manufakturen einrichteten, doch waren die Hauptmotive vor allem der Wunsch, bestimmte Techniken geheimzuhalten und eine gleichmäßige Qualität sicherzustellen (Watanabe Ichirō, S. 260). Sie blieb auf die Hersteller bestimmter hochwertiger Stoffe beschränkt. Auch die Feststellung, daß es dem ländlichen Gewerbe nicht gelang, den feudalistischen Rahmen zu sprengen und sich frei zu entfalten, weil die ländliche Bevölkerung an die Scholle gebunden und im Nebenerwerb durch häufige Eingriffe beschränkt gewesen sei (Watanabe Ichirō S. 261), kann angesichts des erfolgreichen Widerstandes der Bevölkerung gegen andere mißliebige Maßnahmen nur begrenzte Gültigkeit beanspruchen[27]. Solange keine überzeugende These vorgetragen wird, ist es wohl angebracht, davon auszugehen, daß die japanische Wirtschaft in ihrer Entwicklung eigenen Bedingungen folgte und nicht einem im Fernen Westen entwickelten Modell. Der Stand der technischen Entwicklung dürfte hierfür ein wesentlich überzeugenderer Indikator sein.

---

[27] So berichten beispielsweise Hanley und Yamamura (2), S. 132 vom Widerstand der bäuerlichen Bevölkerung gegen Versuche, ihre Mobilität einzuschränken und führen S. 137ff. andere Fälle bäuerlichen Widerstandes an.

e) Werkstätten unter der Regie der Territorien

Allerdings wurden im Zusammenhang mit einer zur Verbesserung ihrer Einnahmen von den Daimyō entworfenen Wirtschaftspolitik Werkstätten und Manufakturen eingerichtet. Wie schon erwähnt, begannen sie im ausgehenden 18. Jahrhundert damit, durch die Einfuhr von Technik in ihre Gebiete, durch Verteilung von Rohstoffen und Darlehen oder durch die Errichtung von Handels- und Beratungsbüros Wirtschaft und Gewerbe zu stärken, in der Hoffnung, durch den Verkauf der so erzielten Produkte auch die eigenen Einkünfte zu erhöhen.

In Kumamoto wurden etwa um 1840 Werkstätten zur Gewinnung von Wachs aus den Früchten des Talgsumachbaums gegründet, in Ueda um 1848 Handwerker aus Kiryū eingestellt und eine vom Territorium betriebene Werkstatt für die Produktion von *uedajima*, einem gestreiften Seidenstoff, eingerichtet, nachdem man schon etwa 1830 Maßnahmen zur Verbesserung der Produktion getroffen hatte. Zu solchen Unternehmungen, die mit den letzten Jahren der Tokugawa-Zeit in vielen Territorien begonnen wurden, gehören auch die Anfänge der bis dahin in Japan unbekannten Wollweberei, die bereits 1819 durch den Daimyō Shimazu Shigehide (1745-1833) im Territorium Satsuma eingeführt wurde (vgl. dazu Watanabe Ichirō S. 266ff.). Besondere Bedeutung kam solchen Werkstätten dort zu, wo sie sich um die Verwertung von Techniken aus Europa bemühten. Das vermehrte Erscheinen westlicher Schiffe in den Gewässern rund um Japan, die Versuche einzelner Staaten, über Handelsbeziehungen mit Japan Gespräche zu führen, vermehrten beim Shogunat die Sorge um westliche Angriffe auf Japan. Der Opiumkrieg in China (1840-1842) wurde als Bestätigung der Befürchtungen empfunden, er verdeutlichte zudem die Überlegenheit westlicher Waffen. So begannen Shogunat und verschiedene Daimyō mit der Errichtung von Werkstätten, in denen der Eisenguß für die Herstellung von Geschützen entwickelt werden sollte. Man bediente sich dazu der sogenannten holländischen oder westlichen Wissenschaft, *rangaku* oder *yōgaku*, um einen Zugang zur westlichen Technik zu erhalten.

Im wesentlichen mit westlichen Wissenschaften wie Heilkunde, Botanik, Astronomie und dergleichen befaßt, waren die Vertreter dieser *rangaku* mit solchen Techniken bislang nur am Rande in Berührung gekommen, am ehesten in der noch mehr spielerischen Beschäftigung mit der Elektrizität[28]. Sie hatten aber durch die Übersetzung holländi-

---

[28] Vgl. dazu den Bericht über Hiraga Gennai in Sugita Gempakus Rangaku kotohajime (NKBT 95, S. 486), deutsch bei Mōri S. 159, ferner Gotō Shukudō, Hompō denkigaku no so Hashimoto Donsai, in: Rekishi chiri 47 (1925), S. 436-442, S. 514-526, und ebd. 48 (1926), S. 714-717.

scher Bücher die Zugangsmöglichkeiten so weit entwickelt, daß damit auch Schriften zur Technik verfügbar wurden. So konnte das von U. Huguenin verfaßte Werk »Het Gietwezen in's Rijks Izer-Geschutgieterij te Luik; met Betrekking, zoo tot het Vervaardigen van Geschut, Projectiles enz. Als tot de Gebruikt wordende Ijzersoorten, en derzelver Bewerking«, 's-Gravenhage 1826, übersetzt und zur Grundlage der ersten Versuche gemacht werden[29]. 1842 wurde in Nirayama auf der Halbinsel Izu von Egawa Tarōzaemon (1801-1855) das erste Modell eines Flammofens gebaut, das, im Maßstab 1:3 gehalten, die für das Schmelzen von Eisen erforderlichen Temperaturen nicht erreichte[30].

Der erste erfolgreiche Flammofen wurde 1852 im Territorium Saga errichtet und für den Geschützguß eingesetzt. Hier wurden in den Werkstätten des Territoriums auch Versuche zur Herstellung chemisch-pharmazeutischer Artikel und von Schießpulver unternommen, 1865 ein erstes, kleines Dampfschiff erbaut. Ebenso erfolgreich war 1853 das Territorium Satsuma mit einem Flammofen von großer Kapazität. Durch die Angliederung weiterer Werkstätten wurde hier der Betriebskomplex vergrößert und die Produktion von Glas, Keramik, Ackergeräten, Schwertern aufgenommen, für die man sich teils traditioneller, teils westlicher Technik bediente. Solche Werkstätten und Manufakturen, die nach 1850 im Territorium Chōshū geschaffenen Anlagen, die um die gleiche Zeit in Mito errichtete Werft, die vom Shogunat 1856 in Nagasaki und 1866 in Yokosuka in Angriff genommene Eisenhütte, beides Vorgänger der späteren Werften, bereiteten den Übergang zur modernen Industrie in Japan vor. 1866 entstand in Satsuma mit englischer Unterstützung die erste Spinnerei mit westlicher Ausrüstung und nach westlichem Muster.

---

[29] Zu den Werkstätten vgl. Thomas C. Smith (3); zur Entwicklung des Eisengusses und des Flammofens liegt mit Pauer (2) eine umfangreiche Darstellung vor.

[30] Die später hier errichteten Flammöfen sind bis heute erhalten.

LITERATURVERZEICHNIS

Aus Platzgründen wurde mit Ausnahme einiger wichtiger Werke auf eine durchgehende Kommentierung verzichtet und stattdessen einer möglichst vollständigen Aufnahme der Beiträge und Monographien in westlichen Sprachen der Vorzug gegeben. Die in Kokushi taikei aufgenommenen Quellenwerke sind hier nicht aufgeführt, sie wurden im Text mit dem Kürzel KT (Kokushi taikei) gekennzeichnet (vgl. unten: Kuroita Katsumi).

Abe Takeshi *Chūsei Nihon shōensei no kenkyū*, Tōkyō 1973.

Aikens, C. Melvin, und Takayasu Higuchi, *Prehistory of Japan*, New York und London 1982; die erste umfassende Gesamtdarstellung seit langem, vgl. jedoch die Besprechung von Charles Keally in: MN 37, S. 405ff.

Akai Tatsurō, *Genroku ki no toshi seikatsu to minshū bunka*, in: Iwanami kōza Nihon rekishi 10, Tōkyō 1975, S. 333-366.

Andō Seiichi (1), *Edo jidai no nōmin*, Tōkyō 1964.

—— (2), *Kinsei zaikata shōgyō no kenkyū*, Tōkyō 1958.

Araki Hiroshi, *Nara Kamakura ryō daibutsu no chūzō*, in: Asahi shimbunsha, hg., Nihon kagaku gijutsushi, Tōkyō 1962, S. 470-479.

Arima, Seiho, *The Western Influence on Japanese Military Science, Shipbuilding and Navigation*, in: MN 19 (1964), S. 352-379; im gleichen Band finden sich weitere Beiträge und eine Bibliographie zu den wissenschaftlich-technischen Kontakten Japans mit dem Westen.

Asahi shimbunsha, hg., *Nihon kagaku gijutsu shi*, Tōkyō 1962.

Asaka Toshiki, *Chūsei no gijutsu to shukōgyōsha no soshiki*, in: Iwanami kōza Nihon rekishi 6, Tōkyō 1975, S. 207-244.

Asakawa Kan'ichi (1), *The Early Institutional Life of Japan. A Study in the Reform of 645*, New York 1963 (repr.).

—— (2), *Land and Society in Medieval Japan*, Tokyo 1965.

Aston, W. G., *Nihongi. Chronicles of Japan from the Earliest Times to A.D. 697*, London 1956.

Azuma kagami, Kokusho kankōkai hg., 3 Bde., Tōkyō 1968.

Barett, Timothy, *Japanese Papermaking*, New York, Tokyo 1983.

Befu, Harumi und Chester S. Chard, *Preceramic Cultures in Japan*, in: American Anthropologist n.s. 62 (1960), S. 815ff., mit Bibliographie.

—— u.a., *An Annotated Bibliography of the Preceramic Archeology of Japan*, in: Arctic Anthropology 2 (1964), S. 1-83.

Bleed, Peter, *Yayoi Cultures of Japan: An Interpretative Summary*, in: Arctic Anthropology 9 (1972), S. 1-24.

Borgen, Robert, *The Japanese Mission to China, 801-806*, in: MN 37 (1982), S. 1-28.

Boxer, C. R. (1), *The Christian Century in Japan, 1549-1650*, Berkeley und Los Angeles 1967.

—— (2), *The Great Ship from Amacon — Annals of Macao and the Old Japan Trade, 1555-1640*. Lisboa 1963.

—— (3), *Jan Compagnie in Japan, 1600-1817*, The Hague 1936; ebenso wie The Christian Century ... immer noch wichtig und lesenswert.

Brown, Delmer M. (1), *The Impact of Firearms on Japanese Warfare, 1543-98*, in: Far Eastern Quarterly 7 (1947/48), S. 236-253.

—— (2), *The Importation of Gold into Japan by the Portuguese During the Sixteenth Century*, in: The Pacific Historical Review 16 (1947), S. 125-133.

—— (3), *The Japanese Tokusei of 1297*, in: HJAS 12 (1949), S. 188-206.

—— (4), *Money Economy in Medieval Japan. A Study in the Use of Coins*, New Haven, Conn. 1951.

Chibbet, David, *The History of Japanese Printing and Book Illustration*, Tokyo, New York etc. 1977.
Choi, Kee Il, *Technological Diffusion in Agriculture Under the Bakuhan System*, in: JAS 30 (1970/71), S. 749-759; steht im Zusammenhang mit der Kontroverse zwischen Nakamura und Rosovsky um die Agrarerträge der Tokugawa-Zeit.
Crawcour, E. S. (1), *Changes in Japanese Commerce in the Tokugawa Period*, in: Hall und Jansen, hg., Studies in the Institutional History of Early Modern Japan, Princeton N.J. 1968, S. 189-202; Nachdruck des Beitrages in JAS 22 (1963).
—— (2), *The Development of a Credit System in Seventeenth Century Japan*, in: The Journal of Economic History 21 (1961), S. 342-360; knappe aber sehr gut lesbare und zuverlässige Darstellung.
—— (3), *Documentary Sources of Tokugawa Economic and Social History*, in: JAS 20 (1960/61), S. 343-351.
—— (4), *Kawamura Zuiken, A Seventeenth-Century Entrepreneur*, in: TASJ, 3rd.ser., 9 (1966), S. 28-50; wichtige Studie zum gesellschaftlichen und wirtschaftlichen Klima des frühen 17. Jahrhunderts.
—— (5), *Notes on Shipping and Trade in Japan and the Ryukyus*, in: JAS 23 (1963/64), S. 377-381.
—— (6), *Some Observations on Merchants*, in: TASJ 3rd ser. 8 (1965), S. 1-139; Übersetzung des Chōnin kōken roku von Mitsui Takafusa.
—— (7), *The Premodern Economy*, in: Arthur E. Thiedemann, hg., An Introduction to Japanese Civilization, New York und London 1974, S. 461-486.
—— (8), *The Tokugawa Period and Japan's Preparation for Modern Economic Growth*, in: The Journal of Japanese Studies 1 (1974/75), S. 113-125.
——, und Kozo Yamamura, *The Tokugawa Monetary System: 1787-1868*, in: Economic Development and Cultural Change 18 (1979/80), S. 489-518; gibt einen sehr guten Überblick.

Davis, David L., *Ikki in Late Medieval Japan*, in: Hall und Mass, hg., Medieval Japan, New Haven and London 1974, S. 221-247.
Dettmer, Hans A. (1), *Einführung in das Studium der japanischen Geschichte*, Darmstadt 1987.
—— (2), *Grundzüge der Geschichte Japans*, Darmstadt 1965, 1985.
—— (3), *Hauptepochen der japanischen Geschichte, soweit ihre Kenntnis zum Verständnis der Gegenwart unentbehrlich ist*, in: Das Gespräch. Veröffentlichungen des Friedrich-Rauch-Instituts für Welt- und Sozialkunde 1, Hannover 1967, S. 23-35.
—— (4), *Liste der Regierungszeiten und Ära-Bezeichnungen. Eine Revision*, in: OE 28 (1981), S. 232-249.
—— (5), *Die Steuergesetzgebung der Nara-Zeit*, (Studien zur Japanologie 1), Wiesbaden 1959.
Duffy, William J. und Kozo Yamamura, *Monetization and Integration of Markets in Tokugawa Japan: A Spectral Analysis*, in: Explorations in Economic History 8 (1970/71), S. 395-423.

Edwards, Walter, *Event and Process in the Founding of Japan: The Horserider Theory in Archeological Perspective*, in: The Journal of Japanese Studies 9 (1983), S. 265-295; eine kritische Überprüfung von Gari Ledyards Hypothesen (s. dazu unten).
Egami, Namio, *The Formation of the People and Origins of the State in Japan*, in: Memoir of the Research Department of the Toyo Bunko 23 (1964).
Eliseeff, Vadime, *Japan*, München, Genf, Paris 1973; die deutsche Bearbeitung ist teilweise verbesserungsbedürftig.
Endō Motoo (1), *Nihon shokunin shi no kenkyū*, Tōkyō 1961.
—— (2), *Shokunin no rekishi*, Tōkyō 1962.
Ennin's Diary, *The Record of a Pilgrimage to China in Search of the Law*, Transl. from the Chinese by Edwin O. Reischauer, New York 1955; deutsche Ausgabe: Edwin O. Reischauer, Die Reisen des Mönchs Ennin, Stuttgart 1963.
Flersham, Robert G., *Some Aspects of Japan Sea Shipping and Trade in the Tokugawa Period*,

1603-1867, in: Proceedings of the American Philosophical Society. Held at Philadelphia for Promoting Useful Knowledge, vol. 110 (1966), S. 182-226.
——, *Some Aspects of Japan Sea Trade in the Tokugawa Period*, in: JAS 23 (1963/64), S. 405-416.
Florenz, Karl, *Die historischen Quellen der Shintō-Religion*, Göttingen, Leipzig 1919.
Frost, Peter, *The Bakumatsu Currency Crisis*, Cambridge, Mass., 1970.
Fukutomi Terunao, *Kōchi no hatten*, in: Toyoda Takeshi Sangyōshi 1, Tōkyō 1966, S. 300-319.
Furushima Toshio (1), *Bakufu zaisei shūnyū no dōkō to nōmin shūdatsu no kakki*, in: ders., hg., Nihon keizaishi taikei 4, Tōkyō 1965.
—— (2), *Furushima Toshio chosakushū*, Tōkyō 1974-75, 6 Bde.
—— (3), *Kagaku gijutsu no hattatsu to yōgaku*, in: Iwanami kōza Nihon rekishi 12, Tōkyō 1975, S. 225-259.
—— (4), *Nihon hōken nōgyōshi*, in: Furushima Toshio chosakushū 2, Tōkyō 1974, S. 19-246.
—— (5), *Nihon nōgakushi*, in: Furushima Toshio chosakushū Bd. 5, Tōkyō 1975, S. 21-471.
—— (6), *Nihon nōgyō gijutsushi*, in: Furushima Toshio chosakushū Bd. 6, Tōkyō 1975.
—— (7), *Nihon nōgyōshi*, Tōkyō 1962.

Gempei seisuiki, ed. Yuhodo bunko, 2 Bde., Tōkyō 1927
Glamman, Kristof, *Dutch-Asiatic Trade 1620-1740*, The Hague 1958.
Gowland, William, *Metals and Metal-Working in Old Japan*, in: Transactions and Proceedings of the Japan Society London 13 (1915), S. 20-99.
Groot, Gerard J., *The Prehistory of Japan*, New York 1951.

Hall, John Whitney (1), *The Castle Town and Japan's Modern Urbanization*, in: Hall und Jansen, hg., Studies in the Institutional History of Early Modern Japan, Princeton N.J. 1968, S. 169-188; Nachdruck aus FEQ 15 (1955).
—— (2), *Government and Local Power in Japan, 500 to 1700*, Princeton, N.J. 1966.
—— (3), *Kyoto as Historical Background*, in: Hall und Mass hg., Medieval Japan, New Haven and London 1974, S. 3-38.
—— (4), *The New Look of Tokugawa History*, in: Hall und Jansen, hg., Studies in the Institutional History of Early Modern Japan, Princeton, N.J. 1968, S. 55-64.
——, und Marius B. Jansen, *Studies in the Institutional History of Early Modern Japan*, Princeton, N.J. 1968.
——, und Jeffrey P. Mass, *Medieval Japan. Essays in Institutional History*, New Haven und London 1974.
——, Nagahara Keiji und Kozo Yamamura, *Japan Before Tokugawa. Political Consolidation and Economic Growth 1500 to 1650*, Princeton, N.J. 1981.
——, und Toyoda Takeshi, *Japan in the Muromachi Age*, Berkeley, Los Angeles, London 1977.
Hanley, Susan B., *A High Standard of Living in Nineteenth-Century Japan: Fact or Fantasy*, in: Journal of Economic History 43 (1983), S. 183-192.
——, und Kozo Yamamura (1), *A Quiet Transformation in Tokugawa Economic History*, in: JAS 30 (1970/71), S. 373-384; mit Bibliographie bes. auch wichtiger Werke in japanischer Sprache.
——, und Kozo Yamamura (2), *Economic and Demographic Change in Preindustrial Japan 1600-1868*, Princeton N.J. 1977; ein Standardwerk, das zur Pflichtlektüre gehört.
Harada Tomohiko, *Chūsei ni okeru toshi no kenkyū*, Tōkyō 1972.
Hauser, William B., *Economic Institutional Change in Tokugawa Japan. Ōsaka and the Kinai Cotton Trade*, Cambridge 1974; wichtiges Werk zur Wirtschaftsgeschichte der Edo-Zeit.
Hayami Akira (1), *Labor Migration in a Preindustrial Society: A Study Tracing the Life Histories of the Inhabitants of a Village*, in: Keio Economic Studies 10 (1973).
—— (2), *Nihon keizaishi e no shikaku*, Tōkyō 1972; verwendet hauptsächlich quantitative Methoden.

—— (3), *The Population at the Beginning of the Tokugawa Period*, in: Keio Economic Studies 4 (1966/67), S. 1-28.

——, und Uchida Nobuko, *Size of Household in a Japanese County Throughout the Tokugawa Era*, in: Peter Laslett, hg., Household and Family in Past Time, Cambridge 1972, S. 473-515.

Hayashi Reiko, *Kinsei chūkōki no shōgyō*, in Toyoda und Kodama, hg., Ryūtsūshi 1, S. 187-250.

Hibbet, Howard, *The Floating World in Japanese Fiction*, London, New York, Toronto 1959.

Hicks, John, *A Theory of Economic History*, London, Oxford, New York 1969.

Hirano Kunio, *Kodai no shōhin ryūtsū*, in: Toyoda und Kodama, hg., Ryūtsūshi 1, S. 15-50.

Hirschmeier, Johannes, S.V.D. und Tsunehiko Yui, *The Development of Japanese Bussiness, 1600-1973*, Cambridge, Mass. 1975.

Hōgetsu Keigo, *Chūsei no sangyō to gijutsu*, in: Iwanami kōza Nihon rekishi 8, Tōkyō 1963, S. 79-108.

Honda Masanobu, *Honsaroku*, Nihon keizai sōsho 1, Tōkyō 1914.

Honjo, Eijiro (1), *Economic Theory and History of Japan in the Tokugawa Period*, New York 1965.

—— (3), *The Social and Economic History of Japan*, New York 1965; unveränderter Nachdruck der Ausgabe von 1935.

Hora Tomio, *Tanegashima ju*, Tōkyō 1958.

Hori Kyotsu, *The Economic and Political Effects of the Mongol Wars*, in: Hall und Mass, hg., Medieval Japan S. 184-198.

Ikawa, Fumiko (1), *The Continuity of Non-Ceramic to Ceramic Cultures in Japan*, in: Arctic Anthropology 2 (1964), S. 95-119.

—— (2), *Some Aspects of Palaeolithic Cultures in Japan*, in: La Prehistoire: Problems et Tendances, Paris 1968, S. 237-244.

Imai Rintaro und Yagi Akihiro, *Hōken shakai no nōson kōzō*, Tōkyō 1955.

Inagaki Yasuhiko, *Chūsei no nōgyō keiei to shūshu keitai*, in: Iwanami kōza Nihon rekishi Bd. 6, Tōkyō 1975, S. 167-205.

——, und Nagahara Keiji, hg., *Chūsei no shakai to keizai*, Tōkyō 1973.

Ishihara Michihiro, *Wakō*, Tōkyō 1964.

Iwao Seiichi, *Japanese Foreign Trade in the 16th and 17th Centuries*, in: Acta Asiatica 30 (1976), S. 1-18.

Iyanaga Teizō, Nagahara Keiji u.a., *Nihon keizaishi taikei*, 6 Bde., Tōkyō 1965.

Janata, Alfred, Josef Kreiner und Erich Pauer, *Materialien zu kuwa (Erdhacke) und suki (Spaten), Bodenbaugeräte Japans I*, in: Archiv für Völkerkunde 23 (1969), S. 101-159.

—— (2), *Zur Geschichte des Pflugen (karasuki), Bodenbaugeräte Japans II*, in: ebd. 24 (1970), S. 207-264.

—— (3), *Geräte der tagoshirae-Feldbestellung und des ta-ue-Reisauspflanzens, Bodenbaugeräte Japans III*, in: ebd. 25 (1971), S. 67-125.

—— und Klaus Müller, (4) *Bewässerung (mizu-hiki) und Bewässerungsgeräte, Bodenbaugeräte Japans IV*, in: ebd. 26 (1972), S. 59-117.

Janata, Alfred, Josef Kreiner und Erich Pauer (5), *Geräte für das Jäten und für die Schädlingsbekämpfung, Bodenbaugeräte Japans V* in: ebd 27 (1973), S. 15-67.

—— (6), *Reisernte (inekari), Erntemesser und Sichel (kama), Bodenbaugeräte Japans VI*, in: ebd. 30 (1976), S. 31-99.

—— (7), s. unter Kreiner, Josef.

Kadowaki Teiji, *Miyake no shiteki ichi*, in: Shirin 35 (1952), S. 244-260.

Kaempfer, Engelbert, *Geschichte und Beschreibung von Japan*, 2 Bde., Stuttgart 1964; unveränderter Neudruck der Ausgabe Lemgo 1777-1779.

Kajima, Morinosuke, *Geschichte der japanischen Außenbeziehungen*, 3 Bde., Bd. 1 Wiesbaden 1976, Bd. 2 und 3 Tokyo 1979 und 1980.

Kalland, Arne, Jon Pedersen, *Famine and Population in Fukuoka Domain During the Tokugawa Period*, in: The Journal of Japanese Studies 10 (1984), S. 31-72.
Kameda Takayuki, *Nihon kodai yōsuishi no kenkyū*, Tōkyō 1973.
—— (2), *Nōgu, hiryō*, in: Toyoda, hg., Sangyōshi 1, Tōkyō 1975, S. 206-210.
—— (3), *Sakubutsu*, in: ebd. S. 183-198.
Kamikawana, Akira, *Sites in Yamanashi Prefecture and Middle Jomon Agriculture*, in: Asian Perspectives 11 (1968), S. 53-68.
Katō Eiichi, *The Japan-Dutch Trade in the Formative Period of the Seclusion Policy — Particularly on the Raw Silk Trade by the Dutch Factory at Hirado, 1620-1640*, in: Acta Asiatica 30 (1976), S. 34-84.
Kawane Yoshiyasu, *Nimōsaku no kigen ni tsuite*, in: ders., Chūsei hokensei seiritsu shiron, Tōkyō 1973 (2), S. 385-391.
Keene, Donald, *The Japanese Discovery of Europe, 1720-1830*, Stanford, Calif. 1969; revidierte Ausgabe, ein Klassiker in der Literatur der japanisch-europäischen Beziehungen.
Kelly, William W., *Water Control in Tokugawa Japan: Irrigation Organization in a Japanese River Basin, 1600-1870* (Cornell University East Asian Papers 31), Ithaca, N.Y. 1982.
Kemmu shikimoku, in: Gunsho ruijū 22, Tōkyō 1939.
Kidder, J. Edward, *Agriculture and Ritual in the Middle Jomon Period*, in: Asian Perspectives 11 (1968), S. 19-24.
——, *Alt-Japan, Japan vor dem Buddhismus*, Köln 1959; die deutsche Übersetzung ist etwas verbesserungsbedürftig.
——, *Prehistoric Japanese Arts: Jomon Pottery*, Tokyo 1968.
Kikuchi Toshio, *Shinden kaihatsu*, 2 Bde., Tōkyō 1958.
Kiley, Cornelius J., *Estate and Property in the Late Heian Period*, in: Hall und Mass, Medieval Japan, New Haven und London 1974, S. 109-124.
——, *Property and Political Authority in Early Medieval Japan*, PH.D. thesis, Harvard University 1970.
Kimura Motoi, *Nōmin seikatsu no henka*, in: Morimatsu, Hōgetsu und Kimura, Seikatsushi 2, Tokyo 1965, S. 310-336.
Kitajima Masamoto, hg., *Tochi seidoshi 2*, (Taikei Nihonshi sōsho 7) Tokyo 1976.
Kitamura Toshio (1), *Doboku gijutsu*, in: Kodama, hg., Sangyōshi 2, Tōkyō 1969, S. 111-139.
—— (2), *Nihon kangai suiri kankō no shiteki kenkyū*, Tōkyō 1950.
Kobata Atsushi (1), *Kōzan no rekishi*, Tōkyō 1962.
—— (2), *Nihon kahei ryūtsūshi*, Tōkyō 1969.
—— (3), *Nihon kōzanshi no kenkyū*, Tōkyō 1968.
—— (4), *The Production and Uses of Gold and Silver in Sixteenth and Seventeenth Century Japan*, in: Economic History Review 18 (1965), S. 245-266.
Kodama Kōta (1), *Genroku jidai*, Tōkyō 1974.
—— hg., (2), *Sangyōshi 2* (Taikei Nihonshi sōsho 11), Tōkyō 1969.
—— (3), *Shiryō ni yoru Nihon no ayumi, kinsei hen*, Tōkyō 1965.
Kondō Yoshirō, *Yayoi bunka ron*, in: Iwanami kōza Nihon rekishi 1, Tōkyō 1962, S. 139-188.
Kujō Kanezane, *Gyokuyō*, Tōkyō 1966.
Kuroita Katsumi, *Shintei zōhō Kokushi taikei* (KT), Tokyo 1964-1967.
Kreiner, Josef, unter Mitarbeit von Alfred Janata und Erich Pauer, *Methoden und Geräte des Reistrocknens, Bodenbaugeräte Japans VII*, in: Archiv für Völkerkunde 36 (1982), S. 95-145 (Bodenbaugeräte I-VI, s. unter Janatas etc.).
Kuroha, Hyōjirō, *Commerce of Osaka in the Tokugawa Era*, in: Bulletin of University of Osaka Prefecture, ser. D, science of economy 9 (1965), S. 1-15.
Ledyard, Gari, *Galloping Along With the Horseriders: Looking for the Founders of Japan*, in: The Journal of Japanese Studies 1 (1975), S. 217-254.
Lewin, Bruno (1), *Aya und Hata, Bevölkerungsgruppen Alt-japans kontinentaler Herkunft* (Studien zur Japanologie 3) Wiesbaden 1962.

—— (2), *Kodō-zuroku, »Illustrierte Abhandlung über die Verhüttung des Kupfers« 1801. Zur Geschichte der Kupfergewinnung in Japan.* Übersetzt und eingeleitet von Bruno Lewin, berg- und hüttenmännische bearbeitet von Andreas Hauptmann, Bochum 1984.
—— (3), *Rikkokushi.* Die amtlichen Reichsannalen Japans. Die Regierungsannalen des Kammu-tenno. Hg. von Horst Hammitzsch, Tōkyō 1962.
Loehr, Max, *Vorgeschichte Japans*, in: Oldenbourgs Abriß der Weltgeschichte, Abriß der Vorgeschichte, München 1957, S. 144-149.

Mass, Jeffrey P., *Jitō Land Possession in the Thirteenth Century: The Case of Shitaji Chūbun*, in: Hall und Mass, hg., Medieval Japan, New Haven and London 1974, S. 157-183.
Matsumoto Shirō, *Shōhin ryūtsū no hatten to ryūtsū kikō saihen sei*, in: Furushima Toshio, hg., Nihon keizai taikei 4, Tōkyō 1965.
May, Ekkehard (1), *Die Kommerzialisierung der japanischen Literatur in der späten Edo Zeit (1750-1868)*, Wiesbaden 1983.
—— (2), *Saikaku-oridome*, Stuttgart 1973.
—— (3), *Das Tōkaidō meishoki von Asai Ryōi*, Wiesbaden 1973.
Mendershausen, Horst, und Nancy V. Meyer, *The Concept of Hostile Trade, And A Case Study of Seventeenth Century Japan*, Santa Monica, Calif. 1965.
Mihashi Toshio, (1), *Kinsei kōki no nōgyō*, in: Kodama Kōta, hg., Sangyōshi 2, Tōkyō 1969, S. 62-110.
—— (2), *Kinsei zenki no nōgyō*, in: ebd. S. 17-61.
Minamoto Shitagō, *Wamyō ruijushō*, hg. von Masamune Atsuo, Tōkyō 1962.
Miura Keiichi, *Sengoku ki no kōeki to kōtsū*, in: Iwanami kōza Nihon rekishi 8, Tōkyō 1976, S. 89-125.
Miyamoto Mataji (1), *Gaisetsu Nihon shōgyōshi*, Tōkyō 1971.
—— (2), *Nihon keizaishi*, Tōkyō 1977.
Miyazaki Antei (auch: Yasusada), *Nōgyō zensho*, in: Nihon nōsho zenshū, Bd. 12&13, Tōkyō 1978.
Mori Katsumi und Numata Jirō, hg., *Taigai kankeishi*, (Taikei Nihonshi sosho Bd 5), Tōkyō 1978.
Morimatsu Yoshiaki, Hōgetsu Keigo und Kimura Motoi, *Seikatsushi 2* (Taikei Nihonshi sōsho 16), Tōkyō 1966.
Morris, Ivan, *The World of the Shining Prince*, Tokyo 1978.
Morris, V. Dixon, *Sakai: From shōen to Port City*, in: Hall und Toyoda, Japan in the Muromachi Age, Berkeley, Los Angeles 1977, S. 145-158.
Müller, Klaus (1), *Frühe Schriften zum japanischen Ackerbau*, in: Linhart und Pauer, hg., Sozioökonomische Entwicklung und industrielle Organisation Japans, Wien 1979 (Beiträge zur Japanologie 16), S. 51-74.
—— (2), *Die Weberei als ländliches Gewerbe im Japan des 18. Jahrhunderts*, in: Ostasienwissenschaftliche Beiträge zur Sprache, Literatur. Geschichte, Geistesgeschichte, Wirtschaft, Politik und Geographie (Veröffentlichungen des Ostasien-Instituts der Ruhr-Universität Bochum 11), Wiesbaden 1974, S. 321-336.
Nachod, Oskar (1), *Die Beziehungen der Niederländischen Ostindischen Kompagnie zu Japan im 17. Jahrhundert*, Leipzig 1897.
—— (2), *Geschichte von Japan*, 2 Bde., Bd. 1, Gotha und Leipzig 1906, Bd. 2, 1-2, Leipzig 1929/30.
Nagahara Keiji (1), *Landownership Under the Shōen-Kokugaryō System*, in: The Journal of Japanese Studies 1 (1974/75), S. 269-296.
—— (2), hg., *Nihon keizaishi*, Tōkyō 1971.
—— (3), *Reflections on Recent Trends in Japanese Historiography*, in: Journal of Japanese Studies 10 (1984), S. 167-183.
Nagashima Fukutarō, *Nara*, Tōkyō 1963.
Naito Jirō, *Hombyakushō taisei no kenkyū*, Tōkyō 1968.
Nakabe Yoshiko (1), *Kinsei toshi shakai keizai shi kenkyū*, Kyōto 1974.
—— (2), *Kinsei toshi no seiritsu to kōzō*, Tōkyō 1967.

—— (3), *Settsu zaigōchō no tenkai*, in: Chihōshi kenkyū kyogikai, hg., Hōken toshi no sho mondai, Tōkyō 1959.

Nakai Nobuhiko, *Kinsei toshi no hatten*, in: Iwanami kōza Nihon rekishi 11, Tōkyō 1963, S. 37-100.

Nakamura J. I., *Human Capital Accumulation in Premodern Rural Japan*, in: The Journal of Economic History 41 (1981), S. 263-281.

Nakamura Kichiji, *Nihon keizaishi*, Tōkyō 1973; gut die Hälfte des Bandes ist der Wirtschaft der vormodernen Zeit Japans gewidmet.

Netto, Curt, *Über japanisches Berg- und Hüttenwesen*, in: Mitteilungen der deutschen Gesellschaft für Natur- und Völkerkunde Ostasiens 2 (1876-1880), S. 367-405.

Neville, Edward L., *The Development of Transportation in Japan: A Case Study of Okayama Han, 1600-1868*, Ph.D. Dissertation University of Michigan 1958.

Nihon Gakushiin, hg., *Meiji izen Nihon dobokushi*, Tōkyō 1936.

Nish, Jan, hg., *Bakumatsu and Meiji: Studies in Japan's Economic and Social History*, London (1982).

Nishioka Toranosuke (1), *Shōenshi no kenkyū*, Tōkyō 1966: gehört zu den Standardwerken zum shōen.

—— (2), *Shōenshi shiryō*, Tōkyō 1969.

Notehelfer, F. G., *Between Tradition and Modernity, Labor and the Ashio Copper Mine*, in: MN 39 (1984), S. 11-24; betrifft hauptsächlich die Zeit nach 1868.

Ogawara Hiroshi, *Nihon no kosen*, Tōkyō 1966.

Ōhata Saizō, *Saizōki*, in: Ono Takeo, hg., Kinsei jikata keizai shiryō 2, Tōkyō 1969.

Ohkura Takehiko und Hiroshi Shimbo, *The Tokugawa Monetary Policy in the Eighteenth and Nineteenth Centuries*, in: Explorations in Economic History 15 (1978), S. 101-124.

Ōishi Masamune, *Sakubutsu*, in: Toyoda, Sangyōshi 1, Tōkyō 1977, S. 183-198.

Ōishi Shinzaburō (1), *Kinsei shakai no seiritsu*, in: Kitajima Masamoto, hg., *Tochiseidoshi* 2 (Taikei Nihonshi sōsho 7), Tōkyō 1975, S. 24-45.

—— (2), *Kyōhō kaikaku*, in: Iwanami kōza Nihon rekishi 11, Tōkyō 1963, S. 265-310.

Ooms, Herman, *Charismatic Bureaucrat, A Political Biography of Matsudaira Sadanobu, 1758-1829*, Chicago und London 1975.

Owari no kuni gunji hyakushō ra no gebumi, in: Shintei zōhō shiseki shūran 5, Kyōto 1967/68, S. 430-447.

Pack, Chi-Ho, *Bericht des Nosongdang über seine Reise nach Japan aus dem Jahre 1420* (*Nosongdang-Ilbon-Haengnok*), Wiesbaden 1973.

Pauer, Erich (1), *Eisenmünzen in Japan und ihre Bedeutung für die Wirtschaft des 18. und 19. Jahrhunderts*, in: Actes du 9eme Congres international de numismatique 1979, S. 1023-1033.

—— (2), *Japans Industrielle Lehrzeit. Die Bedeutung des Flammofens in der wirtschaftlichen und technischen Entwicklung Japans für den Beginn der Industriellen Revolution* (Bonner Zeitschrift für Japanologie 4/1; 2), Bonn 1983.

—— (3), *Technik, Wirtschaft, Gesellschaft, Der Einfluß wirtschaftlicher und gesellschaftlicher Veränderungen auf die Entwicklung der landwirtschaftlichen Geräte in der vorindustriellen Epoche Japans ab dem 17. Jahrhundert* (Beiträge zur Japanologie 10), Wien 1973.

—— (4), *Die traditionelle Eisenindustrie Japans in der Meiji-Zeit*, in: Bonner Zeitschrift für Japanologie 1 (1979), Festgabe für Herbert Zachert, S. 309-326.

Pearson, Richard, *The Contribution of Archaeology to Japanese Studies*, in: The Journal of Japanese Studies 2 (1975/76), S. 305-333.

Reischauer, Edwin O., *Ennin's Travels in T'ang China*, New York 1955.

Rosowsky, H., *Quantitative Japanese Economic History. An Annotated Bibliography and A Survey of U.S. Holdings*, Berkeley 1961.

Rozman, Gilbert, *Urban Networks in Ch'ing China and Tokugawa Japan*, Princeton, N.J. 1973.

——, *Edo's Importance in the Changing Tokugawa Society*, in: The Journal of Japanese Studies 1 (1974/75), S. 91-112.

Saitō, Osamu (1), *Der Arbeitsmarkt in Japan während der Tokugawa-Zeit: Lohnunterschiede und Reallohnstruktur zwischen 1727 und 1830*, in: Sepp Linhart und Erich Pauer, hg., Sozioökomische Entwicklung und industrielle Organisation Japans, (Beiträge zur Japanologie 16), Wien 1979; deutsche Version des Beitrages The Labor Market in Tokugawa Japan, in: Explorations in Economic History 15 (1978), S. 84ff.

—— (2), *Tokugawa kōki kara Taishō zenki ni itaru nōgyō chōki teki shūsei*, in: Shakai keizai shigaku 39 (1973).

Sakai, Robert K., *The Satsuma-Ryukyu Trade and the Tokugawa Seclusion Policy*, in: JAS 23 (1963/64), S. 391-403.

Sakamaki Shunzō, *Ryukuyu and Southeast Asia*, in: JAS 23 (1963/64), S. 383-389.

Sakasai Takahito, Kitajima Manji, Noda Reishi und Tomisawa Kiyoto, *Nihon keizaishi*, Tōkyō 1982.

Sakudō Yotarō, *Bakuhan taisei to tsūka mondai*, in: Toyoda und Kodama, hg., Ryūtsūshi 1, Tōkyō 1970, S. 251-307.

——, Kawakami Tadashi und Yasuoka Shigeaki, *Kahei to shinyō*, in: Toyoda und Kodama, hg., Ryūtsūshi 1, Tōkyō 1970, S. 251-341.

Sansom, George (1), *A History of Japan to 1334*, *A History of Japan, 1334 to 1615*, *A History of Japan, 1615 to 1867*, 3 Bde., London 1961-64.

—— (2), *A Short Cultural History of Japan*, London 1932.

Sasaki Gin'ya (1), *Chūsei no shōgyō*, Tōkyō 1963.

—— (2), *Chūsei shōhin ryūtsūshi no kenkyū*, Tōkyō 1972.

——, with William B. Hauser, *Sengoku Daimyo Rule and Commerce*, in: Hall, Nagahara und Yamamura, Japan Before Tokugawa, Princeton N.J. 1981, S. 125-148.

Sasaki Junnosuke (1), *Kōzan ni okeru gijutsu to rōdō soshiki*, in: Iwanami kōza Nihon rekishi 11, Tōkyō 1976, S. 209-248.

—— (2), *Some Remarks on the Economic Foundation of Military Service Under the Tokugawa Shogunate System*, in: Hitotsubashi Journal of Social Studies 2 (1964), S. 36-53.

Sase Yoshiemon, *Aizu nōsho*, Ono Takeo, hg., Tōkyō 1944.

Sato, Elizabeth, *The Early Development of the Shōen*, in: Hall und Mass, hg., Medieval Japan, New Haven und London 1974, S. 91-108.

Satō Shin'ichi und Ikeuchi Yoshisuke, *Chūsei hōsei shiryōshū 1, Kamakura bakufu hō*, Tōkyō 1956.

Sawada Goichi, (*Fukkoku*) *Nara chō jidai minsei keizai no sūteki kenkyū*, Tōkyō 1972 (Erstauflage 1927).

Sawada Shō, *Financial Difficulties of the Edo Bakufu*, in: HJAS 1 (1936), S. 308-326.

Schilling, Dorotheus, *Der erste Tabak in Japan*, in: MN 5 (1942), S. 113-163.

Schütte, Josef Franz, *Don Rodrigo de Vivero de Velasco and Sebastian Vizcaino in Japan*, in: Ernesto de la Torre, hg., XXX International Congress of Human Sciences in Asia and North Africa. Asia and Colonial Latin America, (Mexico) 1981, S. 77-99.

Schwade, Arcadio, *The First Diplomatic Relations between Japan and Mexico* (1609-1616), in: ebd. S. 100-109.

Sekiyama Naotarō (1), *Kinsei Nihon no jinkō kōzō*, Tōkyō 1969.

—— (2), *Nihon no jinkō*, Tōkyō 1962.

Serizawa, Chosuke, *Comments on the Palaeolithic Period in Korea and Japan*, in: Richard Pearson, hg., The Traditional Culture and Society of Korea: Prehistory, Hawaii 0000 (Occasional Papers of the Center for Korean Studies No. 3).

Sheldon, Charles David, *The Rise of the Merchant Class in Tokugawa Japan, 1600-1868*, Locust Valley, New York 1958.

Shimbo Hiroshi, Hayami Akira und Nishikawa Shunsaku, hg., *Sūryō keizaishi nyūmon*, Tōkyō 1975.

Shively, Donald H., *Sumptuary Regulation and Status in Early Tokugawa Japan*, in: HJAS 25 (1964/65), S. 123-164.

Shōda Ken'ichirō und Hayami Akira, *Nihon keinzaishi*, Tōkyō 1965.

Shūgaishō, in: Zōtei Kōjitsu sōsho 11, Tōkyō 1956.

Smith, David Eugene und Yoshio Mikami, *A History of Japanese Mathematics*, Chicago 1914.

Smith, Neil Skene (1), *An Introduction to Some Japanese Economic Writings of the 18th Century*, in: TASJ 2nd ser. 11 (1934), S. 33-104.

—— (2), *Materials on Japanese Social and Economic History: Tokugawa Japan 1*, in: TASJ 2nd ser. 14 (1937), S. I-XVI und 1-176.

Smith, Thomas C. (1), *The Agrarian Origins of Modern Japan*, Stanford, Calif. 1959; Standardwerk und Pflichtlektüre.

—— (2), *Farm Family By-employments in Preindustrial Japan*, in: The Journal of Economic History 29 (1969), S. 687-715.

—— (3), *The Introduction of Western Industry to Japan During the Last Years of the Tokugawa Period*, in: HJAS 11 (1948), S. 130-152.

—— (4), *Landlords and Rural Capitalists in the Modernization of Japan*, in: Journal of Economic History 16 (1956), S. 165-181.

—— (5), *The Land Tax in the Tokugawa Period*, in: Hall und Jansen, hg., Studies in the Institutional History of Early Modern Japan, Princeton, N.J. 1968, S. 283-299.

—— (6), *Old Values and New Techniques in the Modernization of Japan*, in: JAS 14 (1954/55), S. 355-363.

—— (7), *Political Change and Industrial Development in Japan: Government Enterprise, 1868-1880*, Stanford, Calif. 1965.

—— (8), *Pre-Modern Economic Growth: Japan and the West*, in: Past and Present 60 (1973), S. 127-160.

Sugimoto, Masayoshi und David L. Swain, *Science and Culture in Traditional Japan A.D. 600-1854*, Cambridge, Mass. und London 1978; ein Standardwerk mit ausführlicher Bibliographie.

Sugiyama Hiroshi, *Chūkoku, Chōsen, Namban no gijutsu to gunji ryoku*, in: Iwanami kōza Nihon rekishi 8, Tōkyō 1976, S. 45-88.

Sumiya Mikio und Koji Taira, *An Outline of Japanese Economic History, 1603-1940, Major Works and Research Findings*, Tokyo 1979; behandelt wichtige Problemkreise und Werke in japanische Sprache überwiegend vom marxistischen Standpunkt, demgegenüber fehlen die moderneren Beiträge und Erkenntnisse, vgl. Bespr. von Carl Mosk in: The Journal of Economic History 40 (1980), S. 417f.

Suzuki, Masao, *Chronology of Prehistoric Human Activity in Kantō, Japan*, Part 1 & 2, in: Journal of the Faculty of Science, University of Tōkyō, Section V, Anthropology, 3, Teil 5 (1973), S. 241-318 und 4, Teil 4 (1974), S. 395-469.

Suzuki Shigeaki, *An Experimental Study for the Reproduction of »So« (A Diary Product) Prescribed in the En-gi Shiki in the 9th and 10th Century of Japan*, in: Historia Scientiarium 21 (1981), S. 115-118.

Taeuber, Irene B., *The Population of Japan*, Princeton, N.J. 1958.

Takase Kōichirō, *Unauthorized Commercial Activities by Jesuit Missionaries in Japan*, in: Acta Asiatica 30 (1976), S. 19-33.

Takekōshi, Yosoburo, *The Economic Aspects of the History of the Civilization of Japan*, 3 Bde, London 1967; Nachdruck der Ausgabe von 1930, in vielen Einzelheiten daher überholt, doch immer noch interessant zu lesen.

Takenaka, Yasukazu, *Endogenous Formation and Development of Capitalism in Japan*, in: The Journal of Economic History 29 (1969), S. 144-162.

Takeuchi Makoto, *Kinsei zenki no shōgyō*, in: Toyoda und Kodama, hg., Ryūtsūshi 1, Tōkyō 1970, S. 123-186.

Takeyasu Shigeji, *Kinsei kosakuryō no kōzō*, Tōkyō 1968.

Takigawa Masajirō, *Ritsuryō jidai no nōmin seikatsu*, Tōkyō 1969; Neudruck der Ausgabe von 1926 (Dettmer, Steuergesetzgebung, schreibt den Vornamen Seijirō).

Takizawa Matsuyo, *The Penetration of Money Economy in Japan and Its Effects Upon Social and Political Institutions*, New York 1968; Nachdruck der Ausgabe von 1927, das Werk ist völlig veraltet, wird aber immer noch genannt.

Tanaka Kyūgu, *Minkan seiyō*, in: Nihon keizai sōsho 1, Tōkyō 1914; Smith, Agrarian Origins liest S. 56 Anm., Minkan shōyō, doch S. 222, Anm. 7 zu Kap. 9 Minkan seiyō.

Tanaka Takeo, *Wakō to kangō bōeki*, Tōkyō 1961.

Tanaka Takeo with Robert Sakai, *Japan's Relations with Overseas Countries*, in: Hall und Toyoda, Japan in the Muromachi Age, Berkeley, Los Angeles, London 1977, S. 159-178.
Tashiro Kazui (1), *Foreign Relations during the Edo Period: Sakoku Reexamined*, in: The Journal of Japanese Studies 8 (1982), S. 283-306.
—— (2), *Kinsei Nitchō tsūkō bōekishi no kenkyū*, Tōkyō 1981.
—— (3), *Tsushima-han's Korean Trade, 1684-1710*, in: Acta Asiatica 30 (1976), S. 85-105.
Teikin ōrai, in: Nihon keizai taiten 1, Tōkyō 1966, S. 615-632.
Thomas, A. F., und Soji Koyama, *Commercial History of Japan*, Tokyo 1936; heute größtenteils veraltet.
Toda Yoshimi, *Nihon ryōshusei seiritsushi no kenkyū*, Tōkyō 1968.
Tōkyō daigaku shiryō hensanjo, hg., *Dagregister Gehouden bij de Opperhoofden van den Nederlandsche Factorij in Japan*, in: Nihon kankei kaigai shiryō, Gembun, Sect. I Bd. IV, Tōkyō 1981.
Totman, Conrad (1), *The Forests of Tokugawa Japan*, in TASJ 3rd. ser. 18 (1983), S. 1-15.
—— (2), *Land Use Patterns and Afforestations in the Edo Period*, in: MN 39 (1984), S. 1-10.
Toyoda Takeshi (1), *Chūsei shōgyō no shuju sō*, in: Toyoda und Kodama, Ryūtsūshi 1, Tōkyō 1970, S. 67-92.
—— (2), *Chūsei shōgyō no tenkai*, in: ebd. S. 51-66.
—— (3), *A History of Pre-Meiji Commerce in Japan*, Tokyo 1969.
—— (4), *Nihon no hōken toshi*, Tōkyō 1962.
—— (5), hg., *Sangyōshi 1*, (Taikei Nihonshi sōsho 10), Tōkyō 1977.
—— (6), *Shōhin ryūtsū no yakushin*, in: Toyoda und Kodama, hg., Ryūtsūshi 1, Tōkyō 1970, S. 93-122.
——, und Fukutomi Terunao, Chūsei no nōgyō, in: Toyoda, hg., Sangyōshi 1, Tōkyō 1977, S. 297-369.
——, und Kodama Kōta (1), hg., *Kōtsūshi*, (Taikei Nihonshi sōsho 24), Tōkyō 1970.
—— und ——, (2), Ryūtsūshi 1, (Taikei Nihonshi sōsho 13), Tōkyō 1970.
——, und Sugiyama Hiroshi with Dixon V. Morris, *The Growth of Commerce and the Trades*, in: Hall und Toyoda, Japan in the Muromachi Ages, Berkeley, Los Angeles, London 1977, S. 129-144.
Treptow, Emil, *Der Altjapanische Bergbau und Hüttenbetrieb, dargestellt auf Rollbildern*, in: Jahrbuch für das Berg- und Hüttenwesen im Königreich Sachsen 1904, S. 1-12 (und Abb.).
Tsuchiya Takao (1), *An Economic History of Japan*, in: TASJ 2nd. ser. 15 (1937); mittlerweile überholt.
—— (2), *Nihon keizaishi*, Tōkyō 1965.
Tsukahira, Toshio G., *Feudal Control in Tokugawa Japan: The Sankin kōtai System*, Cambridge, Mass. 1966.
Tuge Hideomi, *Historical Development of Science and Technology in Japan*, Tokyo 1968; revisionsbedürftig.
Umemura Mataji, u.a., *Nihon keizai no hatten*, Tōkyō 1976.
Wakita Haruko (1), *Muromachi ki no keizai hatten*, in: Iwanami kōza Nihon rekishi Bd. 7, Tōkyō 1976, S. 51-98.
—— (2), *Towards A Wider Perspective on Medieval Commerce*, in: The Journal of Japanese Studies 1 (1974/75), S. 321-345.
——, with Susan B. Hanley, *Dimensions of Development: Cities in Fifteenth- and Sixteenth-Century Japan*, in: Hall, Nagahara und Yamamura, hg., Japan Before Tokugawa, Tokyo 1981, S. 295-326.
Wakita Osamu (1), *Genroku ki no nōson*, in: Iwanami kōza Nihon rekishi 11, Tōkyō 1963, S. 101-132.
—— (2), *Kinsei hōken shakai no keizai kōzō*, Tōkyō 1963.
—— (3), *The Kokudaka System: A Device for Unification*, in: The Journal of Japanese Studies 1 (1974/75), S. 297-320.
——, with James L. McClain, *The Commercial and Urban Policies of Oda Nobunaga and Toyotomi Hideyoshi*, in: Hall, Nagahara und Yamamura, Japan Before Tokugawa, Princeton N.J. 1981, S. 224-247.

Watanabe Ichiro, *Kinsei shokōgyō no hatten*, in: Kodama Kōta, hg., *Sangyōshi 2*, Tōkyō 1969, S. 224-268.

Watanabe, Makoto, *Various Patterns of Man's Adaption to the Natural Environments in the Jomon Age*, in: The Quarternary Research 13 (1974), S. 160-167.

Watanabe Naotsune, *Chronological Background for Studies on Micro-evolution and Population History in Japan*, in: Journal of the Faculty of Science, Tōkyō University, Section V, Anthropology, 3 (1973), S. 267-277.

Watanabe Nobuo, *Kaidō to suiun*, in: Iwanami kōza Nihon rekishi 10, Tōkyō 1975, S. 299-332.

Watanabe Norifumi und Sasaki Junnosuke, *Shosangyō no gijutsu to rōdō keitai*, in: Iwanami kōza Nihon rekishi 11, Tōkyō 1976, S. 175-248.

Wedemeyer, Andre, *Japanische Frühgeschichte. Untersuchungen zur Chronologie und Territorialverfassung von Altjapan bis zum 5. Jh. n. Chr.*, Tokyo 1930.

Wei chih, San kuo chih 9, ed. SPPY.

Winkelmann, Heinrich, *Altjapanischer Goldbergbau*, Wethmar 1964.

Yamaguchi Kazuo, *Nihon keizaishi, Dainiban keizaigaku zenshū* 5, Tōkyō 1981.

Yamamura, Kozo (1), *Agenda for Asian Economic History*, in: Journal of Economic History 31 (1971), S. 199-207.

—— (2), *The Decline of the Ritsuryō System: Hypotheses on Economic and Institutional Change*, in: The Journal of Japanese Studies 1 (1974/75), S. 3-37.

—— (3), *The Increasing Poverty of the Samurai in Tokugawa Japan, 1600-1868*, in: The Journal of Economic History 31 (1971), S. 378-406.

—— (4), *Pre-Industrial Landholding Patterns in Japan and England*, in: Albert Craig, hg., Japan, A Comparative View, Princeton, N.J. 1979, S. 276-323.

—— (5), *Returns to Unification: Economic Growth in Japan, 1550-1650*, in: Hall, Nagahara, Yamamura, hg., Japan Before Tokugawa, Princeton, N.J. 1981, S. 327-372.

—— (6), *Tara in Transition: A Study of Kamakura Shōen*, in: The Journal of Japanese Studies 7 (1981), S. 349-391.

—— (7), *Towards a Re-examination of Economic History of Tokugawa Japan, 1600-1867*, in: The Journal of Economic History 33 (1973), S. 509-546.

——, und Susan B. Haenly, *Quantitative Data for Japanese Economic History*, in: Val. R. Lorwin und Jacob M. Price, The Dimensions of the Past. Materials, Problems, and Opportunities for Quantitative Work in History, New Haven und London 1972.

Yamashita Kōnai, *Yamashita Kōnai jōsho*, in: Nihon keizai taiten 11, Tōkyō 1967, S. 271-308.

Yasuoka Shigeaki, *Bakuhansei no ichiba kōzō*, in: Iwanami kōza Nihon rekishi 10, Tōkyō 1975, S. 245-298.

Yazaki, Takeo, *Social Change and the City in Japan: From Earliest Times through the Industrial Revolution*, Tokyo 1968.

Yoshida Kenkō, *Tsurezuregusa*, NKBT 30, S. 53-290.

STICHWORTVERZEICHNIS